河南省"十四五"普通高等教育规划教材

计算机组成原理

魏胜利　曹　领◎主　编

孔　娟　张　阳　赵　凯　齐万华◎副主编

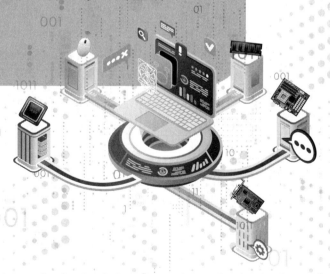

中国铁道出版社有限公司
CHINA RAILWAY PUBLISHING HOUSE CO., LTD.

内容简介

本书以计算机的指令流和数据流为主线,讲解计算机的基本组成和工作原理,同时介绍计算机的最新发展。

本书共分8章,主要包括计算机的基本组成、计算机的工作过程、数据在计算机中的表示和运算、存储器与存储系统、输入/输出系统、指令系统、控制单元功能分析与设计,以及基于RISC-V 的计算机系统等内容。

在结构设计上,本书先从总体介绍计算机的基本构成和工作过程,然后分章节讲述各部分的知识,最后从整体功能出发,讲述计算机系统的设计,旨在帮助学生快速掌握计算机的基本构成和工作原理,为将来的学习和发展打好基础。

本书适合作为普通高等院校应用型本科"计算机组成原理"课程的教材,也可作为计算机硬件爱好者的学习参考书。

图书在版编目(CIP)数据

计算机组成原理/魏胜利,曹领主编.—北京:中国铁道出版社有限公司,2023.7
河南省"十四五"普通高等教育规划教材
ISBN 978-7-113-30261-0

Ⅰ.①计… Ⅱ.①魏… ②曹… Ⅲ.①计算机组成原理-高等学校-教材 Ⅳ.①TP301

中国国家版本馆 CIP 数据核字(2023)第 097161 号

书　　名:	计算机组成原理
作　　者:	魏胜利　曹　领

策　　划:	韩从付	编辑部电话:	(010)63549501
责任编辑:	贾　星　彭立辉		
封面设计:	刘　颖		
责任校对:	刘　畅		
责任印制:	樊启鹏		

出版发行:中国铁道出版社有限公司(100054,北京市西城区右安门西街8号)
网　　址:http://www.tdpress.com/51eds
印　　刷:三河市兴博印务有限公司
版　　次:2023 年 7 月第 1 版　2023 年 7 月第 1 次印刷
开　　本:787 mm×1 092 mm　1/16　印张:18　字数:439 千
书　　号:ISBN 978-7-113-30261-0
定　　价:49.00 元

版权所有　侵权必究

凡购买铁道版图书,如有印制质量问题,请与本社教材图书营销部联系调换。电话:(010)63550836
打击盗版举报电话:(010)63549461

前 言

应用型本科教育是高等教育进入大众化阶段的必然趋势,已成为我国高等教育的重要组成部分。党的二十大报告提出,要"统筹职业教育、高等教育、继续教育协同创新,推进职普融通、产教融合、科教融汇,优化职业教育类型定位"。从中可以看出党和国家将职业教育和应用型人才培养提到了更高的地位。在应用型人才培养中,与之相适应的应用型教材体系是应用型人才培养的重要支撑。在应用型本科教材建设中,必须考虑其应用型定位。因此,编写适合应用型本科人才培养的教材势在必行。本书旨在落实立德树人根本任务,践行二十大报告精神,贯彻党的十二大报告提出的"建成教育强国、科技强国、人才强国、文化强国"的目标,落实"加强教材建设和管理"新要求,满足应用型本科教育的需求。

"计算机组成原理"作为计算机专业的核心课程,在计算机相关专业中起着承前启后的关键作用,编写适合学生及专业特点的教材非常重要。目前,国内已经有了优秀的《计算机组成原理》教材,但这些教材要么是传统的针对研究型本科学生的,要么是针对高职高专的,还没有专门针对应用型本科的合适教材,因此我们在已有教材的基础上编写了适合应用型本科计算机专业的《计算机组成原理》教材。本书既不像传统本科教材那样具有比较高的理论深度和广度,也不像高职高专教材那样大幅削减理论内容,代之以更多的实践内容。当前,大多数本科毕业生,尤其是应用型本科院校的毕业生将来不会从事计算机系统的设计工作,更多的是从事计算机应用工作。因此,让学生掌握计算机的基本构成和工作原理,为他们后续课程的学习打下基础,为他们将来更高效地利用计算机解决实际问题是应用型本科计算机专业大的发展方向。基于此,我们力求在理论和实践中找到合适的比例,使其更加符合应用型本科的需求。在兼顾理论和实践的同时,我们创新写作方法,以计算机的基本组成为基本要求,以理解计算机工作过程和指令数据流动过程为主线主导编写思路,配置以计算机模拟软件来模拟计算机的基本组成及指令和数据的流动过程,让学生能直观地看到计算机的工作过程,帮助他们加深对计算机工作原理的理解。

"计算机组成原理"是在学生学习过"数字逻辑"后开设的课程,可为学生下一步学习"计算机体系结构""程序设计""操作系统""数据结构与算法"等课程打下必要的基础。

在编写本书时，我们遵循五个基本组成部分、一条主线的方式进行。五个基本组成部分即计算机由运算器、控制器、存储器、输入系统、输出系统组成；一条主线是围绕计算机工作过程的指令流和数据流，把计算机作为一个有机的整体，由软件、硬件共同协调配合来完成工作，突出基本原理和整机系统，让学生既能掌握基本原理，又能理解计算机系统设计的方法和流程。全书共分 8 章，第 1 章讲解计算机的基本硬件组成，第 2 章以一台模拟计算机来分析计算机工作的过程。前两章让学生先概括性地了解计算机的整体结构，以及计算机的基本组成和工作原理，初步建立整机的概念，后续的内容再对基本组成和原理进一步细化和深化。第 3 章讲解数据在计算机中的表示和运算，第 4 章讲解存储器与存储系统，第 5 章讲解输入/输出系统，第 6 章讲解指令系统，第 7 章讲解控制器。在第 7 章中再回到整机系统，从整机系统工作的角度讲述控制器的设计。这样"总—分—总"的结构安排有利于学生更加高效的学习。第 8 章作为选讲内容，安排了基于 RISC-V 的计算机系统相关内容，让学生能够了解计算机系统的最新发展趋势。

本书由魏胜利、曹领任主编，孔娟、张阳、赵凯、齐万华任副主编。具体编写分工如下：第 1 章和第 2 章由魏胜利编写，第 3 章由张阳编写，第 4 章和第 5 章由曹领编写，第 6 章由孔娟编写，第 7 章由齐万华编写，第 8 章由赵凯编写。全书由魏胜利统稿。

本书在编写过程中参考了部分文献资料，在此向文献的作者表示由衷的感谢，同时感谢安阳工学院计算机科学与信息工程学院领导及相关老师的大力协助和支持。

由于编写时间仓促，编者水平有限，书中难免存在疏漏和不妥之处，敬请广大读者不吝指正，不胜感谢。

编　者

2023 年 2 月

目 录

第1章 计算机的基本组成 ·· 1
  1.1 计算机的发展 ··· 2
    1.1.1 计算机发展历程 ··· 2
    1.1.2 现代计算机的理论基础 ·· 7
  1.2 计算机系统简介 ·· 8
  1.3 硬件介绍 ··· 9
    1.3.1 运算器简介 ·· 9
    1.3.2 控制器简介 ·· 10
    1.3.3 主存储器简介 ··· 11
    1.3.4 输入/输出系统简介 ·· 12
  1.4 计算机的总线 ··· 12
    1.4.1 计算机各部件的连接方式 ··· 12
    1.4.2 总线的分类 ·· 13
    1.4.3 总线的结构 ·· 14
    1.4.4 总线控制方式 ··· 15
    1.4.5 总线的通信方式 ·· 18
  1.5 微型计算机整机系统 ··· 22
    1.5.1 主板 ··· 22
    1.5.2 显示器 ·· 25
    1.5.3 电源 ··· 25
  习题 ··· 25

第2章 计算机的工作过程 ··· 27
  2.1 冯·诺依曼关于计算机的构想 ··· 28
  2.2 模拟计算机系统 ·· 28
    2.2.1 模拟计算机的组成 ··· 29
    2.2.2 模拟计算机的指令系统 ··· 29
    2.2.3 模拟计算机系统的使用方法 ··· 31
  2.3 计算机解决问题的步骤 ·· 32
  2.4 计算机解决问题的实例 ·· 33
  2.5 计算机硬件性能指标 ··· 37
    2.5.1 机器字长 ··· 37

  2.5.2 运算速度 ·· 37
  2.5.3 存储器容量和读/写速度 ··· 39
  2.5.4 缓存容量 ·· 40
  2.5.5 输入/输出传输速率 ·· 41
习题 ··· 41

第3章 数据在计算机中的表示和运算 ··· 43
3.1 概 述 ··· 44
3.2 数值型数据的表示 ··· 45
  3.2.1 进位计数制 ··· 45
  3.2.2 无符号数 ··· 50
  3.2.3 有符号数 ··· 50
  3.2.4 定点数和浮点数 ·· 57
3.3 数值型数据的运算 ··· 61
  3.3.1 定点加法与减法运算 ··· 61
  3.3.2 定点乘法运算 ··· 68
  3.3.3 定点除法运算 ··· 71
  3.3.4 浮点数的加减运算 ·· 74
  3.3.5 浮点数的乘法和除法运算 ·· 77
3.4 字符的表示 ·· 77
  3.4.1 ASCII 码 ·· 78
  3.4.2 Unicode 码 ··· 79
  3.4.3 汉字编码 ··· 83
3.5 其他常用数据信息编码 ··· 85
  3.5.1 声音编码 ··· 85
  3.5.2 图像编码 ··· 86
3.6 数据校验 ··· 87
  3.6.1 奇偶校验 ··· 87
  3.6.2 海明校验 ··· 89
  3.6.3 循环冗余校验 ··· 92
习题 ··· 99

第4章 存储器与存储系统 ··· 101
4.1 存储器概述 ·· 101
  4.1.1 存储器的分类 ··· 102
  4.1.2 存储器的性能指标 ·· 104
4.2 主存储器 ·· 105
  4.2.1 主存储器的基本结构 ··· 106
  4.2.2 半导体随机存储器 ·· 106

4.2.3　半导体只读存储器 …………………………………………………… 114
4.3　存储系统的层次结构 ……………………………………………………………… 118
　　　4.3.1　速度、容量、价格的金字塔结构 …………………………………… 118
　　　4.3.2　主存-Cache 层次结构 ………………………………………………… 119
　　　4.3.3　主存-外存层次结构 …………………………………………………… 119
4.4　主存储器与 CPU 的连接 ………………………………………………………… 120
　　　4.4.1　主存储器与 CPU 的连接方法 ………………………………………… 120
　　　4.4.2　存储容量的扩展 ………………………………………………………… 121
4.5　高速缓冲存储器 …………………………………………………………………… 125
　　　4.5.1　Cache 的工作原理 ……………………………………………………… 125
　　　4.5.2　Cache-主存的地址映射方式 …………………………………………… 130
　　　4.5.3　Cache 的改进 …………………………………………………………… 133
4.6　并行存储器 ………………………………………………………………………… 134
　　　4.6.1　双端口存储器 …………………………………………………………… 134
　　　4.6.2　多体交叉并行存储器 …………………………………………………… 135
4.7　虚拟存储器与辅助存储器 ………………………………………………………… 137
　　　4.7.1　虚拟存储器 ……………………………………………………………… 137
　　　4.7.2　辅助存储器 ……………………………………………………………… 139
习题 ………………………………………………………………………………………… 142

第 5 章　输入/输出系统

5.1　输入/输出系统概述 ……………………………………………………………… 145
　　　5.1.1　输入/输出系统的功能与组成 ………………………………………… 145
　　　5.1.2　输入/输出系统与主机的联系 ………………………………………… 146
　　　5.1.3　输入/输出设备举例 …………………………………………………… 150
5.2　输入/输出接口 …………………………………………………………………… 153
　　　5.2.1　输入/输出接口的功能 ………………………………………………… 153
　　　5.2.2　输入/输出接口的组成 ………………………………………………… 155
　　　5.2.3　输入/输出接口的类型 ………………………………………………… 155
5.3　程序查询方式 ……………………………………………………………………… 156
　　　5.3.1　程序查询方式的工作原理 ……………………………………………… 156
　　　5.3.2　程序查询方式的接口电路 ……………………………………………… 157
　　　5.3.3　程序查询工作方式举例 ………………………………………………… 158
5.4　程序中断方式 ……………………………………………………………………… 159
　　　5.4.1　中断的工作原理 ………………………………………………………… 159
　　　5.4.2　程序中断方式的工作过程 ……………………………………………… 160
　　　5.4.3　程序中断方式的接口电路 ……………………………………………… 165
5.5　DMA 方式 ………………………………………………………………………… 167
　　　5.5.1　DMA 的工作原理 ……………………………………………………… 167

5.5.2 DMA 的接口电路 ……………………………………………… 169
  5.5.3 DMA 方式与程序中断方式性能比较 …………………………… 171
 习题 …………………………………………………………………………… 172

第 6 章 指令系统 ………………………………………………………………… 173
 6.1 指令系统概述 ……………………………………………………………… 173
  6.1.1 指令与指令系统 ……………………………………………… 174
  6.1.2 指令系统的描述语言——机器语言与汇编语言 ……………… 174
  6.1.3 汇编语言的基本语法 ………………………………………… 175
 6.2 指令的格式 ………………………………………………………………… 176
  6.2.1 地址码字段的格式 …………………………………………… 176
  6.2.2 操作码字段的格式 …………………………………………… 178
 6.3 指令的寻址方式 …………………………………………………………… 180
  6.3.1 指令寻址方式 ………………………………………………… 180
  6.3.2 操作数寻址方式 ……………………………………………… 180
 6.4 指令的类型与功能 ………………………………………………………… 186
  6.4.1 数据传送类指令 ……………………………………………… 187
  6.4.2 算术/逻辑运算指令 ………………………………………… 187
  6.4.3 程序控制类指令 ……………………………………………… 188
  6.4.4 输入/输出类指令 …………………………………………… 188
  6.4.5 其他指令 ……………………………………………………… 188
 6.5 典型指令格式实例 ………………………………………………………… 188
 6.6 RISC 计算机系统 ………………………………………………………… 191
  6.6.1 RISC 的产生和发展 ………………………………………… 191
  6.6.2 RISC 的特点 ………………………………………………… 192
  6.6.3 RISC 和 CISC 的比较 ……………………………………… 193
 习题 …………………………………………………………………………… 193

第 7 章 控制单元功能分析与设计 …………………………………………… 196
 7.1 中央处理器 ………………………………………………………………… 197
  7.1.1 中央处理器简介 ……………………………………………… 197
  7.1.2 中央处理器的基本组成 ……………………………………… 199
 7.2 控制器的构成 ……………………………………………………………… 202
  7.2.1 控制器简介 …………………………………………………… 202
  7.2.2 控制器的基本组成 …………………………………………… 203
 7.3 指令周期 …………………………………………………………………… 205
  7.3.1 指令周期的基本概念 ………………………………………… 205
  7.3.2 指令周期的数据流 …………………………………………… 207

7.4 中断系统 ··· 209
    7.4.1 中断系统简介 ··· 209
    7.4.2 中断处理过程 ··· 211
7.5 控制单元功能分析 ··· 215
    7.5.1 控制单元的外特性 ··· 215
    7.5.2 多级时序系统 ··· 216
    7.5.3 控制方式 ··· 217
    7.5.4 控制单元功能分析举例 ··· 219
7.6 控制单元设计思路 ··· 221
    7.6.1 组合逻辑控制单元设计思路 ··· 222
    7.6.2 微程序控制单元设计思路 ··· 223
    7.6.3 微程序控制单元的组成 ··· 224
    7.6.4 微程序、微指令格式设计 ··· 225
习题 ··· 229

第 8 章 基于 RISC-V 的计算机系统 ··· 231
8.1 RISC-V 概述 ·· 232
    8.1.1 RISC-V 的概念 ··· 232
    8.1.2 设计 RISC-V 的意义 ·· 232
    8.1.3 RISC-V 的发展历史 ··· 233
    8.1.4 RISC-V 基金会和 RISC-V 国际 ··· 234
8.2 RISC-V 基础指令集概述 ·· 234
    8.2.1 硬件平台术语 ··· 235
    8.2.2 RISC-V 软件执行环境和 Hart 资源 ······································ 235
    8.2.3 RISC-V 指令集的范围 ··· 236
    8.2.4 内存 ··· 238
    8.2.5 基本指令长度编码 ··· 239
    8.2.6 扩展指令长度编码 ··· 239
    8.2.7 异常、陷阱和中断 ··· 240
    8.2.8 未在指令集中明确的部分 ··· 241
8.3 非特权指令之 RSIC 整数指令集 ··· 241
    8.3.1 RV32I 基础整数指令集 ·· 241
    8.3.2 整数基础指令集编程模型 ··· 241
    8.3.3 整数指令集格式 ··· 242
    8.3.4 立即数编码扩展 ··· 243
    8.3.5 整数运算类指令 ··· 244
    8.3.6 控制转移指令 ··· 247
    8.3.7 加载和存储指令 ··· 250
    8.3.8 内存排序指令 ··· 252

8.3.9 调用和断点指令 ………………………………………………… 253
8.3.10 提示指令 …………………………………………………………… 254
8.4 特权体系简介 ……………………………………………………………… 255
8.4.1 RISC-V 特权软件栈 ……………………………………………… 255
8.4.2 特权级别 …………………………………………………………… 256
8.4.3 调试模式 …………………………………………………………… 257
8.5 基于 RISC-V 和微架构的处理器核的设计 ……………………………… 257
8.5.1 开源 RISC-V 核 …………………………………………………… 257
8.5.2 开源 RISC-V 核 Ibex 的使用 …………………………………… 264
8.5.3 图形化仿真工具 Logisim ………………………………………… 267
8.5.4 基于 Logisim 的图形化 RISC-V 的核心实现 ………………… 272
8.6 微架构简介 ………………………………………………………………… 277
习题 …………………………………………………………………………………… 278

参考文献 ……………………………………………………………………………… 278

第 1 章 计算机的基本组成

学习目标

知识目标：
- 了解计算机的发展历程。
- 了解计算机的层次结构。
- 掌握计算机基本的硬件构成。
- 掌握计算机硬件的连接方式。
- 掌握计算机的系统总线。

能力目标：
- 能描述计算机的发展历程和技术发展路径。
- 能正确表达计算机硬件和软件的相互关系。
- 能分析计算机硬件不同的连接特点。
- 能够采用总线的方式实现硬件的连接。
- 能设计计算机的基本结构。
- 能够进行简单的分析和计算。

知识结构导图

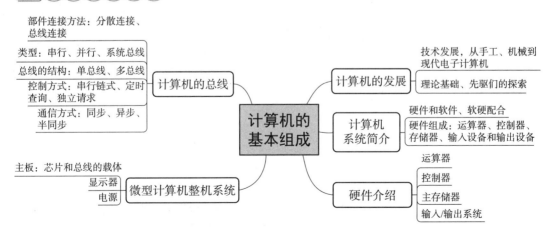

1.1 计算机的发展

1.1.1 计算机发展历程

在学习现代计算机系统之前,首先了解一下历史上计算工具的发展。从古至今,随着经济社会的发展,人们对计算的需求与日俱增。需求推动技术的产生和发展,先后发明了很多计算工具帮助人们进行计算。历史上,计算工具经历了从手工计算工具、机械式计算机、机电式计算机到电子计算机的发展历程。

1. 手工计算工具

算盘是我国古人发明的计算工具,是中国古人智慧的结晶。直到 20 世纪七八十年代,算盘仍被有广泛的应用,即使是现在,也有很多人在应用算盘解决问题,也有很多孩子利用算盘计算的思想提高心算能力。图 1-1 所示为常见算盘的样式。近几百年来,计算尺也提升了人们的计算能力,它是西方社会发明的计算工具。图 1-2 和图 1-3 所示为两种常见的计算尺。在现代计算机出现以前,人们建造桥梁、涵洞等工程时都借助计算尺来进行计算。利用计算尺人们可以进行开方、求三角函数和对数等运算。

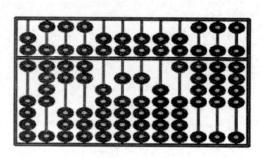

图 1-1 算盘

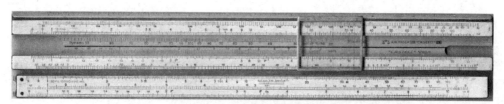

图 1-2 条形计算尺

图 1-3 圆形计算尺

2. 机械式计算工具

1642 年，法国科学家帕斯卡发明了第一台机械式加法机，使用齿轮传动完成加法运算。图 1-4 和图 1-5 所示为这台机械式加法机的外观和内部结构。

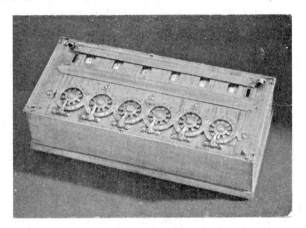

图 1-4　机械式加法机的外观

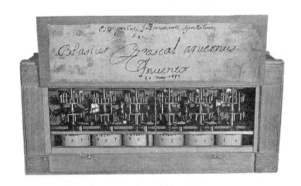

图 1-5　机械式加法机的内部结构

1673 年，德国数学家莱布尼茨发明乘法机，它采用步进轮结构，可利用多次加法完成乘法运算。该机器可以运行完整四则运算。莱布尼茨还提出了"可以用机械代替人进行烦琐重复的计算工作"的伟大思想。图 1-6 所示为机械乘法机。

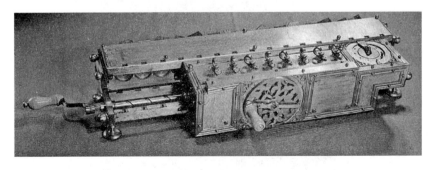

图 1-6　莱布尼茨乘法机

在使用自动计算工具时，一个重要的问题是如何将人的思想传送给机器，让机器按人的意志自动执行。自动纺织机就是一个将人的思想转换为机器执行的例子。1725 年，法国纺织机械师 B. Bouchon 发明利用穿孔纸带控制印花的方法。1805 年，J. Jacquard 发明采用穿孔卡片的自动提花机。这些方法表示人们已经开始思考并尝试如何用人的意图控制机器，已经出现了用程序控制机器的萌芽，穿孔纸带也成为早期计算机输入的雏形。图 1-7 和图 1-8 所示为穿孔纸带和自动提花机。

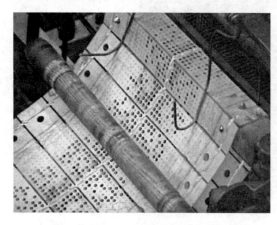 

图 1-7　穿孔纸带　　　　　　　　　　　图 1-8　自动提花机

1821 年，20 岁的英国数学家巴贝奇从自动提花编织机上获得了灵感，发明了巴贝奇差分机，如图 1-9 所示。差分机专门用于航海和天文计算，可处理 3 个 5 位数，计算精度达到 6 位小数。"差分"是把函数表示的复杂算式转化为差分运算，用简单的加法代替平方运算。差分机能够按照设计者的意图，自动处理不同函数，完成相应的计算。差分机已经体现了程序控制的思想。

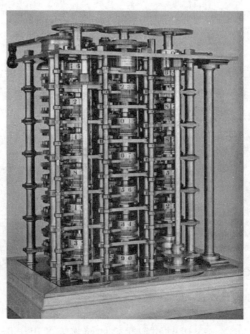

图 1-9　巴贝奇差分机

3. 机电式计算工具

1888年,赫尔曼发明了制表机(见图1-10),它采用穿孔卡片进行数据处理,并用电气控制技术取代了纯机械装置。这个发明实现了计算工具由机械式到电的飞跃。赫尔曼还发明了穿孔卡片(见图1-11),可以看作是计算机软件的雏形。

图1-10 制表机

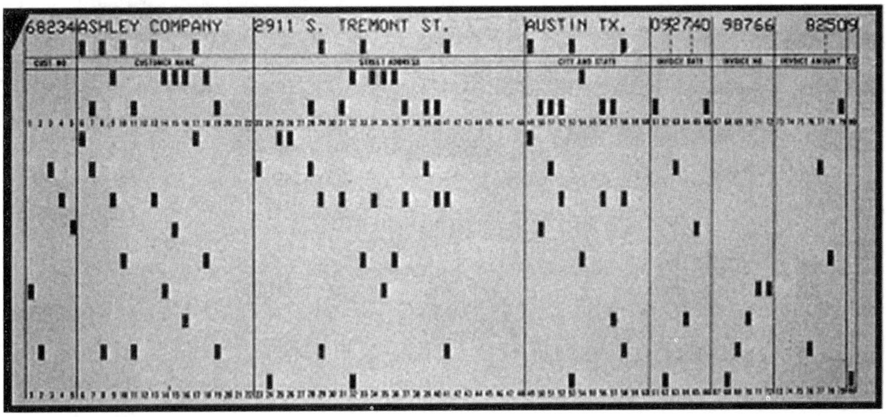

图1-11 穿孔卡片

4. 电子计算机

现代意义上的计算机都是电子数字计算机。数字意味着计算机中程序和数据都以二进制进行表示。电子计算机经历了电子管计算机、晶体管计算机、小规模集成电路计算机、中规模集成电路计算机、大规模集成电路计算机、超大规模集成电路计算机等发展历程。

(1)电子管计算机

真正开始让人类进入电子计算机时代的是电子管的发明。1904年,弗莱明发明真空电子二极管(见图1-12),1906年,德弗雷斯特发明电子晶体管(见图1-13)。电子管的诞生,是人类电子文明的起点。

图 1-12　真空电子二极管

图 1-13　真空电子晶体管

世界上第一台电子数字积分计算机（Electronic Numerical Integrator And Computer，ENIAC），1946 年在宾夕法尼亚大学研制成功。它包含 18 000 多个电子管，1 500 多个继电器，功率为 150 kW，质量为 30 t，占地 150 m²，运算速度 5 000 次/s 左右，如图 1-14 所示。以现在的标准来看，它性能低、耗费巨大，但却是科学史上一次划时代的创新，奠定了电子计算机的基础，宣告人类进入电子计算机时代。开发团队"莫尔小组"由四位科学家和工程师埃克特、莫克利、戈尔斯坦、博克斯组成。

图 1-14　ENIAC 计算机

ENIAC 存在的问题：它是一台十进制计算机，每一位数由一圈共 10 个真空管表示，通过开关和插拔电缆进行手动编程，输入程序和数据需要很长的时间（见图 1-15），运行时故障率高，程序调试困难（见图 1-16）。

图 1-15　ENIAC 的手动编程示意图

图 1-16　ENICA 的调试

（2）晶体管计算机

1947 年，贝尔实验室的肖克莱、巴丁、布拉顿发明了晶体管，从此进入了晶体管时代。晶体管如图 1-17 所示。

1954 年，贝尔实验室研制成功第一台使用晶体管的计算机 TRADIC。晶体管具有体积小、重量轻、寿命长、发热少、功耗低、速度快等特点，与电子管计算机相比具有很大的优势。此时的晶体管计算机还是采用分立的晶体管，因此又称为分立元件晶体管计算机。

（3）集成电路计算机

1958 年，物理学家基尔比和诺伊斯发明了集成电路。集成电路的出现让计算机进入了飞速发展的快车道。集成电路是指将很多个晶体管元件集成在一个芯片上。采用集成电路，大幅度减少了计算机的体积，提升了稳定性，提高了计算机的速度，降低了功耗。初期的集成电路称为小规模集成电路，一个芯片上集成了几十个或者几百个电路元件。随后，集成电路的集成度越来越高，遵循"摩尔定律"，即集成度每隔 18 个月就翻一番，从几十门、几百门发展到几千门、几万门、几十万门甚至更高，即从小规模集成电路发展到中规模集成电路、大规模集成电路、超大规模集成电路。

图 1-17　晶体管

1.1.2　现代计算机的理论基础

在现代计算机的发展历程中，很多著名的科学家做出了杰出的贡献。促进计算机发展的主要有布尔代数、图灵机、计算机开关电路和冯·诺依曼计算机原理。这里列举几个和计算机发展密切相关的科学家及其成就。

1. 布尔

1847 年和 1854 年，英国数学家布尔发表了两部重要著作《逻辑的数学分析》和《思维规律的研究》，创立了逻辑代数。逻辑代数系统采用二进制，为现代电子计算机的发展提供了数学和逻辑基础。

2. 阿兰·图灵

1936 年，阿兰·图灵发表了论文《论可计算数及其在判定问题中的应用》。在这篇论文中他提出了一种"理想计算机",首次阐明了现代计算机原理,从理论上证明了现代通用计算机存在的可能性。他提出一种抽象计算模型,将人们使用纸笔进行数学运算的过程进行抽象,由一个虚拟的机器替代人们进行数学运算。图灵把人在计算时所做的工作分解成简单的动作,并指出计算机在进行计算时与人进行计算时的方式类似,也需要一种语言表示运算和数字,需要暂存中间结果,需要按照某种步骤一步步计算。整个计算过程采用二进制,这就是后来人们所称的"图灵机"。图灵通过数学证明"通用图灵机"在理论上是存在的。图灵机成为现代通用数字计算机的数学模型。1940年,他的著名论文《计算机能思考吗》对人工智能进行了探索,并设计了著名的"图灵测验"。

3. 香农

1938年,克劳德·艾尔伍德·香农发表了著名论文《继电器和开关电路的符号分析》,首次用布尔代数对开关电路进行了相关分析,并证明了可以通过继电器电路来实现布尔代数的逻辑运算,同时明确地给出了实现加、减、乘、除等运算的电子电路的设计方法。这篇论文成为开关电路理论的开端。

4. 冯·诺依曼

美籍匈牙利科学家冯·诺依曼是20世纪最重要的数学家之一,因其在现代计算机、博弈论等领域的重大贡献成为美国科学院院士。1944—1945年间,冯·诺依曼在第一台现代计算机 ENIAC 尚未问世时注意到其弱点,并思考一个问题,那就是能否将程序和数据存在存储器中。在此基础上,他进一步完善关于计算机的设想,并提出一个新机型 EDVAC 的设计方案。在这个设计方案中,他提出了两个构想:程序和数据采用二进制表示,以及"存储程序"的思想。这个构想为后来计算机系统的发展奠定了基础,是现代计算机最主要的思想。到目前为止,现代计算机还基本采用他当时构想的结构和工作原理,可以说理解冯·诺依曼关于计算机的构想是理解现代计算机工作的指南。在第2章会进一步讲解冯·诺依曼的构想。

1.2 计算机系统简介

计算机能完成很多复杂运算,具有很多功能。计算机的这些功能都是通过计算机的硬件和软件相互配合完成的。

硬件是指计算机上能看得见摸得着的实体部分,包括:各类电子元器件,各类光、电、机等设备的实物,如中央处理器(central processing unit,CPU)、存储器、主板、各种外围设备(简称外设)等。

软件就是各类程序。程序一般可以使用一些字符编辑软件按照一些语言的语法要求进行编写,经过调试、编译成可执行的程序,并以二进制的形式保存起来。现在人们可以很方便地在网上下载软件,然后安装运行。它们虽然看不见摸不着,但确实是真实存在的,可以保存在U盘、移动硬盘、SD卡等设备中。在计算机中,软件不运行时通常保存在计算机的硬盘或者闪存盘中,当软件运行时则被调入到计算机的主存(运行内存)中。

软件必须在相应的硬件上才能运行,而硬件要发挥功能则必须由相应的软件来实现。学习计算机组成原理,必须弄清楚计算机的硬件和软件是如何相互配合完成工作的。计算机性能的发挥,不仅依赖于计算机的硬件,还依赖于计算机的软件。现在软件的地位和作用越来越重要,是评价计算机系统性能好坏的重要考量。

计算机软件可以分为系统软件和应用软件两大类。系统软件主要用来对计算机系统进行管理,方便用户使用,充分发挥计算机的性能。常见的系统软件包括操作系统、服务程序、数据库管理程序、各种语言处理程序、网络管理软件等。应用软件则是为了完成某种特定的需求而设计的,如文字处理软件 Word、通信软件 QQ、财务处理软件等。随着计算机的应用越来越广泛,各种应用软件不断出现,数量众多。需要说明的是,不是所有的计算机系统都能区分出系统软件和应用软件。例如,某些嵌入式系统,在这些系统中可能运行了一些特定功能的软件。这些软件已经"固化"到系统中,一般不能卸载。在这些系统中可能并没有操作系统这样的系统软件。

计算机的硬件包括很多种类,不同的计算机系统硬件配置也各不相同。因此,这里只讲能够构成一个计算机系统的基本的硬件组成。例如,汽车种类繁多,有各种各样的配置,但它们一般都有一些最基本的部件,如发动机、变速器、底盘等。一台计算机最基本的硬件包括五部分:运算器、控制器、存储器、输入设备、输出设备。计算机硬件的构成框图如图 1-18 所示。输入/输出系统包括外设及其相关接口(这里没有画出,只画出了外设)。这些部件用连接线(一般是总线)连接起来构成一个计算机系统。

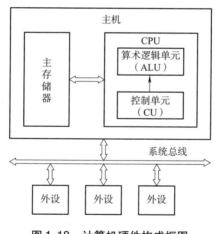

图 1-18 计算机硬件构成框图

1.3 硬件介绍

1.3.1 运算器简介

运算器一般由一个算术逻辑单元(algorithm and logic unit,ALU)、若干个寄存器、一些状态标记和移位控制电路组成。算术逻辑单元进行算术运算或者逻辑运算。寄存器用来暂存数据或者运算的中间结果。不同的计算机系统的运算器包括的寄存器数量和作用也不完全相同。有的计算机系统设置了一些通用的寄存器,如 8086 系列计算机设置 4 个通用寄存器和一些具有特殊功能的专用寄存器。而有的计算机系统中专门设置一个累加器(ACC),累加器中的数据作为 ALU 的一个输入,运算的结果通常也保存在累加器中。现代计算机倾向于在运算器中设置更多的寄存器,这样做有利于提高计算机的性能,因为访问寄存器的速度要远远快于访问存储器的速度。一个包含累加器和一个通用寄存器以及一个乘商寄存器的运算器的结构如图1-19所示。

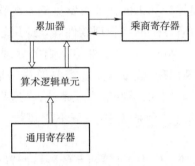

图1-19 运算器的结构

1.3.2 控制器简介

控制器是计算机中最核心的部件,也是最复杂、最难设计和制造的部分。现代计算机一般把运算器和控制器集成在一个芯片上,称为CPU。如果把CPU比作人的大脑,那么控制器就可以比作人的神经中枢。控制器控制和指挥计算机的各个部件自动地、协调地工作。计算机能完成各种复杂的工作,其实质上是不断地从存储器中取出指令、分析指令、然后执行指令的过程。这个过程是在控制器发出的控制信号的控制下自动完成的。

控制器一般由程序计数器(program counter,PC)、指令寄存器(instruction register,IR)和控制单元组成。PC里面存放的是将要执行的指令的地址,计算机根据这个地址将指令从存储器取出来进行分析和执行。PC是很重要的寄存器,因为它决定了指令执行的顺序。PC具有自动加1的功能,因而可以自动形成下一条指令的地址,保证指令顺序执行。如果遇到程序要跳到别的地方去执行,需要将该条指令的地址赋给PC。

指令在计算机中以二进制的形式存储于存储器中,是一个二进制串。二进制串的长度称为指令的字长。二进制串通常包括两部分内容,一部分称为操作码,另一部分称为操作数地址,这样的形式称为指令的格式,如图1-20所示。操作码指明这条指令做什么操作,例如是加操作还是移位操作等。操作数地址则指明参与操作的数或者这个数存储的地址。

IR的作用是存放当前已经从存储器取出的指令。指令从存储器中取出后被放入IR,IR中指令的操作码部分作为控制单元的输入送至控制单元,控制单元对指令进行分析,继而发出相应的控制命令,保证指令的正常执行。IR中指令的操作数或者操作数地址则会送到相应的部件进行下一步操作。

图1-20 指令的格式

控制单元(control unit,CU)的作用是分析当前指令所需完成的操作,发出各种控制信号来控制和协调各个部件协调工作,共同完成任务。控制单元的输入除了指令的操作码之外,还有CPU标志、时钟信号以及其他部件和总线反馈过来的状态标志信号。它输出的控制信号发送到CPU及总线和其他部件。控制单元的外特性如图1-21所示。

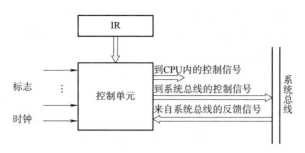

图 1-21　控制单元的外特性

1.3.3　主存储器简介

存储器的作用是存放程序以及程序运行时所使用的数据。存储器的概念比较宽泛，因为在计算机中只要能存储二进制信息的都可以叫作存储器，如主存储器、高速缓存、硬盘、闪存盘等。但是，这里如果不特别说明，存储器一般指主存储器（简称主存）或者运行存储器。按照冯·诺依曼构想，计算机 5 个组成部分中的存储器是主存储器。硬盘、高速缓存并不是一个最基本的计算机系统所必需的。

主存储器一般由存储体、存储器地址寄存器（memory address register，MAR）、地址译码电路、驱动电路、读/写电路、控制电路等组成，有的可能还会有存储器数据寄存器（memory data register，MDR）。存储器的构成如图 1-22 所示。

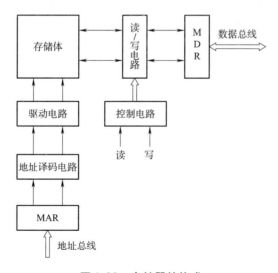

图 1-22　存储器的构成

存储体用来存储程序和数据。存储体包含许多存储单元，每个存储单元包含若干个存储元，可能是 8 个、16 个、32 个或者 64 个。每个存储元存放一个二进制位"0"或者"1"。所以，一个存储单元可以存储若干个二进制位，也就是一个二进制串。这个二进制串可能代表指令、地址或者数据。二进制串的位数也称为存储字长，存储字长可能是 8、16、32 或者 64。每个存储单元都有一个地址，可以通过该地址找到这个存储单元，从而可以从这个存储单元读取（读）存储单元的内容或者向这个存储单元存入（写）一个二进制串。

MAR 用来存储存储单元的地址。凡是要访问(读或者写)存储器的一个存储单元,就需要将该存储单元的地址赋给 MAR,由 MAR 驱动译码电路及驱动电路,打开该存储单元的进出通道,这样就可以实现对这个存储单元的读/写。

地址译码电路本质上是一个译码器。译码器是一个组合逻辑电路,在数字电路或者数字技术课程中讲解过,如果不清楚可以查阅相关的知识。地址译码器接收 MAR 作为它的输入,根据输入的不同,译码器的输出就有唯一一个输出端的电平不同于其他输出端的电平,从而可以使用这个唯一不同的电平打开(选通)该地址对应的存储单元。驱动电路的作用在于对译码器输出的信号进行放大。

读/写电路、控制电路用来控制从存储器中读还是向存储器写入,它可以和译码电路的输出构成一个双向的三态门来实现读/写控制。

MDR 用来暂存从存储器读出或者向存储器写入的信息。这个 MDR 和存储器的每个存储单元连通,当某一个存储单元的通道被打开(选通)时,实现把 MDR 的信息写入该存储单元(写有效)或者从该存储单元把信息传输到 MDR(读有效)。这个 MDR 和外部的数据总线相连。不是每个计算机系统的存储器都会设置 MDR,如果该计算机系统存在其他的暂存数据的部件,可以不设置该寄存器。

1.3.4 输入/输出系统简介

一般把 CPU 和主存储器合称为主机。除了 CPU 和存储器之间相互通信外,它们还要和外设进行通信。如键盘、鼠标、硬盘、打印机等。外设和主机通过总线的方式连接,如图 1-23 所示。需要特别说明的是,硬盘从功能上来说是存储信息的,属于存储设备,但从计算机的结构上来讲,它属于外设。

这些外设通过输入/输出(I/O)接口和主机交换信息。由于外设种类繁多,工作原理各异,因此在这门课程中 I/O 系统重点讲解的是 I/O 接口而不是具体的外设。

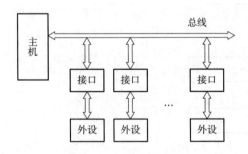

图 1-23 主机和外设连接

1.4 计算机的总线

1.4.1 计算机各部件的连接方式

计算机的各个部件需要连接成一个整体才能有效地工作。这些部件之间有两种不同的连接方式。早期的计算机采用的是分散连接,即各个部件之间两两互连。由于分散连接方式会造成连线复杂、工作不稳定、影响计算机效率、不利于增删设备等问题,现在已不采用。现代的计算机普遍采用总线的连接方式,简单地说就是各个部件通过一些公共的通道连接。

总线是各个部件连接的传输线,通过这些线实现信息(数据、指令、地址、控制信号等)的传递。由于一条总线上可能连接了多个设备,因此在某一时刻,只能有一个部件向总线发送信息,而多个部件可以同时从总线接收信息。当有多个部件同时申请使用总线,向总线传送信息时,需要根据一定的策略或者它们的优先级确定哪一个部件先使用总线。采用总线连接的计算机结构见图 1-18 和图 1-23。

1.4.2 总线的分类

按照不同的分类方法,总线可以分为不同的类型。

1. 并行总线和串行总线

总线是一组线,有些用于传输地址,有些用于传输控制信号,有些用于传输数据。按照总线的传输方式可以将总线分为并行总线和串行总线。

并行总线是指通过该总线可以同时传输多个二进制位数据。这就意味着并行总线传输数据的线有多条,通过这些数据线可以同时传输多个二进制位。能够同时传输的数据位数,即传输数据线的条数称为总线的宽度。总线宽度有 8 位、16 位、32 位、64 位等。

串行总线是指通过总线在某一时刻只能传输一个二进制位的数据。串行总线用于传输的数据线只有一条或者两条,一条数据线在某一时刻只能实现单方向的一位数据的传输,因此串行总线又可分为单工、半双工或者全双工。单工是指串行总线只有一条数据线,只允许向一个方向传输数据。半双工数据线也是一条,但是可以允许双向的数据传送,但某个特定时刻只允许向一个方向传送。全双工的串行总线有两条数据线,因此允许向两个方向同时各传送一位数据。

2. 片内总线、系统总线、通信总线

根据总线所处的位置或者连接部件的不同,可以将总线分为片内总线、系统总线和通信总线。

片内总线是指一个芯片内部的总线,如 CPU 内部各个部件连接的总线。CPU 内部各个寄存器之间、寄存器与 ALU 之间的总线都属于片内总线。由于片内总线封装在芯片的内部,因此本书不进行讨论。

系统总线是指 CPU、主存储器、各个 I/O 等之间连接的总线。在很多计算机系统中,这些部件都插在一个印制电路板(printed circuit board,PCB)上,因此这些部件之间的连线一般用敷铜的形式制作在电路板上,所以这些总线又称为板级总线。

本书重点讲述系统总线。系统总线中各种连线承担的作用不同,传输的信息也不同,有的传送地址,有的传送数据,有的传送控制信号。根据传输的信息,可以把系统总线分成数据总线、地址总线和控制总线。

(1)数据总线

数据总线用来传输数据或指令。在系统总线中基本都是并行总线,一般承担双向数据传输任务。其数据总线的条数称为总线的宽度,总线的宽度一般与计算机字长有关,一般为 8 位、16 位、32 位或者 64 位。总线的宽度越大,一次传输的二进制位数也就越多,传输能力越强。

（2）地址总线

地址总线用来传输存储器的存储单元的地址或者 I/O 的地址。地址总线把地址传输到存储器或者 I/O 接口后，经过译码电路或者地址选择电路选中一个存储单元或者一个外设，然后在控制信号的控制下传输数据。地址一般由 CPU 通过地址总线发送到存储器或者 I/O 接口，因此地址总线是单向传输。地址总线的位数（即有多少条地址线）与存储器存储单元的个数或者 I/O 端口的个数有关。它们之间一般存在 2^n 的关系。例如，地址线为 20 条，则对应的存储单元的个数可以有 2^{20} 个。

（3）控制总线

控制总线用来传输控制信号，它是多条控制线的总称。控制总线有两种作用：一是由 CPU 发出控制命令到存储器或者外设，控制这些部件的操作；二是由存储器或者外设发送到 CPU，传输存储器或者外设的状态。

通信总线用于计算机系统与计算机系统或者其他系统之间进行通信。这些通信种类繁多，速度快慢不一，协议差别巨大。

1.4.3 总线的结构

通过系统总线将 CPU、主存储器和外设连接起来有多种结构形式，称为总线结构。总线结构多种多样，大致可以分为两种类型：单总线结构和多总线结构。

1. 单总线结构

单总线结构就是将 CPU、主存储器和 I/O 设备连接在一组总线上，其结构形式如图 1-24 所示。每一种总线结构都和一定的功能特点相适应。单总线结构所有的部件都挂在这一条总线上，这种总线形式结构简单，但所有部件共同使用这一条总线传输信息，容易发生总线的竞争，形成计算机系统的瓶颈。这种结构一般用于功能简单的小型计算机系统。

现在人们对计算机的性能要求越来越高，计算机系统的外设种类和数量越来越多，单总线结构已不能满足要求，所以就出现了多总线结构。

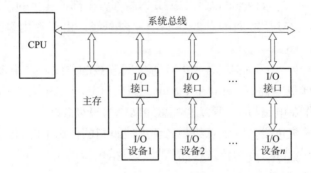

图 1-24 单总线结构

2. 多总线结构

多总线结构就是计算机系统中有两条或者更多的总线，而不是只有一条总线。多总线结构的形式更加多样，每种总线结构都会有自己的特点和应用优势，但也会存在相应的缺陷。图 1-25 所示为双总线结构。用户可以自行分析这种总线结构的特点、优势和不足。

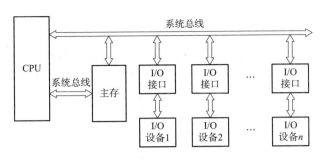

图 1-25 双总线结构

图 1-26 所示为三总线结构。在这种结构中 CPU 和主存之间存在一条总线,I/O 和 CPU 之间存在一条总线,存储器和 I/O 之间存在一条 DMA(Direct Memory Access,直接存储器访问)总线。DMA 方式允许在存储器和 I/O 之间不通过 CPU 直接传输数据,从而可以解放 CPU,使 CPU 在 DMA 传输的同时可以处理其他任务。关于 DMA 传输将在第 5.5 节详细讲解。这种总线结构允许各个总线同时传输数据,从而提高计算机的性能。但需要注意的是,如果两条总线同时访问同一个设备,而该设备没有多体并行的能力,就会存在设备的竞争,从而对计算机性能的发挥产生影响。例如,CPU 和某个 I/O 同时要访问存储器,而存储器只是一个单体的存储器,只能允许一个设备访问,那么存储器就不能同时为 CPU 和 I/O 服务。此时可以采用其他方法,如周期窃取的方式来解决这个问题。

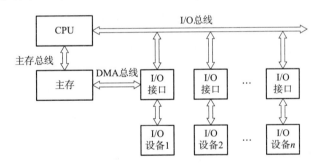

图 1-26 三总线结构

1.4.4 总线控制方式

总线上挂着多个部件,当出现总线竞争,也就是多个部件同时申请使用总线时,如何保证总线的正常通信,称为总线的控制方式。通信的双方必须配合好才能完成通信,通常双方要遵循一定的通信协议来保证有效的通信,称为通信方式。显然,各不相同的通信协议不利于总线推广,所以在一些机构的参与下出现了多个标准的通信协议或者总线标准。

总线上通信的双方通常一个为主设备,一个为从设备。主设备对总线有控制权,从设备只能响应从主设备发来的总线命令。总线上信息的传送是由主设备启动的,当某个主设备欲与另一个设备(从设备)进行通信时,首先由主设备发出总线请求信号;当多个主设备同时要使用总线时,就由总线控制器的判优、仲裁逻辑按一定的优先等级顺序,确定哪个主设备能使用总线。只有获得总线使用权的主设备才能开始使用总线。总线的控制方式通常有三种:串行链式方式、定时查询方式和独立请求方式。

1. 串行链式方式

在串行链式方式下,总线使用权的分配通过三条控制线来实现:总线允许、总线请求和总线忙信号线,如图 1-27 所示。所有的功能部件经过一条公共的总线请求信号线向总线控制器发出要求使用总线的请求,控制器收到总线申请后,首先检查总线忙信号线,只有当总线处于空闲状态时,总线控制器才响应发给它的总线申请。如果总线空闲,总线控制器送出总线允许的回答信号,该信号串行地通过每个部件。未发出总线请求的部件在接收到总线允许信号时将其传送给下一个功能部件;发出请求的部件在收到总线可用信号后就停止传送该信号,此时,它就获取了总线使用权,排在它后面的部件即使也发出了总线申请,现在也无法获取总线允许。获得总线使用权的部件建立总线忙信号,并去除总线请求信号,开始总线操作。在数据传送期间,总线忙信号一直维持,表示总线现在被占用。完成数据传送后,部件除去总线忙信号。此后若有总线请求,则再次开始总线分配过程。

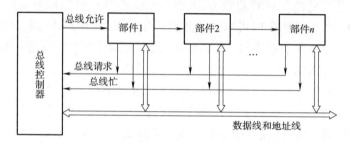

图 1-27 串行链式方式

可见,这种方式下各个部件使用总线的优先次序完全由总线上所接部件的物理位置来决定,离总线控制器越近的部件优先级别越高,越远的部件优先级别越低。

串行链式方式的主要优点是总线裁决算法很简单,用于控制总线分配的线数很少,而且与挂接在总线上的部件的数量无关,易于扩充设备。但这种方式由于优先级是固定的,灵活性较差,不能由软件改变优先级。当级别高的部件频繁使用总线时,优先级低的部件可能很久也得不到响应。又由于总线可用信号串行地通过各个部件,这就限制了总线分配的速度;在总线可用信号传输过程中,如果第一个部件发生故障,在其后的所有部件将永远得不到总线的使用权,即对硬件的失效很敏感。在总线上增加、去除或移动部件也要受总线长度的限制。

2. 定时查询方式

图 1-28 所示为采用定时查询方式的集中式总线控制方式。定时查询方式的原理是在总线控制器中设置一个查询计数器。由控制器轮流地对各部件进行测试,看其是否发出总线请求。当总线控制器收到申请总线的信号后,计数器开始计数,如果申请部件编号与计数器输出一致,则计数器停止计数,该部件可以获得总线使用权,并建立总线忙信号,然后开始总线操作。使用完毕后,撤销总线忙信号,释放总线,若此时还有总线请求信号,控制器继续进行轮流查询,开始下一个总线分配过程。

计数器的值可以每次从"0"开始计数,这时部件的优先级类似于串行链式方式;如果计数器的值每次从上次的中止点开始计数,则是一种循环优先级,每个部件获得总线使用权的机会均相等;计数器的值还可以通过程序的方法来改变,在每次总线分配前赋予计数器一个起始值。同样,部件号也可以由程序设置,这样可以灵活地改变各个部件的优先级。

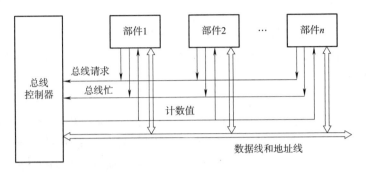

图 1-28　定时查询方式

查询方式是用计数查询线代替了串行链式方式的总线可用信号线,这样不会因某一部件的故障而引起其他部件获得总线的使用权,故可靠性比较高。但查询线的数目限制了总线上可挂接的部件数目,扩充性较差,而且控制比较复杂,总线的分配速度取决于计数信号的频率和部件数,速度仍然不会很高。

3. 独立请求方式

独立请求方式下,每个部件都有各自的一对总线请求和总线允许线,各部件可以独立地向控制器发出总线请求,总线忙信号线是所有部件公用的,如图 1-29 所示。当部件要申请使用总线时,送总线请求信号到总线控制器,如果总线空闲,总线控制器按照某种算法对同时送来的请求进行裁决,确定响应哪个部件发来的总线请求,然后返回这个部件相应的总线允许信号。部件得到总线允许信号后,获得总线使用权,撤销自己的总线申请信号,建立总线忙信号,这次的总线分配结束。直至该部件传输完数据,该部件一直拥有总线使用权。传输完毕后撤销总线忙信号,表示释放了总线。总线控制部件可以接收新的申请信号,开始下一次的总线分配。

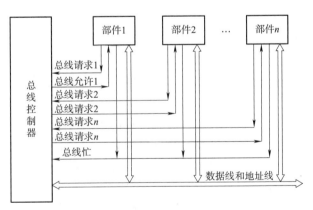

图 1-29　独立请求方式

这种方式的总线分配速度快,各模块优先级的确定灵活,既可以采用优先级固定法,也可通过程序改变优先次序,还可以通过屏蔽禁止某个请求,也能方便地不响应来自已知失效或可能失效的部件发出的请求,但这是以增加总线控制器的复杂性和控制线的数目为代价的。

1.4.5 总线的通信方式

由于存储器和 I/O 接口是挂接在总线上的,CPU 对存储器和 I/O 接口的访问,是通过总线实现的。通常把 CPU 通过总线对其外部的存储器或 I/O 接口进行一次访问所需时间称为一个总线周期。

1. 总线周期

CPU、存储器等部件是在时钟信号 CLK 控制下按节拍工作的,节拍为部件工作提供基准的时间,为通信的双方提供同步的信号。时钟信号是一系列的脉冲信号(或者称为方波),由时钟发生器产生。时钟信号的波形如图 1-30 所示。每秒能够产生多少个这样的脉冲信号称为时钟频率,其倒数称为时钟周期。例如,8086/8088 系统的时钟频率为 4.77 MHz,每个时钟周期约为 200 ns。需要注意的是,CPU 和存储器不一定工作在同一个信号下。

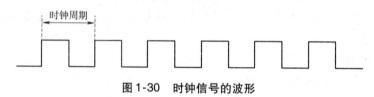

图 1-30 时钟信号的波形

一个总线周期一般包含若干个时钟周期。为了简便,假设一个总线周期包含 4 个时钟周期,分别称为 4 个节拍,即 T_1 节拍、T_2 节拍、T_3 节拍和 T_4 节拍,必要时(如半同步通信的情况),可在 T_3、T_4 间插入一个或数个 T_w 节拍。在每个节拍完成如下工作:

① T_1 节拍:输出存储器地址或 I/O 地址。
② T_2 节拍:输出控制信号。
③ T_3 和 T_w 节拍:总线操作持续,并检测 READY 信号以决定是否延长时序。
④ T_4 节拍:完成数据传送。

下面针对不同的总线通信方式进行讲解。

2. 总线的通信方式

按总线的通信方式可以分为同步通信、异步通信和半同步通信。

(1) 同步通信

同步通信是指通信的双方由统一的时钟信号控制它们之间数据的传送。双方所有的动作都必须在规定的时间完成,例如,必须在规定的时间给出地址、在规定的时间给出读信号等。这些动作不能超出规定的误差范围,否则通信的双方通信就会不成功。图 1-31 所示为 CPU 从某个设备读入数据的同步输入传输周期。

CPU 在 T_1 的上升沿发出地址信息;在 T_2 的上升沿发出读命令;被读的设备接到寻址信息和读命令之后要在 T_3 上升沿到来之前将数据放在数据总线上供 CPU 从数据总线上读走该数据;CPU 在 T_3 时钟周期内,将数据线上的信息读入到其内部的寄存器中;CPU 在 T_4 的上升沿撤销读命令,输入设备撤销数据总线上的数据。

同步通信在设计系统总线时,对 T_1、T_2、T_3、T_4 都有明确的规定,各个信号必须在规定的时间发出。对于 CPU 从外部读数据来说,其各个时钟周期要完成的工作如下:

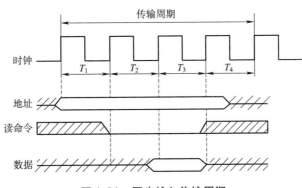

图 1-31 同步输入传输周期

① T_1：主模块发地址。
② T_2：主模块发读命令。
③ T_3：从模块提供数据。
④ T_4：主模块撤销读命令，从模块撤销数据。

思考：能不能既在一个时钟周期的上升沿发命令也在该时钟周期的下降沿发命令？如果可以，需要满足什么样的条件？

例 1-1 假设总线的时钟频率是 200 MHz，总线的传输周期为 4 个时钟周期，总线的宽度为 16 位，试求总线的数据传输速率。

解：总线的时钟频率是 200 MHz，总线的传输周期即总线周期包括 4 个时钟周期，则每秒一共有 200/4 = 50 M 个总线周期，每个总线周期可以传输 16 位，则每秒可以传输：16 × (200/4) = 800 Mbit/s = 100 MB/s。

（2）异步通信

同步通信要求通信的双方必须在规定的时间点做出规定的动作，如果通信双方的速度比较一致，则没有问题；但如果通信的双方速度差异很大，采用同步通信的方式显然是不合适的，尤其是有些模块其速度是无法确定的。在这样的情况下，采用异步通信则比较合适。异步通信不要求通信的双方遵循统一的时钟信号，而是采用应答或者握手的方式进行通信，所以异步通信又称应答通信。它是一种建立在应答式或互锁机制基础上的通信方式。在这种方式下，主模块向从模块发出一个信号，从模块收到信号后才开始动作，然后再反馈给主模块一个信号（称为应答）。主模块接到从模块的应答后再进行下一步的动作。即后一事件出现在总线上的时刻取决于前一事件的出现。在这种系统中，不需要统一的公共时钟信号，总线周期的长度是可变的，不把响应时间强加到功能部件上，因而允许快速和慢速的功能部件都能连接到同一总线上，但这是以增加总线的复杂性和成本为代价的。

异步通信根据应答信号是否互锁，即请求和回答信号的建立和撤销是否互相依赖，可分为三种类型：不互锁方式、半互锁方式和全互锁方式。

不互锁方式是指一个模块向另一个模块发送一个通信信号（如发出一个高电平），这个信号（高电平）持续一个确定的时间（实际应用时根据需要确定持续长度）就认为对方已经收到这个信号并且撤销这个信号（撤销高电平），而不必非要等到对方的应答信号再撤销高电平。显然，这存在一定的风险，因为发信号的一方想当然地认为经过这个确定的时间，对方应该收到了信号,但实际上对方未必收到了信号。这种情况有可能会造成后面通信的失败。

半互锁方式是指主模块发送请求信号(如一个高电平)后,这个高电平一直持续直到主模块收到从模块的应答信号(如从模块发过来的一个高电平)。这时主模块才撤销自己的请求信号(把高电平变为低电平)。这一段过程有互锁关系。然而从模块发给主模块的应答信号则采用不互锁的方式,即从模块的应答信号持续一个确定的时间,而不必等到主模块的请求信号撤销就可能撤销应答信号。

全互锁是指主模块发出请求信号后,直到收到从模块的应答信号才撤销请求信号;从模块发出应答信号,一直等到主模块撤销其请求信号后再撤销应答信号。在这样的情况下,通信的双方都确认对方已经收到自己的信号。不互锁、半互锁、全互锁的信号示意图如图1-32所示。

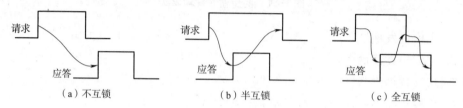

图1-32 异步通信中通信双方的请求应答的互锁情况

并行通信和串行通信都可以采用异步通信的方式,但是目前串行通信采用异步的方式多一些。这样的通信通常称为异步串行通信。单片机一般都有一个通用异步收发传输器(universal asynchronous receiver/transmitter,UART),它负责将单片机中的并行数据转换为串行数据通过 RS-232C 串行总线和其他设备连接。RS-232C 是美国电子工业协会(electronic industry association,EIA)制定的一种串行物理接口标准,学习嵌入式系统的用户会经常用到这种通信方法。

异步串行通信为了保证传输的成功,也需要遵循一定的协议,上述的 RS-232C 就是一种串行通信协议,目前已经成为一种国际标准。串行通信协议一般采用起止式协议。起止式异步协议的特点是逐个字符传输,并且传送一个字符总是以起始位开始,以停止位结束,字符之间没有固定的时间间隔要求。每一个字符的前面都有一位起始位(低电平,逻辑值0),字符本身由5~8位数据位组成,接着字符后面是一位校验位(也可以没有校验位),最后是一位、一个半位或两位停止位,停止位后面是不定长度的空闲位。停止位和空闲位都规定为高电平(逻辑值),这样就保证起始位开始处一定有一个下跳沿。

这种格式是靠起始位和停止位来实现字符的界定或同步的,故称为起止式协议。传送时,数据的低位在前,高位在后。这样一个包含起始位、数据位、校验位(如果有)和停止位(或者终止位)的二进制串就称为一帧,起止式异步通信是逐帧传输数据。帧的数据格式如图1-33所示。

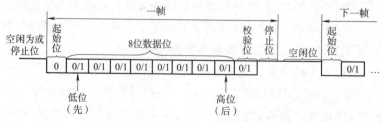

图1-33 起止式异步串行帧的数据格式

异步串行通信数据传输速率用波特率来表示。波特率是指一秒钟通过异步串行总线传输的总的二进制位数(包括起始位、数据位、校验位和停止位)。若只计算一秒钟传输数据位的位数,则传输速率称为比特率。

例1-2 在异步串行通信系统中,假设每秒传输960个帧,其帧格式包含一个起始位、8个数据位、一个停止位,没有校验位,请计算该异步串行通信系统的波特率。

解:根据题目给出的字符格式,一帧包括 $1+8+1=10$ 位,故波特率为 $10 \times 960 = 9\,600$ bit/s $= 9\,600$ Bd。

例1-3 试计算例1-2中异步串行通信的比特率。

解:异步串行通信的比特率为 $8 \times 960 = 7\,680$ bit。

(3)半同步通信

在同步通信中要求双方严格按照时钟信号进行响应,但在一些情况下,二者可能不能做到完全同步,此时可以在总线周期中插入若干个等待周期来解决,称为半同步通信。半同步通信具有同步通信的基本特点,如主模块所有的地址、命令、数据信号都严格按照时钟给出。同时它又具有异步通信的特点,如不要求从模块严格按照同步通信那样在规定的时间给出信号,允许从模块延缓几个时钟周期给出信号。这样,即使通信的双方速度不完全相同,也可以完成通信。一般要在电路中增设一条"等待"($\overline{\text{WAIT}}$)信号来实现双方的协调通信。

下面以输入为例,将半同步通信和同步通信进行对比说明。先看同步通信的情况,参考图1-31中的同步通信,主模块在 T_1 发出地址,在 T_2 发出命令,从模块在 T_3 发数据到总线上, T_4 时完成通信过程。对于半同步通信,如果从模块速度较慢,无法在 T_3 到来时将数据发到数据总线,则需要在 T_3 到来之前给主模块发送一个 $\overline{\text{WAIT}}$ 信号,通知主模块自己尚未准备好。主模块收到 $\overline{\text{WAIT}}$ 信号,知道从模块尚未能准备好数据,则插入一个 T_w 周期(其宽度与时钟周期一致),此时因为总线上没有从模块发送的数据,主模块不从总线上读数据。若经过一个 T_w 周期从模块仍旧不能准备好数据,它就不会撤销 $\overline{\text{WAIT}}$ 信号。主模块就再插入一个 T_w 周期等待从模块。直到从模块准备好数据,将数据发到总线上,撤销 $\overline{\text{WAIT}}$ 信号。主模块检测到从模块撤销了 $\overline{\text{WAIT}}$ 信号,知道从模块已经将数据发到总线上,就将下一个时钟周期当作正常的 T_3 周期,从数据总线将数据读走。半同步通信如图1-34所示。

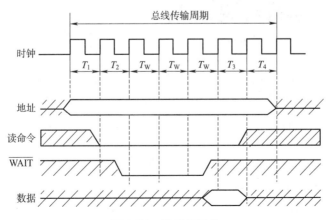

图1-34 半同步通信

1.5 微型计算机整机系统

前面讲到的计算机硬件系统由运算器、控制器、存储器、输入设备、输出设备五部分组成,是一个抽象的构成。一台实际的计算机还应该有相应的机架、电源、保护装置等其他部件。现在以常用的家用微型计算机(简称微机)为例说明实际计算机整机的构成。

一台完整的微机包括主机、显示器、键盘、鼠标等。主机中包括主板、CPU、显卡、电源、硬盘等,这些部件都安装在主机机箱中。现在市场上也出现了一体机,即将主机和显示器合并在一起,也就是将主机里的部件安装在显示器的后面。需要注意的是,在计算机术语中通常把 CPU 和主存储器合称为主机,而在日常生活中,通常把一台实际计算机包含在机箱中的部件统称主机,要注意区分。

1.5.1 主 板

现在的计算机中,运算器和控制器及缓存集成在一个芯片上,称为 CPU。Intel 的酷睿 i5 的外观如图 1-35 所示。CPU、主存储器(通常称为内存)、输入/输出设备构成一个完整的计算机系统,这些部件要通过总线连接。图 1-36 所示为三星 DDR5 内存,其上面的芯片就是存储器芯片。现在的计算机系统通常有一个主板,CPU、内存、显卡、声卡、硬盘及其他外设插在主板上,主板为这些部件提供总线连接形成一个有机的整体。由于总线的传输对计算机的影响很大,而主板对这些总线进行管理,因此主板性能的好坏直接影响整台计算机的性能。

图 1-35 Intel 的酷睿 i5 的正面和反面   图 1-36 三星 DDR5 内存

主板(motherboard、mainboard)又称主机板、系统板、母板或底板等,是微机最基本的也是最重要的部件之一。主板一般为矩形电路板,上面安装了组成计算机的主要电路系统,一般有 BIOS 芯片、I/O 控制芯片、键盘接口、控制开关接口、指示灯插接件、扩充插槽、直流电源供电接插件等元件。

主板上除了提供插槽之外,还搭载了芯片组(Chipset)。芯片组主要对总线进行管理,因此它直接影响计算机的性能,是主板上最重要的构成组件。芯片组通常由北桥和南桥组成,这些芯片组为主板提供一个通用平台供不同设备连接,控制不同设备的沟通。它也包含对不同扩充插槽的支持,如处理器、PCI 总线、ISA 总线、AGP 总线和 PCI Express 总线等。芯片组还为主板提供额外功能,如集成显卡、集成声卡(也称内置显卡和内置声卡)等。一些高价主板也集成红外通信技术、蓝牙和802.11(Wi-Fi)等功能。

主板一般是多层板,它不仅有正面和反面两层,中间还有电路层。多数主板中间有两层,加上正面和反面的两层,总共有四层。这样的主板称为四层板。还有更高级的主板为六层或者八层。通常主板的正面布满分工明确的各个部件:插槽、芯片、电阻、电容等。反面有时也会焊接有电阻、电容等元器件。对于四层主板来说,正面和反面称为信号层,中间两层分别为电源层和接地层。当主机加电时,电流会在瞬间通过CPU、南北桥芯片、内存插槽、AGP插槽、PCI插槽、IDE接口以及主板边缘的串口、并口、PS/2接口等。随后,主板会根据BIOS(基本输入/输出系统)识别硬件,并进入操作系统发挥出支撑系统平台工作的功能。

下面对主板上主要的部件进行简单介绍。

1. 芯片组

芯片组是主板的核心组成部分,几乎决定了主板的功能,进而影响到整个计算机系统性能的发挥。按照在主板上的排列位置的不同,通常分为北桥芯片和南桥芯片。北桥芯片提供对CPU的类型和主频、内存的类型和最大容量、ISA/PCI/AGP/SATA插槽、ECC纠错等支持。南桥芯片则提供对KBC(键盘控制器)、RTC(实时时钟控制器)、USB(通用串行总线)、Ultra DMA/33(66)EIDE数据传输方式和ACPI(高级电源管理)等的支持。其中北桥芯片起着主导性的作用,也称为主桥(host bridge)。

2. CPU插座

CPU安装在主板的CPU插座上,然后在CPU上面再辅以散热片和风扇为CPU散热。不同的主板提供的CPU插座的形式不一样,适合不同的CPU芯片。例如,华硕TUF GAMING B660M-PLUS WIFI D4主板的CPU插座是LGA 1700,支持Intel的10 nm工艺的酷睿系列CPU。图1-37所示为华硕主板。

图1-37　华硕主板

3. 扩展槽

扩展插槽是主板上用于固定扩展卡并将其连接到系统总线上的插槽,用于添加或增强计算机特性及功能。扩展槽的种类和数量的多少是决定一块主板好坏的重要指标。有多种类型和足够数量的扩展槽就意味着今后有足够的可升级性和设备扩展性,反之则会在今后的升级和设备扩展方面遇到巨大的障碍。内存、显卡、声卡等都插在这些插槽上。

4. 主要接口

(1) 硬盘接口

硬盘接口可分为 IDE 接口和 SATA 接口。在型号老些的主板上,多集成 2 个 IDE 口,而新型主板上,IDE 接口大多缩减,甚至没有,代之以 SATA 接口。SATA(serial advanced technology attachment,串行高级技术附件)是一种基于行业标准的串行硬件驱动器接口,是由 Intel、IBM、Dell、APT、Maxtor 和 Seagate 公司共同提出的硬盘接口规范。CD 或者 DVD 光驱也可以插接在 IDE 接口或者 SATA 接口上。

(2) COM 接口(异步串行通信接口,简称串口)

一些主板提供了 COM 接口,原来的作用是连接外部的调制解调器 Modem 等设备,支持前面讲的异步串行通信。现在多用在嵌入式系统开发方面,可以通过串口实现交叉编译及向嵌入式开发板下载程序。由于 COM 接口在日常生活中用到得不多,所以一些主板逐步取消了 COM 接口,而代之以更多的 USB 接口。

(3) PS/2 接口

PS/2 接口的功能比较单一,仅能用于连接键盘和鼠标。一般情况下,鼠标的接口为绿色、键盘的接口为紫色。PS/2 接口的传输速率比 COM 接口稍快一些,目前绝大多数主板依然配备该接口,但支持该接口的鼠标和键盘越来越少,大部分外设厂商也不再推出基于该接口的外设产品,更多的是推出 USB 接口的外设产品。不过值得一提的是,由于该接口使用非常广泛,因此很多用户即使在使用 USB 键盘、鼠标也更愿意通过 PS/2-USB 转接器插到 PS/2 上使用。此外,键盘、鼠标每一代产品的寿命都非常长,此接口使用效率依然很高,但在不久的将来,被 USB 接口所完全取代的可能性极高。

(4) USB 接口

USB 接口是如今最流行的接口,最大可以支持 127 个外设,并且可以独立供电,其应用非常广泛。USB 接口可以从主板上获得 500 mA 的电流,支持热拔插,真正做到了即插即用。一个 USB 接口可同时支持高速和低速 USB 外设的访问,由一条四芯电缆连接,其中两条是正负电源,另外两条是数据传输线。高速外设的传输速率为 12 Mbit/s,低速外设的传输速率为 1.5 Mbit/s。此外,USB 2.0 标准最高传输速率可达 480 Mbit/s。USB 3.0 已经出现在主板中,并已开始普及。

(5) LPT 接口(并口)

LPT 接口一般用来连接打印机或扫描仪。随着 USB 接口的发展,打印机或扫描仪更多地采用 USB 接口,因此主板上也逐步取消该接口。

5. BIOS 芯片和 CMOS RAM 芯片

BIOS 实际上就是微机的基本输入/输出系统(Basic Input-Output System),其内容集成在微机主板的一个 ROM 芯片上,主要保存着有关微机系统最重要的基本输入/输出程序、系统信息设置、开机上电自检程序和系统启动自举程序等。早期的计算机采用 EPROM 作为 BIOS 芯片,现在都采用闪存(flash memory)作为 BIOS 芯片。

CMOS(互补金属氧化物半导体),是一种大规模应用于集成电路芯片制造的原料。这里是指微机主板上的一块可读写的 RAM 芯片,主要用来保存当前系统的硬件配置和操作人员对某些参数的设置,如系统日期、时间等。CMOS RAM 芯片由系统通过一块后备电池供电,因此无论是在关机状态,还是遇到系统掉电情况,CMOS 信息都不会丢失。

1.5.2 显示器

显示器作为计算机的一个输出装置,能够用丰富的图形和色彩显示输出结果。常用的显示器有 CRT(阴极射线管)、LCD(液晶显示器)和 OLED(有机发光二极管显示器)。现在 CRT 逐步退出了市场,只有在老旧的计算机上才能看到。目前的显示器市场中大多是重量更轻、更薄的液晶显示器和 OLED 显示器。不同于 LCD 需要背光和液晶点阵,OLED 采用自发光显示技术,因而具有更高的对比度、更快的响应、更艳丽的色彩效果,并且功耗更低,有取代 LCD 的趋势。显示器的参数主要有分辨率等。

1.5.3 电 源

计算机电源是把 220 V 交流电转换成直流电,并专门为计算机配件如主板、驱动器、显卡等供电的设备,是计算机各部件供电的枢纽,是计算机的重要组成部分。目前 PC 电源大都是开关型电源。

习 题

一、选择题

1. 下面的_____属于系统程序。
   A. 聊天程序　　　B. 字处理程序　　　C. 操作系统　　　D. 手机 App
2. 运算器中一般不会包含_____。
   A. 程序计数器 PC　　　　　　　B. 累加器
   C. 通用寄存器　　　　　　　　D. 乘商寄存器
3. _____用来存放下一条指令的地址。
   A. 累加器　　　　　　　　　　B. 程序计数器(PC)
   C. 存储器地址寄存器(MAR)　　D. 指令寄存器(IR)
4. _____用来存放从存储器中取出的指令。
   A. 存储器地址寄存器 MAR　　　B. 数据寄存器(MDR)
   C. 通用寄存器　　　　　　　　D. 指令寄存器
5. 如果想访问存储器的某个存储单元,需要将该单元的地址赋给_____,由它驱动译码电路找到该存储单元。
   A. 存储器地址寄存器 MAR　　　B. 数据寄存器 MDR
   C. 通用寄存器　　　　　　　　D. 指令寄存器 IR
6. 下面_____属于系统总线。
   A. 电话线　　　　　　　　　　B. CPU 和存储器直接的连线
   C. 网线　　　　　　　　　　　D. CPU 中控制单元和 ALU 的连线

二、填空题

1. 计算机要具有硬件和（　　　　）才能协调工作。
2. 外设一般是通过（　　　　）挂接在系统总线上的。
3. 系统总线按功能划分，可以分为地址总线、（　　　　）总线和控制总线。
4. 总线的控制方式一般包括（　　　）、（　　　）和（　　　）三种方式。
5. 异步通信是采用（　　　　）的方式实现通信双方的协调配合的。

三、简答题

1. 计算机由哪五部分组成，它们分别起什么作用？
2. 同步通信和异步通信的通信方式有什么不同？
3. 起止式异步串行通信的帧格式是什么样的？

四、计算题

1. 在一个同步系统总线中，总线的时钟频率为 100 MHz，总线的宽度为 32 位，总线周期包含 4 个时钟周期，试求该总线的带宽。
2. 在一个异步串行通信总线中，字符格式为 1 个起始位、8 个数据位、一个停止位，若它的波特率是 9 600 bit/s，则该总线每秒可传输多少个字符？

五、综合实训

计算机的 CPU、主存、外设通过系统总线连接成一个有机的整体。不同的总线结构有各自不同的特点，影响着计算机的性能。试根据书中给出的几种总线结构，结合自己查询的相关资料，给出 2~3 种不同系统总线的结构，并分析它们各自的特点。

第 2 章 计算机的工作过程

学习目标

知识目标：
- 深入理解并掌握冯·诺依曼关于计算机的思想。
- 了解用计算机解决问题的准备过程。
- 加深对计算机硬件系统的理解和掌握。
- 掌握计算机硬件、软件协同工作的概念。
- 初步掌握计算机的工作过程,理解计算机指令和数据的流动过程。

能力目标：
- 能用冯·诺依曼对计算机系统进行分析。
- 初步具有计算机思维,能对简单的问题进行分析、建立数学模型,为用计算机解决问题做准备。
- 能用提供的指令编写简单的程序。
- 能够分析计算机中的指令和数据流动过程,进而分析计算机硬件的工作原理。
- 能够进行简单的分析和计算。

知识结构导图

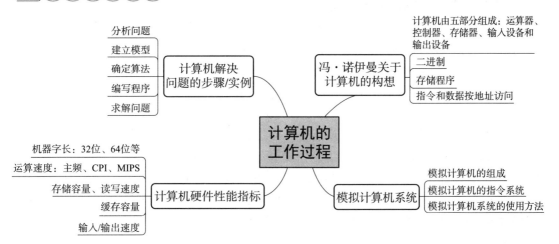

2.1 冯·诺依曼关于计算机的构想

在计算机的产生发展过程中,许多人为计算机的发展做出了卓越的贡献,冯·诺依曼就是其中的一个。20世纪40年代,冯·诺依曼提出了计算机的结构、方案和工作原理。现代计算机虽然结构更加复杂,计算能力更加强大,但仍然是基于这一原理设计的,因此人们尊称他为现代计算机之父。根据冯·诺依曼提出的原理制造的计算机称为冯·诺依曼结构计算机。在当时的设计方案中,冯·诺依曼提出了在计算机中采用二进制算法和设置内存储器的理论,并明确规定了电子计算机必须由运算器、控制器、存储器、输入设备和输出设备等五大部分构成的基本结构形式。他认为,计算机采用二进制算法和内存储器后,指令和数据便可以一起存放在存储器中,并可做同样处理,这样,不仅可以使计算机的结构大幅简化,而且为实现运算控制自动化和提高运算速度提供了良好的条件。

虽然大家不一定设计计算机系统,但由于现代的计算机基本遵循了时冯·诺依曼关于计算机的构想,因此深刻理解其关于计算机的构想对于学习好计算机组成原理是非常重要的。

冯·诺依曼关于计算机的构想主要有以下几点:
①计算机由存储器、运算器、控制器、输入设备、输出设备五部分构成。
②数字计算机的数制采用二进制,指令和数据用二进制表示。
③指令和数据存储于存储器中,指令和数据可以按地址访问。
④指令由操作码和地址码组成,操作码用来表示操作的性质,地址码用来表示操作数或操作数的地址。
⑤由指令构成的程序在存储器中按顺序存放,计算机一般按照程序顺序执行,在一定条件下,可以跳转。

同时他还认为计算机应当具有如下功能:
①能够把需要的程序和数据送至计算机中。
②必须具有长期记忆程序、数据、中间结果及最终运算结果的能力。
③具备完成各种算术、逻辑运算和数据传送等数据加工处理的能力。
④能够根据需要控制程序走向,并能根据指令控制计算机的各部件协调操作。
⑤能够按照要求将处理结果输出给用户。

2.2 模拟计算机系统

为了方便学习计算机的组成及工作原理,本书提供了一个免费的模拟软件来帮助大家学习。我们把这个模拟软件称为模拟计算机系统。这个模拟计算机系统可以显示一台基本计算机的组成,提供了一些指令。可以使用这些指令编写程序,将程序编译成二进制形式,将二进制的程序"加载"到存储器中。可以选择单步执行程序,查看每条指令的取指、执行时指令和数据的流动过程。模拟计算机系统能够动态地展现计算机的工作过程。

2.2.1 模拟计算机的组成

模拟计算机系统的初始界面如图 2-1 所示。它包括了算术逻辑单元(ALU)、控制单元(CU)、存储体和若干个寄存器。可以认为 ALU 和累加器(ACC)、通用寄存器(X)和乘商寄存器(MQ)构成运算器;控制单元、程序计数器(PC)、指令寄存器(IR)构成控制器;存储器地址寄存器(MAR)、存储器数据寄存器(MDR)和存储体构成存储器;DataRegister 和 StateRegister 是输入/输出接口中的数据缓冲寄存器和状态寄存器;最后还有一个堆栈指针(SP)。这些部件通过总线相连,其他部件和存储体的连线由于要表现不同地址,所以没有画出,在程序执行时可以动态地显示出来。在模拟计算机系统中没有画出外设,但是可以通过菜单命令将程序和数据加载到存储体中,运行的结果可以通过对话框或者消息框显示。存储单元的字长为 16 位,寄存器除了 PC 和 MAR 都是 16 位寄存器,PC 和 MAR 是 10 位寄存器。在界面上还提供了 3 个按钮:单击 Start 按钮为执行程序做好准备;每单击一次 Step 按钮执行指令的一个步骤,或者叫作微操作;单击 Execute 按钮连续执行全部指令。

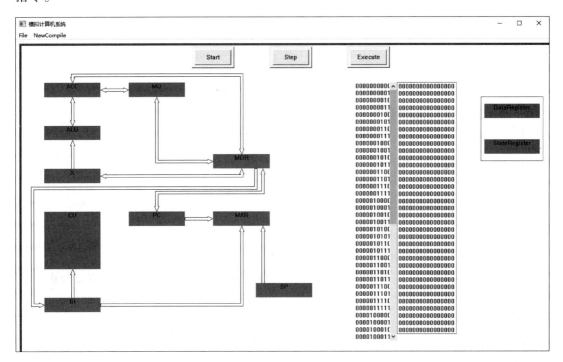

图 2-1 模拟计算机系统的初始界面

2.2.2 模拟计算机的指令系统

1. 指令的格式

模拟计算机的指令字长都为 16 位,也就是说每条指令占 16 个二进制位。其中操作码 6 位,操作数地址 10 位。每条指令在存储器中正好占用一个存储单元。指令的格式如图 2-2 所示,在第 6 章的指令系统中,会比较详细地讲解有关指令的内容。

图 2-2 模拟计算机的指令格式

2. 模拟计算机的指令集

任何一个计算机系统都必须提供指令系统,以便用户使用这些指令编制程序,在计算机上运行。模拟计算机系统到目前暂时提供 25 条指令,其操作码和指令功能见表 2-1。

表 2-1 指令操作码和功能

助记符	操作码	寻找方式	功能描述	示例(地址十六进制)
LDA	000001	直接寻址	载入数据到累加器(ACC)	LDA 012
STA	000010	直接寻址	保存累加器到存储器单元	STA 014
ADD	000011	直接寻址	和累加器的内容相加,结果保存到累加器	ADD 013
MUL	000100	直接寻址	和累加器的内容相乘,结果保存到累加器	MUL 016
OUT	000101	直接寻址	把该地址的存储单元内容输出到显示框	OUT 018
END	000110	地址为 0	程序结束	END 000
JMP	000111	相对寻址	跳转	JMP 002
SUB	001000	直接寻址	和累加器的内容相减,结果保存到累加器	SUB 019
OR	001001	直接寻址	和累加器的内容相或,结果保存到累加器	OR 011
AND	001010	直接寻址	和累加器的内容相与,结果保存到累加器	AND 012
DIV	001011	直接寻址	和累加器的内容相除,结果保存到累加器	DIV 010
CALL	010000	相对寻址	调用指令	CALL 023
RTN	010001	地址为 0	调用返回	RTN 000
PUSHA	010010	堆栈寻址	将累加器内容压入堆栈	PUSHA 000
PUSHX	010011	堆栈寻址	将 X 寄存器内容压入堆栈	PUSHX 000
POPA	010100	堆栈寻址	将栈顶内容弹出到累加器	POPA 000
POPX	010101	堆栈寻址	将栈顶内容弹出到 X	POPX 000
INCA	100000	地址为 0	累加器内容增一	INCA 000
DECA	100001	地址为 0	累加器内容减一	DECA 000
SHRA	100010	立即数	累加器内容右移若干位	SHRA 002
SHLA	100011	立即数	累加器内容左移若干位	SHLA 003
INCX	100100	地址为 0	X 增一	INCX 000
DECX	100101	地址为 0	X 减一	DECX 000
SHRX	100110	立即数	X 右移若干位	SHRX 001
SHLX	100111	立即数	X 左移若干位	SHLX 002

需要说明的是,END、RTN、PUSHA、PUSHX、POPA、POPX、INCA、DECA、INCX、DECX 后面都需要接 000(十六进制)来保持和其他指令格式的统一。跳转指令 JMP 和调用指令 CALL 后面的地址为相对偏移量,用补码表示。

> **注意**：
> 该模拟计算机系统提供的指令是不完备的，仅仅依靠上述这些指令不能完成所有的编程功能。这个软件是帮助大家理解计算机的基本组成、程序加载的过程、指令取指、执行过程的数据流动过程。

2.2.3 模拟计算机系统的使用方法

双击打开程序，主界面参见图 2-1。界面上有 File 和 NewCompile 两个菜单。NewCompile 菜单下包括 New、Save 和 Compile 3 个命令。选择 NewCompile→New 命令，将打开程序编辑界面，可以输入由指令构成的汇编程序，如图 2-3 所示。

图 2-3　程序编辑界面

选择 NewCompile→Save 命令可以将输入的汇编程序以文本形式保存。选择 NewCompile→Compile 命令可以将汇编程序编译成二进制的形式并保存，保存时弹出一个对话框，可以输入保存的位置和名称。

File 菜单下包括 Origin、Load 两个命令。选择 File→Origin 命令可以从程序编辑界面返回到主界面。选择 File→Load 命令可以将编译并保存的二进制程序加载到存储区中。

将程序加载到存储区域后，单击 Start 按钮，程序计数器中的值就指向程序的起始地址，为后面执行指令做好准备。一般在程序中都会用 CODE 后面跟一个地址指明程序在存储器中的起始地址。此后依次单击 Step 按钮可以看到指令的取指及执行过程。单击 Start 按钮后该按钮变为 Stop，这时单击 Stop 按钮可以使程序终止，再单击 Step 按钮和 Execute 按钮无效。需要说明的是，最好在一条指令取指并执行完毕后单击 Stop 按钮。使用 Step 按钮可以清晰地看到每条指令的数据流动过程，便于了解计算机的工作过程。如果想连续自动执行程序，可单击 Execute 按钮，这时程序会依次连续自动执行，直至结束。

下面以一个例子说明使用方法。选择 NewCompile→New 命令，进入程序编辑区，输入一段代码，如例 2-1 所示，不需要输入"；"后面的注释。然后，选择 NewCompile→Save 命令保存，再选择 NewCompile→Compile 命令对代码进行编译并保存。打开保存的二进制代码记事本文件,可以看到代码和数据的二进制形式。选择 File→Origin 命令返回主界面,再选择 File→Load 命令加载刚才保存的二进制程序,加载完可以看到存储区域内的内容发生了变化,表示二进制代码已经加载到存储区域。

将程序加载到存储区域后,单击界面上的 Start 按钮,程序计数器(PC)上的内容变成了 0000000000,这是第一条指令在存储区域的地址。单击 Step 按钮,PC 将 0000000000 传输给了存储器地址寄存器 MAR,同时有一个红色的箭头指向了地址为 0000000000 的存储单元,里面存放的就是程序的第一条指令(CODE 000 不是指令,它属于宏汇编命令,用来指明指令的起始地址,这里它就指明程序的起始地址是 0000000000,首条指令是 LDA 012)。再次单击 Step 按钮,将指令从存储器中取出送至指令寄存器(IR),同时 PC 的值加 1 指向下一条指令。再次单击 Step 按钮,IR 将指令中的操作码送至控制单元分析,知道该指令为取数指令,因此将该指令的操作数地址赋给 MAR。单击 Step 按钮,箭头指向存储器中的 0x012(即0000010010),再单击 Step 按钮,将这个存储单元中的值送至 MDR。单击 Step 按钮,将 MDR 中的值送到累加器(ACC)中。至此整条指令执行完毕,如果再次单击 Step 按钮,则又开始第二条指令的取指执行过程。这里不再分析,可以自己试一试。

在编写汇编程序时,主程序必须是以 CODE 开始,后面跟的是该程序在存储器的起始地址,这个地址决定了程序开始运行时 PC 的初始值。主程序需要以 END 000 结束。程序中用到的数据在存储器存放的位置由 DATA 后面的地址指定。

例 2-1　模拟计算机汇编程序的写法。

```
CODE 000      ;程序从 0 地址开始
LDA 012       ;从 0x12 单元加载内容到累加器(ACC)
ADD 013       ;从 0x13 存储单元取数和累加器的内容相加,结果存入累加器
STA 014       ;把累加器的内容存入 0x14 存储单元
END 000       ;程序结束
DATA 010      ;从 0x10 开始存放数据
0000          ;0x010 地址存放的是 0x0000(十进制 0)
0010          ;0x011 地址存放的是 0x0010(十进制 16)
0002          ;0x012 地址存放的是 0x0002(十进制 2)
0004          ;0x013 地址存放的是 0x0004(十进制 4)
```

2.3　计算机解决问题的步骤

大多数情况下,要解决的问题是用人类的语言来描述的,例如预测一周后的天气情况。要用计算机来解决这样的问题,需要经过几个步骤的工作。

首先,需要将人类语言的描述转换成公式、表、结构图等形式,为所要解决的问题建立一个模型,这样的过程称为建模。模型中最常见的是数学模型,数学模型通常用方程和方程组来表示,尤其以微分方程和微分方程组居多。

其次,根据模型确定合适的计算方法。很多情况下,计算机解决问题的方法和人类思维解决的方法是不一样的,需要找到适合计算机的运算方法。例如,对于求解 1~100 各自然

数之和这样的问题,人们采用 101×50 方法可以更快地得出运算结果,而计算机则更适合于采用循环累加的方法来实现。"数据结构与算法"课程是学习计算机算法的重要课程。

再次,编制程序。用计算机系统提供的指令,根据上面确定的算法将计算机运算的步骤表示出来,就是编程。本课程指的是汇编语言的编程,高级语言的编程则是采用更适合人类理解的方式来进行。由于不同计算机提供的指令不同,因此对同一个问题,编制的程序也会不同。即使同一型号的计算机,采用的算法不同、编程人的思路不同也会使编写的程序不同。不同的程序在运行时占用的资源(寄存器、CPU 使用率、存储空间的大小)不同,运行的时间也会不同。这是评价算法或者程序的很重要的指标。

编写完程序以后就可以在计算机上运行程序,给出结果。

●●●● 2.4　计算机解决问题的实例 ●●●●

下面以一个小学中简单的题目来看使用模型计算机如何解决问题。

题目:鸡和兔关在同一个笼子里,共有 n 个头,m 条腿,请问有几只鸡,几只兔?

解题步骤如下:

1. 建立数学模型

这是一个用文字描述的问题,需要建立它的数学公式(即数学模型)。设有 x 只鸡,有 $n-x$ 只兔,则可以列出下列公式:

$$2x + (n-x) \times 4 = m$$

转换为

$$x = (4n - m)/2$$

2. 确定算法

这是一个简单的计算,因而不需要什么复杂的算法,但是不同的算法效率也不相同。要实现 $(4n-m)/2$,可以用 $(4n-m)$ 除以 2 来实现。由于整数除以 2 在计算机中可以用该数右移一位来实现,因此也可以将 $(4n-m)$ 右移一位来获得。但二者的效果是不同的,计算机进行除的操作远比进行移位操作要复杂,因此用移位指令要比用除法指令好。当然 $4n$ 也可以用 n 左移 2 位来实现。

3. 分析解决问题的步骤

根据模拟计算机的组成结构及其所提供的指令,列出解决这个问题的步骤:

①将 n 读入到累加器 ACC。
②将累加器的内容乘以 4,结果保存在累加器中。
③将累加器的内容除以 2,结果保存在累加器中。
④将累加器的内容保存到存储器中。
⑤将保存的结果输出。
⑥程序结束。

说明:程序中的数据是放在存储器中的,这个问题的数据包括 n 和 m,在编制程序时要确定它们保存在哪个存储单元,使用时再从这个单元取出。问题中的 2 和 4 这两个数据如果需要也要放在存储器中。

4. 编写程序

根据上面的步骤和模拟计算机提供的指令编写程序,设 $n=10, m=28$。

CODE 000	;程序从 0 地址开始
LDA 010	;从 0x10 单元加载内容到累加器(ACC),这个单元存储的是 n(也就是 10)
MUL 011	;从 0x011 存储单元取数和累加器的内容相乘,结果存入累加器,该存储单元值是 4
SUB 012	;累加器的内容减去 0x012 存储单元中的内容,结果存入累加器,该存储单元的值是 28
DIV 013	;累加器的内容除以 0x13 存储单元的内容,结果存入累加器,该存储单元的值是 2
STA 014	;把累加器的内容存入 0x14 存储单元
OUT 014	;把结果输出
END 000	;程序结束
DATA 010	;从 0x10 开始存放数据
000A	;0x010 地址存放的是 0x000A(十进制 10)
0004	;0x011 地址存放的是 0x0004(十进制 4)
001C	;0x012 地址存放的是 0x001C(十进制 28)
0002	;0x013 地址存放的是 0x0002(十进制 2)

5. 用计算机解决问题

(1)编译该程序

可以用模拟计算机提供的程序编辑窗口写程序,也可以用记事本写程序,然后复制到程序编辑窗口,如图 2-4 所示。

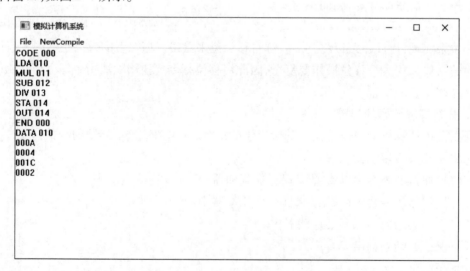

图 2-4 编辑程序

选择 NewCompile→Compile 命令,对该程序进行编译并弹出"另存为"对话框,用来保存已经编译好的二进制代码,以记事本的形式保存,如图 2-5 所示。

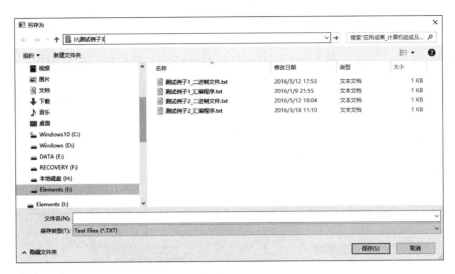

图 2-5　保存编译好的程序

(2) 加载程序

编译完程序后,可以在保存的位置找到刚才保存的编译好的二进制代码。需要将二进制程序加载到计算机的内存后才可以由计算机来执行这段代码。首先选择 File →Origin 命令回到主界面,然后选择 File →Load 命令,弹出"打开"对话框,选中刚才编译好的代码,单击"打开"按钮将程序加载到模拟计算机的存储器中,如图 2-6 所示。加载完毕后可以看到,存储器中一些存储单元的内容已经由原来初始的全部为 0 变成了被加载的状态。

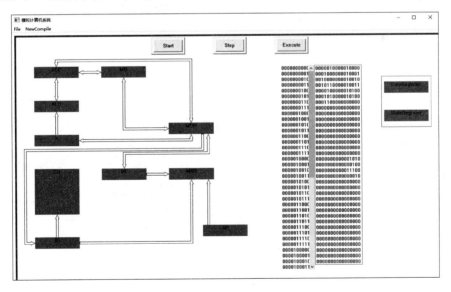

图 2-6　加载程序到存储器中

(3) 执行程序

单击主界面中的 Start 按钮,可以看到 PC 的值已经变成了 0000000000,这是第一条指令在存储器中的地址,为取第一条指令做好了准备。然后单击 Step 按钮,PC 将指令地址传输给 MAR,指向第一条指令,连续单击 Step 按钮,就可以看到第一条指令的取指、执行过程。

当第一条指令取指完成,将指令从存储器取出放入 IR 之后,PC 的内容变为 0000000001,指向下一条指令。第一条指令执行完毕后,开始取第二条指令、执行第二条指令,以此取出并执行所有指令,完成任务。图 2-7 所示为模拟计算机开始取第三条指令的情况。这就是计算机的基本工作流程,掌握这个流程是学好这门课程的一个关键所在。在了解了几条指令的取指、执行过程之后,可以单击 Execute 按钮。这个按钮是让模拟计算机自动连续地执行剩余的所有指令。单击之后,模拟计算机执行剩下的指令,最后给出运行的结果。结果用对话框显示,并显示两次,分别显示结果的二进制形式和十进制形式。结果的十进制形式如图 2-8 所示。

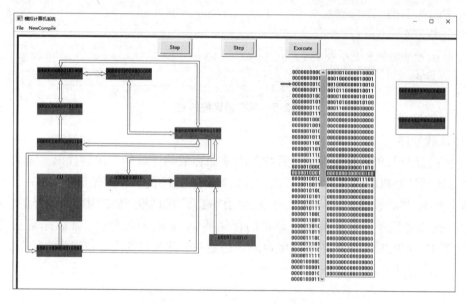

图 2-7　开始取第三条指令的情况

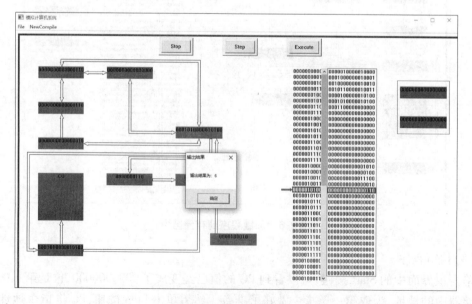

图 2-8　显示运算结果

给出运算结果之后,程序运行结束,弹出提示对话框。如果要再次运行,可以在程序运行完毕之后单击 Start 按钮重新开始。请大家考虑如果这个程序要用左移指令和右移指令分别代替乘法和除法,程序该怎么写。

●●●● 2.5　计算机硬件性能指标 ●●●●

在通过模拟的计算机了解用计算机解决问题的过程之后,再看一下真实的计算机。对于真实的计算机,通常需要一些指标来衡量其性能的高低。单一的指标有时并不全面、准确,所以需要几个指标综合地来衡量。计算机包括软件和硬件,它们各自都有自己评价的指标,这里主要讨论硬件指标。衡量计算机硬件性能的指标通常有机器字长、存储器容量、运算速度、浮点运算能力等。

2.5.1　机器字长

机器字长是指计算机进行一次整数运算所能处理的二进制数据的位数,反映了计算机能进行多少位二进制数的并行运算。在计算机中执行运算的是 CPU 中的运算器,所以机器字长是多少位也就是指该计算机中的运算器有多少位。即运算器中的 ALU 及一些核心的寄存器是多少位的(如累加器、通用寄存器等)。ALU 用来进行两个数的算术逻辑运算,这些核心寄存器通常保存 ALU 中参与运算的数据,所以它们的长度就反映了运算器的长度,也就是机器字长。衡量机器字长的单位可用"位(bit)"来表示。位是计算机内最小的信息单位,8 位构成一个"字节(B)"。现代计算机的机器字长一般都是字节的整数倍,如 8 位、16 位、32 位、64 位和 128 位等,即一个字由 2 个字节、4 个字节、8 个字节或 16 个字节组成,所以也可用"字节"来表示机器字长。通常,机器字长越长,计算机的运算能力越强,其运算精度也越高,数据传输能力也越强。

通常计算机的数据总线的宽度、存储器存储单元的字长、寄存器的位数、机器字长存在一定的关系。一般核心寄存器的位数就是机器字长,但数据总线的宽度、存储单元字长并不是非要等于机器字长不可,它们有可能是倍数的关系。例如,某台计算机的机器字长是 32 位,但数据总线是 16 位的,那么这时就要通过该总线给 CPU 中的寄存器赋值,需要 2 次总线传输过程来完成。如果总线是 32 位,则只需要一次总线传输就可以完成。如果计算机中的存储字长是 32 位,那么从存储器中取出一个数据保存到运算器中,需要访问一次存储器,如果存储字长是 16 位的,则需要访问 2 次存储器。

2.5.2　运算速度

运算速度是衡量 CPU 工作快慢的指标,表示每秒可以完成多少次运算。计算机的运算速度与许多因素有关,如 CPU 的主频、CPI(cycle per instruction,指令时钟周期)或者 MIPS(million instruction per second,百万条指令每秒)以及 FLOPS(floating operation per second,浮点运算次数每秒)等。

1. 主频

主频是指 CPU 工作的时钟频率,是时钟周期的倒数,它为计算机工作提供一个基准的时间。例如,Intel 的 CPU i3 4160 的主频为 3.6 GHz。同等条件下,CPU 的主频越高,处理速度也越快,性能越高。

2. CPI

CPI 是指每条指令从取指到该条指令执行完毕需要多少个时钟周期。在其他条件不变的前提下,每条指令的 CPI 越小,计算机处理的速度就越快。由于一些计算机不同指令的 CPI 不同,所以可以用平均 CPI 来衡量计算机的性能。

3. MIPS

MIPS 是指计算机每秒能运行几百万条指令。计算机是靠执行指令完成工作的,在其他条件相同的情况下,如果一台计算机每秒完成的指令越多,速度也就越快。由于计算机每条指令的 CPI 可能不同,所以 MIPS 通常是指每秒平均执行多少百万条指令。

从上面的定义可以看出,上述三个指标并非孤立的,它们之间存在一定的制约关系。在计算机不采用指令流水的情况下,它们之间的关系为:MIPS = 主频/(平均 CPI × 10^6)。

指令流水指的是计算机工作时并非执行完一条指令后再取第二条指令,而是在第一条指令还没有执行完时就开始取出第二条、第三条甚至更多条指令,存在着指令并行的情况。通常将一条指令从取指到执行完毕称为一个指令周期。可以将指令周期分为几个阶段,如取指、分析指令、执行指令阶段等。如果每个阶段使用的部件不冲突,可以在第一条指令分析指令时就开始取第二条指令,在第一条指令执行阶段、第二条指令分析指令阶段就开始取第三条指令。这样的过程称为三级流水。如果将指令分为更多的阶段,可以实现更多级的流水。在理想情况下,三级流水可以将计算机的性能提升三倍,n 级流水可以将计算机性能提升到原来的 n 倍。但在实际情况下,指令的各个阶段存在相互影响的因素,因此指令流水性能的提升达不到理想的情况,但也能大幅提升计算机的性能。很明显,在采用指令流水的情况下,在每条指令的 CPI 不变的情况下,也可以大幅度提高计算机的 MIPS 值。因此,衡量一台计算机的性能要进行综合评价,不能单靠一个指标进行简单判断。如前所述,计算机是靠执行指令来完成工作的,每秒能够执行更多的指令似乎更能反映出计算机的性能。但是也不尽然,因为不同的计算机指令的功能也不尽相同。有的计算机,一条指令可能会完成更多的工作,而有的计算机则可能会完成较少的工作。

例 2-2 两台计算机 A 和 B,它们相对应的指令的功能相同。A 计算机的主频是 200 MHz,平均指令周期为 8 个时钟周期;B 计算机的主频是 100 MHz,平均指令周期为 2 个时钟周期,试问哪台计算机的速度更快?

解: A 计算机的主频是 200 MHz,平均指令周期为 8 个时钟周期,则其平均每秒能完成指令的条数为 200/8 = 25 MIPS。B 计算机的主频是 100 MHz,平均指令周期为 2 个时钟周期,则其平均每秒能完成指令的条数为 100/2 = 50 MIPS。而由于二者相对应的指令的功能相同,所以 B 的速度更快。

4. FLOPS

计算机既需要处理定点运算(整数或纯小数),也需要处理浮点运算。有的计算机定点处理运算能力也许并不高,但因为其内部具有浮点运算部件,处理浮点运算的能力却比较高。因此,又引入 FLOPS 对计算机的浮点运算能力进行衡量。现在许多微型计算机的 CPU 都具有浮点运算协处理器或者浮点处理单元(floating processing unit,FPU),用硬件来实现浮点运算,因此都具有比较强的浮点运算能力。而多数的低端单片机则不具有这项功能,所以需要将浮点运算转换为定点运算进行处理,因而浮点运算能力较低。

2.5.3 存储器容量和读/写速度

计算机工作时要不断地和存储器交换数据,因此存储器的容量和读/写速度对计算机整体性能影响非常大。当存储器容量比较大时,计算机运行所需要的程序和数据可以尽可能多地放在存储器中,而当存储器容量比较小时,计算机需要的数据和程序不能全部存储在存储器中,而是保存在外部存储设备(如硬盘)中。如果需要运行的程序和数据不在存储器中,就需要将它们调入存储器中,有时还需要将原来存储器中原有的内容保存到外部存储设备中,这样的过程称为"换入换出"。如果存储器的容量比较小,就需要经常地进行"换入换出"操作,影响计算机性能的发挥。存储器的读/写速度要远大于外部存储设备,所以足够大的存储器容量是计算机性能的保证。因此,现在无论是台式计算机、笔记本计算机或者手机,其存储器越大越好。

1. 存储容量

存储器的容量是指存储器中能够保存的二进制代码的总位数。可以这样来计算存储器的容量:

$$存储器容量 = 存储单元数量 \times 存储字长$$

即这个存储器包含多少个存储单元,每个存储单元可以保存多少个二进制位。存储器地址寄存器(MAR)的位数和存储器存储单元的最大数量存在一定的关系。例如,MAR 的位数是 16 位,则最大存储单元个数是为 $2^{16}=65\,536$ 个。而实际应用时,存储单元的个数可能小于最大存储单元个数。例如,32 位计算机系统的地址寄存器 MAR 是 32 位,因此它的寻址空间为 $2^{32}=4\,G$。但计算机中可能只装了 1 GB 的内存,存储容量只有 1 GB。

对于早期简单的计算机来讲,存储器数据寄存器(MDR)的位数等于存储单元的位数,也就是存储字长,也等于数据总线的宽度。这样从一个存储单元中取出的数据通过数据总线传输保存在 MDR 中。但现在的计算机存储字长、MDR 的位数以及数据总线的宽度变化比较多样,但它们之间一般保持整数倍的关系。

存储器可以由多个存储器芯片构成。每个存储器芯片都有自己的容量,也具有自己的地址线引脚和数据线引脚。对于存储器芯片来讲,其内部存储单元的个数和其地址线引脚的个数(地址的位数)存在严格的关系:存储单元的个数 $=2^{地址的位数}$。但要注意的是,对于有的存储器芯片,其地址要分两次通过地址线引脚输入,这时地址的位数就是这两次输入的地址位数的和。存储器芯片的存储单元的字长和数据线引脚的位数也存在严格的关系:存储单元字长 = 数据线引脚的个数。

一般可以这样表示一个存储器芯片的容量:1 K×8、2 M×4 等。1 K×8 意味着该芯片有 1 K 个存储单元,每个存储单元的位数是 8 位,即字长等于 8,该芯片有 10 个地址位($2^{10}=1$ K),数据线引脚的个数应该是 8 个。2 M×4 意味着该芯片有 2 M 个存储单元,每个存储单元的位数是 4 位,即字长等于 4,该芯片有 21 个地址位($2^{20}=1$ M,$2^{21}=2$ M),数据线引脚的个数应该是 4 个。

2. 读/写速度

存储器的读/写速度可以用存取时间或者存取周期来表示。存取时间又称存储器的访问时间,是指访问一次存储器所需的时间。存取时间分为读出时间和写入时间:读出时间是从存储器接到有效地址开始到把数据有效输出到数据总线整个过程所需的时间;写入时间是从存储器接收到有效地址开始到数据写入指定的存储单元为止所需的时间。

另一个可以表示存储器速度的指标是存取周期,它是指连续访问存储器时,两次连续访问存储器所需的最小时间间隔。如果连续大批量地从存储器读出或者向存储器写入数据,可以用存储器的带宽来表示存储器的速度。存储器的带宽表示单位时间内(通常是 1 s)存储器存取的字节数或者位数。例如,某存储器的存取周期是 100 ns,每个存取周期可以传输 32 位二进制数据,则该存储器的带宽为 $(10^9/100) \times 4 = 40$ MB/s。提高存储器的带宽有三种方法:一是缩短存取周期;二是增加一次存取的位数即存取的字长;三是采用多体并行的方法。必须要说明的是,存储器的带宽与存储器总线的带宽要相匹配。因为存储器存取的数据是通过总线来传输的,存储器的带宽与总线的带宽必须匹配。

3. 现代存储器

现代存储器(内存)通常用这种方式来表示它的指标或者性能:4 GB DDR3 1600。其中,4 GB 表示该存储器的容量,DDR3 表示三次同步动态随机存储器,1 600 表示它的等效频率为 1 600 MHz。下面是对现代存储器发展的简介。

SDRAM(synchronous dynamic random access memory,同步动态随机存储器)和 CPU 同步运行,使得内存控制器能够掌握所要求的数据所需的准确时钟周期,因此 CPU 不需要延后下一次的数据存取。SDRAM 也可称为 SDR SDRAM(single data rate SDRAM),Single Data Rate 为单倍数据传输速率,是指 SDR SDRAM 在 1 个周期内只能读/写 1 次,即在时钟的上升沿存取数据。PC100 和 PC133 就是这个时期产品常见的规格。

DDR SDRAM(double data rate SDRAM,双通道同步动态随机存储器)是相对 SDR SDRAM 而言的。DDR 的双倍数据传输率指的就是单一周期内可读取或写入 2 次,它的时钟上升沿和下降沿都可以存取数据,因此它的存取速度是 SDR SDRAM 的 2 倍。DDR 266、DDR 400 都是这个时期的产品。

DDR2 SDRAM(double data rate two SDRAM,双通道两次同步动态随机存储器)采用数据预取技术,将存储器的带宽在 DDR 的基础上又提高了一倍。这个时期常见的有 DDR2 533、DDR2 800 等内存规格。

DDR3 SDRAM(double data rate three SDRAM,双通道三次同步动态随机存储器)的预取技术比 DD2 又提升了一倍,它要求将电压控制在 1.5 V,较 DDR2 的 1.8 V 更为省电。DDR3 1333 和 DDR3 1600 是这个时期典型的产品。

DDR4 SDRAM(double data rate fourth SDRAM)提供比 DDR3/DDR2 更低的供电电压(1.2 V)以及更高的带宽,是目前主流的存储器芯片。手机上用的是低功耗的存储器芯片,称为 LPDDR4(low power DDR4)。台式计算机用的是普通 DDR4。新一代的存储器芯片 DDR5 也开始量产出货,但价格比较高。DDR5 的工作电压可以低到 1.1 V,理论带宽可以达到 DDR4 的 2 倍。

2.5.4 缓存容量

随着技术的进步,CPU 的性能和存储器的性能都在提升,但存储器性能提升的速度远远赶不上 CPU 性能提升的速度。虽然存储器经历了 DDR、DDR2、DDR3、DDR4 甚至 DDR5 这样的发展,但是其与 CPU 速度上的差距还在拉大,为了解决 CPU 和存储器速度不匹配的问题,在 CPU 和存储器之间引入了缓存。缓存的读/写速度比存储器(主存)快很多,可以把 CPU 最近经常访问的数据从主存暂时放到缓存中,这样可以减少访问存储器的时间,提升计算机的整体性能。缓存的容量越大,对计算机性能提升的帮助越大,但其成本也会升高。为了进一步提升性能,缓存的级数也在增加,由原来的一级缓存扩展到二级、三级缓存。原来缓存是在 CPU 之外的,现在随着芯片集成度的提高,逐渐把缓存集成在 CPU 内部。到现在为止,CPU 上可以集成三级缓存。例比,Intel 的 CPU i7 4790K 的三级缓存为 8 MB,AMD 的 CPU AMD A8-7650K 的三级缓存为 4 MB。

2.5.5 输入/输出传输速率

计算机还需要和外设(如硬盘、打印机等)交换数据,因此计算机和外设通信时的输入/输出数据传输速率也是计算机性能的一部分。以硬盘为例,如一款西部数据硬盘的参数为 1TB SATA3 64M,说明这个硬盘的容量为 1TB,总线接口为 SATA3 型接口,缓存为 64 MB。此硬盘的转速为 7 200 r/min,传输速率可以达到 150 MB/s 左右。现在固态硬盘(SSD)因其更轻便、更可靠、更高的性能,应用越来越广泛,固态硬盘的传输速率可以达到 500 MB/s 甚至更高。

习 题

一、选择题

1. 现在,大部分的计算机仍然采用了_____结构。
   A. 并行结构　　　B. 冯·诺依曼结构　　　C. 串行结构　　　D. 哈佛结构
2. 在冯·诺依曼结构的计算机中,程序运行时,相关的指令和数据要存放在_____中。
   A. 硬盘　　　　　B. 光盘　　　　　　　　C. 存储器　　　　D. 寄存器
3. 下面_____不是用来衡量计算机性能的指标。
   A. 主频　　　　　B. 机器字长　　　　　　C. MIPS　　　　　D. 主机的大小
4. 通常用_____来衡量计算机的机器字长。
   A. 运算器中核心的寄存器的位数　　　　B. 数据寄存器 MDR 位数
   C. 存储字长　　　　　　　　　　　　　D. 指令寄存器 IR 的位数
5. CPI 的含义是_____。
   A. 平均指令周期　　　　　　　　　　　B. 存储器读/写周期
   C. 总线周期　　　　　　　　　　　　　D. 衡量硬盘的指标
6. 存储器芯片的存储单元的个数和它的地址的位数的关系是_____。
   A. 存储单元的个数 $=2^{地址的位数}$　　　B. 没有关系
   C. 平方的关系　　　　　　　　　　　　D. 对数关系
7. 若一个芯片的容量为 4 K × 8,则它的地址位数为_____,存储单元的位数是_____。
   A. 10,4　　　　　B. 12,8　　　　　　　　C. 12,4　　　　　D. 10,8

二、填 空 题

1. 按照冯·诺依曼的设想,计算机由(　　　)、(　　　)、(　　　)、(　　　)、(　　　)五部分组成。
2. 指令的格式一般包括(　　)和地址码两部分。
3. 在不采用指令流水的情况下,主频、CPI 和 MIPS 的关系是(　　　)。
4. 若某计算机的主频是 200 MHz,平均指令周期为 4 个时钟周期,则它平均每秒可以执行(　　)条指令。
5. 模拟计算机的指令系统包含了(　　)条指令。

三、简 答 题

1. 计算机由五部分组成,它们分别起什么作用?
2. 教材中提供模拟计算机的指令系统是完备的吗?请查阅相关资料,说明一个完备的指令系统需要具备怎样的指令。
3. 使用缓存的目的是什么?缓存的容量是越大越好吗?
4. FLOPS 的含义是什么,为什么引入这样一个指标?

四、计 算 题

1. 在某存储器系统中,时钟频率为 100 MHz,它的存取周期为 4,访问一次存储器可以读取 16 位,则该存储器的带宽是多少。
2. 两台计算机 A 和 B,它们相对应的指令的功能相同。A 计算机的主频是 400 MHz,平均指令周期为 4 个时钟周期;B 计算机的主频是 200 MHz,平均指令周期为 6 个时钟周期,试问哪台计算机的速度更快?

五、综合实训

尝试用模拟计算机解决一个实际问题。

第 3 章 数据在计算机中的表示和运算

学习目标

知识目标：
- 掌握计算机中的常用数制，理解数据的机内表示方法。
- 掌握原码、反码、补码等在计算机中的实际应用和意义。
- 掌握定点数和浮点数在计算机中的表示方法和算术运算的实现。
- 掌握字符型数据和常见的非数值型数据。
- 掌握常见的几种数据校验方法。

能力目标：
- 正确理解分析数据在计算机内存中的表示方式。
- 能熟练进行数制的相互转换。
- 能说明定点数和浮点数在计算机内存中的存储形式。
- 能进行原码、反码、补码的相互转换。
- 能够应用计算机世界中基本的算术和逻辑运算的方法分析和处理问题。
- 理解字符型和常见的非数值型数据在计算机中的表示和处理方法，正确编写程序。

知识结构导图

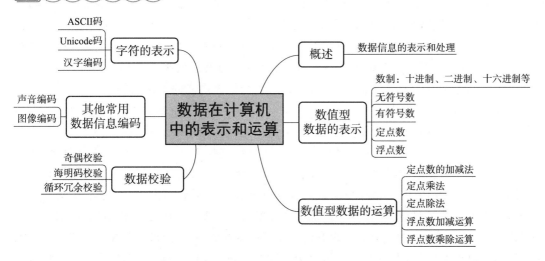

3.1 概 述

计算机的应用领域极其广泛,但不论在哪一领域,计算机本质上都是处理信息的工具,要了解计算机的工作原理,首先需要明白计算机中信息的表示和存储方法。计算机中的信息类型很多,总体上分为两大类:一类是计算机处理的对象,即数据信息;另一类是用于控制计算机工作的信息,即指令。本章主要讨论的是数据信息在计算机中的表示和处理方法。

其中数据信息又可分为数值型数据和非数值型数据两类。非数值型数据信息如图片、视频、音频文件中存储的数据,都是以某种编码方式存储起来的,用于标识某种客观事物如声音、图像等的数据信息。数值型数据有确定的值,并可以在数轴上有对应的点。数值型数据的表示主要涉及以下几个问题:选用何种进位方式(如十进制、二进制),机器中如何表示一个带有符号的数(负数如何表示),如何表示小数点的位置,数值运算的基本实现原理,等等。除此之外,还有一种数据是非常常用的,那就是用于存储和表达人类语言的字符。在计算机编程技术中,例如 C 语言,就把字符编码当作一个整数来看待,甚至可以参与整数的四则运算。

关于数值型数据,首先解决的问题是数据在计算机内部的存储。无论何种信息,在机器内部的形式实质上都是一致的,即均是 0 和 1 组成的各种编码:数据在计算机中的存储和处理方式和人类的大脑对数据的存储和处理方式有非常大的差别。人类大脑记录数值数据采用的是十进制的方式(即逢十进一)。事实上,世界的不同角落,人类先祖计数时使用的计数方式也有所不同,除了十进制之外,还有五进制、二十进制等方式,其中十进制是使用最普遍的一种进位制。在计算机中使用一种办法来表示某一位是 0~9 之间的某一数字是非常困难的,但是可以找到一种很简单的方法来表示某一位是 0 或 1 的数字:高电平表示 1,低电平表示 0,抑或相反,即二进制的表示。在计算机中,使用二进制方式实现了不同类型的数值型数据的存储和处理。使用二进制编码和处理计算机中不同类型的数据,是本章学习的一个重点。

解决了计算机内部数据存储的问题后,会产生另外一个问题:程序员进行程序编写时,很多地方需要对二进制数进行处理。然而,十进制数更符合人们的习惯,却很难与计算机直接关联。对于二进制数,虽然计算机可以处理,但是人对二进制数的处理是很费力的。此时,可以在二进制和十进制之间再引入十六进制数或八进制数。十六进制数或八进制数相比二进制数,更方便程序员对数据进行处理,又可以很方便地转换为二进制数。所以,引入十六进制或八进制数作为过渡,就能较好地解决人与计算机之间的沟通问题。

计算机的核心功能是其具有运算能力,所以不同类型的数值数据在计算机中的四则运算的实现也是本章内容的一个重点,包括定点数和浮点数的加减乘除四则运算的实现。

数据在传输过程中,是存在一定的误码率的;存储过程中,由于存储介质的损坏等原因,也不能保证所有数据读出时是完全正确的。这就需要有一种手段,检查拿到的数据是否正确,即数据校验。通俗地说,数据校验就是为保证数据的完整性,用一种指定的算法对原始数据计算出的一个校验值,校验值会附加在原始数据前或后,一并交给数据的接收方。接收方用同样的算法计算一次校验值,如果和随数据提供的校验值一样,说明数据是完整的;否则,说明数据出现错误。本章最后的内容将讨论几种常见的数据校验算法及其特点和使用场合。

3.2 数值型数据的表示

3.2.1 进位计数制

1. 进位计数制的基本概念

凡是按照进位的方式计数的数制称为进位计数制。生活中人们常用十进制计数,有些情况下也使用其他进制,例如使用六十进制表示时间中分、秒的计数。

各种进位计数制可统一表示为

$$\sum_{i=-m}^{n}(K_i \times R^i)$$

式中 R——某种进位计数制的基数。

i——位序号。

K_i——第 i 位上的一个数码,为 $0 \sim (R-1)$ 中的任一个。

R^i——第 i 位上的权。

m、n——最低位和最高位的位序号。

数制中的三个基本名词术语:

①数码:用不同的数字符号表示一种数制的数值,这些数字符号称为"数码"。例如,十进制的数码有 0、1、2、3、4、6、7、8、9,而二进制的数码只有 0 和 1。

②基数:数制所使用的数码个数称为"基数",简称"基"。所以,某种进位制中,基数是会产生进位的数值,也就是每个位数中所允许的最大数码值加 1。例如,十进制中,每位上的数码允许选用 $0 \sim 9$ 这 10 个数码中的一个,十进制数制的基数就等于 10。而二进制的每位上的数码允许选用 0 或 1 两个数码中的一个,二进制数制的基数就等于 2。

③位权:一个数码在不同的数位上时所表示的数值是不同的,例如,在十进制中,个位上的 1 代表 1×10^0,而百位上的 1 则表示 1×10^2。某数制各位所具有的值称为"位权",简称"权"。该位数码所表示的数值就等于该数码本身的值乘以该位的权值。

例如:十进制数 123456.7 可以表示为

$$123456.7 = 1 \times 10^5 + 2 \times 10^4 + 3 \times 10^3 + 4 \times 10^2 + 5 \times 10^1 + 6 \times 10^0 + 7 \times 10^{-1}$$

计算机中常用的计数制是二进制、八进制、十六进制,下面将分别进行介绍。

2. 常用的进位计数制

(1)二进制

二进制数,数的基为 2,只有两个数码 0 和 1,逢二进一,借一当二。当表示一个数为某种进制计数制时,使用括号加下标的方式来表示,例如 $(1101)_2$ 表示这个数为二进制的 1101。

例 3-1 计算二进制数 $(1011.0101)_2$ 所表示的十进制数是多少。

解: $(1011.0101)_2 = 1 \times 2^3 + 0 \times 2^2 + 1 \times 2^1 + 1 \times 2^0 + 0 \times 2^{-1} + 1 \times 2^{-2} + 0 \times 2^{-3} + 1 \times 2^{-4}$

$= 8 + 0 + 2 + 1 + 0 + 1/4 + 0 + 1/16$

$= (11.3125)_{10}$

将二进制数转换为十进制数相对简单,但将一个十进制数转换为二进制数,需要一些方法和技巧来完成。

整数部分，十进制整数转换为二进制整数采用"除2取余，逆序排列"法。具体做法是：用2去除十进制整数，可以得到一个商和余数；再用2去除商，又会得到一个商和余数，如此进行，直到商为0时为止，然后把先得到的余数作为二进制数的低位有效位，后得到的余数作为二进制数的高位有效位，依次排列起来。例如，将十进制数$(789)_{10}$转换为二进制数，计算过程如下：

$789/2 = 394 = = = = = = = 余1$ 　　第10位
$394/2 = 197 = = = = = = = 余0$ 　　第9位
$197/2 = 98 = = = = = = = 余1$ 　　第8位
$98/2 = 49 = = = = = = = 余0$ 　　第7位
$49/2 = 24 = = = = = = = 余1$ 　　第6位
$24/2 = 12 = = = = = = = 余0$ 　　第5位
$12/2 = 6 = = = = = = = 余0$ 　　第4位
$6/2 = 3 = = = = = = = 余0$ 　　第3位
$3/2 = 1 = = = = = = = 余1$ 　　第2位
$1/2 = 0 = = = = = = = 余1$ 　　第1位

将所有的余数从下到上依次排列，得到$(789)_{10} = (1100010101)_2$。

小数部分，十进制小数转换成二进制小数采用"乘2取整，顺序排列"法。具体做法是：用2乘十进制小数，可以得到积，将积的整数部分取出，再用2乘余下的小数部分，又得到一个积，再将积的整数部分取出，如此进行，直到积中的小数部分为零，或者达到所要求的精度为止。然后，把取出的整数部分按顺序排列起来，先取的整数作为二进制小数的高位有效位，后取的整数作为低位有效位。例如，将十进制小数$(0.7)_{10}$转换为二进制数，计算过程如下：

$0.7 \times 2 = 1.4 = = = = = = 取出整数部分1$
$0.4 \times 2 = 0.8 = = = = = = 取出整数部分0$
$0.8 \times 2 = 1.6 = = = = = = 取出整数部分1$
$0.6 \times 2 = 1.2 = = = = = = 取出整数部分1$
$0.2 \times 2 = 0.4 = = = = = = 取出整数部分0$
$0.4 \times 2 = 0.8 = = = = = = 取出整数部分0$
$0.8 \times 2 = 1.6 = = = = = = 取出整数部分1$
$0.6 \times 2 = 1.2 = = = = = = 取出整数部分1$
$0.2 \times 2 = 0.4 = = = = = = 取出整数部分0$

将每次计算得到的整数部分依次排列，得到$(0.7)_{10} = (0.101100110\cdots)_2$，得到的二进制小数是一个无限循环小数。

例3-2 将十进制数$(135.375)_{10}$转换为二进制数表示是多少？

解：先计算整数部分。

$135/2 = 67 = = = = = = = 余1$
$67/2 = 33 = = = = = = = 余1$
$33/2 = 16 = = = = = = 余1$

16/2 = 8 = = = = = = = = 余 0
8/2 = 4 = = = = = = = = 余 0
4/2 = 2 = = = = = = = = 余 0
2/2 = 1 = = = = = = = = 余 0
1/2 = 0 = = = = = = = = 余 1

整数部分 $(135)_{10} = (10000111)_2$,然后计算小数部分:
0.375 × 2 = 0.75 = = = = = = = 取出整数部分 0
0.75 × 2 = 1.5 = = = = = = = 取出整数部分 1
0.5 × 2 = 1 = = = = = = = 取出整数部分 1

小数部分 $(0.375)_{10} = (0.011)_2$,整数部分结果和小数部分结果相加,最后得到的结果为:$(135.375)_{10} = (10000111.011)_2$。

二进制的四则运算和十进制四则运算原理相同,所不同的是十进制有十个数码,"逢十进一"。二进制只有两个数码:0 和 1,"逢二进一",二进制运算口诀相对十进制更加简单:

① 二进制加法的进位法则是"逢二进一"。
0 + 0 = 0   1 + 0 = 1   0 + 1 = 1   1 + 1 = 0(进位)
② 二进制减法的进位法则是"借一为二"。
0 − 0 = 0   1 − 0 = 1   1 − 1 = 0   0 − 1 = 1(借位)
③ 二进制乘法规则。
0 × 0 = 0   1 × 0 = 0   0 × 1 = 0   1 × 1 = 1
④ 二进制除法即是乘法的逆运算,类似十进制除法。

例 3-3 计算 $(1110)_2 + (1011)_2$ 的结果。

解: 加法操作的竖式如下

```
   1 1 1 0
 + 1 0 1 1
 ─────────
   1 1 0 0 1
```

得 $(1110)_2 + (1011)_2 = (11001)_2$。

例 3-4 计算二进制数乘法:$(1001)_2 × (1010)_2$ 的结果。

解: 乘法运算的竖式如下

```
       1 0 0 1      被乘数
     × 1 0 1 0      乘数
     ─────────
       0 0 0 0
     1 0 0 1
     0 0 0 0              部分积
   1 0 0 1
   ─────────
   1 0 1 1 0 1 0
```

得 $(1001)_2 × (1010)_2 = (1011010)_2$。

(2) 八进制

八进制数,数的基为 8,有 8 个数码 0~7,逢八进一,借一当八。例如,八进制数 $(724)_8$ 所表示的十进制数为 $7 × 8^2 + 2 × 8^1 + 4 × 8^0 = (468)_{10}$。

关于八进制数最常用到的就是和二进制数之间的相互转换。

将二进制数转换为八进制数的方法是将二进制数从小数点开始分别向左(对二进制整数)或向右(对二进制的小数)每三位组成一组,每一组有 3 位二进制数,转换成八进制数码中的 1 个数字,连接起来即可。不足 3 位的补 0。

例 3-5　将二进制数$(101100011.011100101)_2$转换为八进制数表示是多少?

解:　101　100　011.　011　100　101
　　　 5　　4　　3.　　3　　4　　5

得$(101100011.011100101)_2 = (543.345)_8$。

将八进制数转换为二进制数的方法与二进制数转换成八进制数的方法相反。即从小数点开始分别向左(整数部分)和向右(小数部分)每 1 位分成一组对应二进制的 3 位。

例 3-6　将八进制数$(7351.65)_8$转换成二进制数表示是多少?

解:　 7　　3　　5　　1.　　6　　5
　　 111　011　101　001.　110　101

得$(7351.65)_8 = (111011101001.110101)_2$。

(3)十六进制

十六进制数,数的基为 16,有 16 个数码 0~9 和 A、B、C、D、E、F,其中 A~F 相当于十进制中的 10~15。逢十六进一,借一当十六。例如,十六进制数$(2AF5)_{16}$所表示的十进制数为 $2 \times 16^3 + 10 \times 16^2 + 15 \times 16^1 + 5 \times 16^0 = (10997)_{10}$。

与八进制相同,关于十六进制数最常用到的就是和二进制数之间的相互转换。转换方法和八进制与二进制之间的转换方法非常相似。

由于在二进制的表示方法中,每 4 位所表示的数的最大值对应十六进制的 15,即十六进制每一位上的最大值,所以,可以得出十六进制数转换成二进制数的转换方法,将十六进制上每一位分别对应二进制上 4 位进行转换,即得所求。

例 3-7　将十六进制数$(BF4.B5)_{16}$转换成二进制数表示是多少?

解:　 B　　　F　　　4.　　　B　　　5
　　 1011　1111　0100.　1011　0101

得$(BF4.B5)_{16} = (101111110100.10110101)_2$。

同理,将二进制数转换为十六进制数的方法是将二进制数从小数点开始分别向左(对二进制整数)或向右(对二进制的小数)每 4 位组成一组,每一组有 4 位二进制数,转换成十六进制数码中的 1 个数字,连接起来即可。不足 4 位的补 0。

例 3-8　将二进制数$(10111001101.010110)_2$转换为十六进制数表示是多少?

解:0101　1100　1101.　0101　1000
　　 5　　 C　　 D.　　 5　　 8

得$(10111001101.01011)_2 = (5CD.58)_{16}$。

在计算机软硬件技术的研究和开发中,二进制、八进制和十六进制计数经常使用,尤以十六进制最常见。所以,掌握从十六进制数 1~F 与十进制、二进制之间的快速转换,是计算机专业技术人员的基本能力。表 3-1 所示为十进制数 1~16 和其他进制数之间的转换。

表 3-1 4 种常用计数制对照简表

十进制数	二进制数	八进制数	十六进制数
0	0	0	0
1	1	1	1
2	10	2	2
3	11	3	3
4	100	4	4
5	101	5	5
6	110	6	6
7	111	7	7
8	1000	10	8
9	1001	11	9
10	1010	12	A
11	1011	13	B
12	1100	14	C
13	1101	15	D
14	1110	16	E
15	1111	17	F
16	10000	20	10

(4) BCD 码

人们通常习惯使用十进制方式来计数,而计算机内部多采用二进制表示和处理数值数据,因此在计算机输入和输出数据时,就要进行由十进制到二进制的转换处理。

把十进制数的每一位分别写成二进制形式的编码,称为二进制编码的十进制数,即 BCD(binary coded decimal)编码,也称为二-十进制码。这种编码形式利用了 4 个二进制数来存储一个十进制的数码,使二进制和十进制之间的转换得以快捷的进行。这种编码技巧,最常用于会计系统设计,因为会计制度经常需要对很长的数字做准确的计算。相对于一般的浮点式计数法,采用 BCD 码,既可保存数值的精确度,又可免去使计算机做浮点运算时所耗费的时间。此外,对于其他需要高精确度的计算,BCD 编码也很常用。

BCD 码编码方法很多,通常采用 8421 编码,这种编码方法最自然简单。其方法使用 4 位二进制数表示一位十进制数,从左到右每一位对应的权分别是 2^3、2^2、2^1、2^0,即 8、4、2、1。例如,十进制数 1975 的 8421 码可以这样得出:

$(1975)_{10} = (0001\ 1001\ 0111\ 0101)_{BCD}$。

用 4 位二进制表示一位十进制会多出 6 种状态,这些多余状态码称为 BCD 码中的非法码。BCD 码与二进制之间的转换不是直接进行的,当需要将 BCD 码转换成二进制码时,要先将 BCD 码转换成十进制码,然后再转换成二进制码;当需要将二进制码转换成 BCD 码时,要先将二进制码转换成十进制码,然后再转换成 BCD 码。

例 3-9 将二进制数 $(1011.0101)_2$ 转换为 8421BCD 码表示是多少?

解:首先将二进制数 $(1011.0101)_2$ 转换为十进制数,结果为 $(11.3125)_{10}$(计算过程参见例3-1),然后按位进行转换。

$$\begin{array}{cccccc} 1 & 1 & . & 3 & 1 & 2 & 5 \\ 0001 & 0001 & . & 0011 & 0001 & 0010 & 0101 \end{array}$$

得$(1011.0101)_2 = (11.3125)_{10} = (00010001.0011000100100101)$。

关于BCD码的其他编码方式见表3-2。

表3-2 常用BCD编码方式对照表

十进制数	8421码	5421码	格雷码
0	0000	0000	0000
1	0001	0001	0001
2	0010	0010	0011
3	0011	0011	0010
4	0100	0100	0110
5	0101	1000	0111
6	0110	1001	0101
7	0111	1010	0100
8	1000	1011	1100
9	1001	1100	1000

3.2.2 无符号数

计算机CPU中寄存器是用来存放数据的,通常称寄存器的位数为CPU的机器字长。所谓无符号数,就是没有符号的数(只能表示正数),在寄存器中的每一位均可用来存放数值,而与其相对的另一个概念有符号数要复杂一些。因为有符号数还能表示负数,这就需要有一个数据位来表示数据的正负。所以,无符号数是相对于有符号数而言的,指的是整个机器字长的全部二进制位均表示数值位,相当于数的绝对值。由于无符号数和有符号数的这一区别,在同一机器字长的条件下,无符号数与有符号数所能表示的数值范围也是不同的。例如,机器字长同为16位的情况下,无符号数的取值范围为0~65 535,而有符号数如果采用补码表示法(关于补码下面会学到),取值范围则为 -32 768 ~ +3 2767。

3.2.3 有符号数

1. 真值与机器数的概念

学习有符号数首先要理解两个专业术语:真值和机器数。

人们平时使用符号"-"来表示一个负数,如-100,-32,使用"+"或省略"+"来表示一个正数,如65、+130。这些例子中的实际值就称为真值。真值往往是面向人的,可以用二进制数表示,也可用其他进制数表示,但根据习惯,常用十进制数表示。

在计算机中,只能表示0和1两种数码,任何信息都是采用0和1的组合序列来表示。所以,对于有符号数来说,也只能用0或者1来表示"正"或"负"。一般情况下,都用0来表示"正",用1来表示"负",并且将符号位放在有效数字的前面来组成一个有符号数。

一个数在机器中的表示形式称为机器数。机器数形式上为二进制数,但有别于日常生活中使用的二进制数。例如,真值+107和-107对应的机器数如图3-1所示。

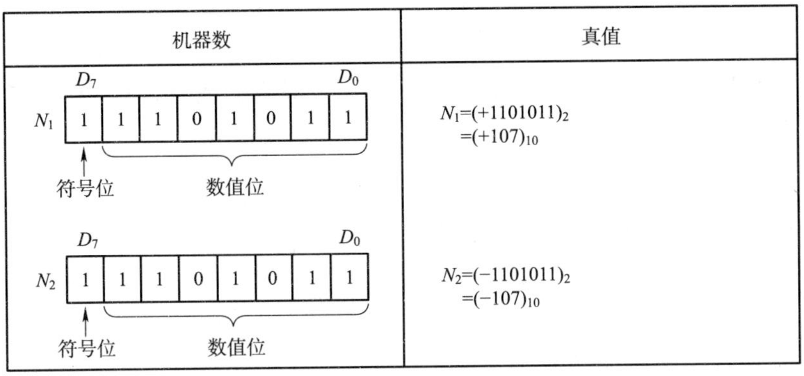

机器数	真值
D_7　　　　　　　　　D_0 N_1 [1][1][1][0][1][0][1][1] 　↑　　＼＿＿＿＿＿＿／ 　符号位　　　数值位	$N_1=(+1101011)_2$ 　　$=(+107)_{10}$
D_7　　　　　　　　　D_0 N_2 [1][1][1][0][1][0][1][1] 　↑　　＼＿＿＿＿＿＿／ 　符号位　　　数值位	$N_2=(-1101011)_2$ 　　$=(-107)_{10}$

图 3-1　真值 +107 和 -107 对应的机器数

机器数和日常生活中使用的二进制数(真值)比较,有如下一些特点:

① 机器数为二进制形式,用 0 和 1 组合来表示数据,包括符号。机器数符号数码化,一般使用机器数的最高位为符号位。符号位为 0,表示为正数;符号位为 1,表示为负数。

② 小数点不直接出现。机器数通过一定的方式来表示数的小数点位置,有定点表示法和浮点表示法。

③ 机器数使用时需要明确采用的位数(字长),即一个机器数所占用的存储空间大小,以 bit(1 个二进制位)或 B(1 个字节,8 个二进制位)为单位。相应的,不同机器数所能表示的真值是有一定的取值范围的。

有符号数 x 采用 3 种编码方式记录一个真值——原码、反码和补码,分别记作 $[x]_原$、$[x]_反$ 和 $[x]_补$。在需要对计算机中的机器数进行四则运算时,符号位作为数据的一部分,也应当参与到运算中来。但是,如果参与运算,又如何对其进行处理呢?关于这些问题,在下面讲述的编码方式部分(补码和反码)中会提到。

2. 原码表示法

原码表示法是一种最简单的机器数表示法,其最高位为符号位,符号位为"0"时表示该数为正,符号位为"1"时表示该数为负,数值部分与真值的绝对值相同。

若真值 x 为整数,整数原码的定义为

$$[x]_原 = \begin{cases} x & ,0 \leq x < 2^{n-1} \\ 2^{n+1} + |x| & , -2^{n-1} < x \leq 0 \end{cases}$$

式中,x 为真值,n 为机器字长,为整数的位数加一位符号位。

从定义可以看出,正整数的原码就是其本身,负整数的原码取其绝对值,符号位置 1 即可(0 表示正号,1 表示负号)。即求一个数的原码时,数值部分不变,符号"+"和"-"在最高位用 0 和 1 分别进行表示即可。

例 3-10　分别写出 +1110 和 -1110 两个二进制数的原码。

解:根据整数原码表示法,得

当 $x = +1110$ 时,$[x]_原 = 01110$

当 $x = -1110$ 时,$[x]_原 = 2^4 + 1110 = 11110$

若真值 x 是纯小数,则原码的定义为

$$[x]_{原} = \begin{cases} x & ,0 \leq x < 1 \\ 1 + |x| & ,-1 < x \leq 0 \end{cases}$$

从定义可以看出,正的纯小数的原码就是其自身,而负的纯小数的原码可以通过将其绝对值的原码符号位置 1 得到。

例 3-11 分别写出 +0.1011 和 -0.1011 两个二进制数的原码。

解:根据纯小数原码表示法,得

当 $x = +0.1011$ 时,$[x]_{原} = 0.1011$

当 $x = -0.1011$ 时,$[x]_{原} = 1 + 0.1011 = 1.1011$

例 3-12 写出 $x = 0$ 时的原码。

解:当真值 $x = 0$ 时,符号位可以为"+",也可以为"-"。

当符号位为正时,$[x]_{原} = [+0.0000]_{原} = 0.0000$

当符号位为负时,$[x]_{原} = [-0.0000]_{原} = 1 + 0.0000 = 1.0000$

可见,若用原码表示机器数,0 的表示不唯一,会出现 +0 和 -0 两种情况。

采用原码表示数时,表示范围为:$-(2^{n-1}-1) \sim +(2^{n-1}-1)$,其中 n 为机器字长。例如,8 位原码表示数的范围为: -127 ~ +127。

原码表示简单易懂,而且与真值的转换方便。但原码表示的数不便于计算机运算,因为在两原码数运算时,首先要判断它们的符号,然后再决定用加法还是用减法,致使机器的结构相应地复杂化或增加了机器的运算时间。补码表示法的作用就是用于简化数值运算时的复杂操作。

3. 补码表示法

(1) 补码的概念和作用

首先举例分析两个十进制数的运算

$$78 - 30 = 48$$

$$78 + 70 = 148$$

假设使用的是机器字长为 2 位的十进制数的运算器(现实中这样的运算器是不存在的),在做 78 + 70 时,由于机器字长只有 2 位,所以结果 148 中的百位 100 超出该运算器的表示范围,最高位的 1 已经溢出,会被舍弃。也就是说,在两位十进制数的运算器中做 78 + 70 得出的结果是 48,与 78 - 30 得出的结果相等。

因此,在两位十进制数的运算器中做 78 - 30 的减法操作时,若用 78 + 70 的加法能得到同样的结果。在数学上,这也称为同余式

$$78 - 30 \equiv 78 + (100 - 30) = 78 + 70 \pmod{100}$$

上式中,100 就是两位十进制数运算器的溢出量。在数学上称为模,用 mod 来表示。上述运算称为有模运算。事实上,在计算机中进行的运算本质上都是有模运算。这里引入补码的意图是想要简化数值运算的复杂操作,也就是找到一个与负数等价的正数来代替该负数,把减法操作转换为加法操作,这样就可以在运算器中只用加法器,而无须再设置减法器。在上例中可以看到,78 - 30 的一个减法操作,在同余式中可以使用 78 + 70 这样一个加法操作代替。这样就可以简化运算器的结构。

上述等式也可以这样写：
$$78 + (-30) \equiv 78 + 70 \pmod{100}$$

那么在这个等式中的 -30 和 70 之间有什么关系呢？十进制数中，相对模 100，-30 的补码就是 $100-30=70$，即该数与模相加，结果就是这个数的补码。也就是说，在有模运算中，一个负数用其补码代替，将得到同样正确的运算结果。因此，在有模运算中引入补码后，减法可以转换为加法。

在计算机中，数值运算受字长限制，都是有模运算。真值运算结果中的溢出部分（即模），在机器中是表示不出来的，若运算结果超出能表示的数值范围，则会自动舍去模，只保留小于模的部分。

例 3-13 设 $A=68, B=42$，使用补码运算方法求 $A-B \pmod{80}$。

解：
$$A-B=68-42=26$$

对模 80 而言，-42 可以用其补数 $80-42=38$ 代替，即
$$-42 \equiv 80-42 = +38 \pmod{80}$$

所以，使用补码代替原负数进行计算，得
$$A-B=68-42=68+(-42) \equiv 68+38 \equiv (106-80) \equiv 26 \pmod{80}$$

进一步发现，在同余式中，对于一个负数，如 -30，对模 100 而言
$$-30 \equiv 100-30 \equiv 70 \pmod{100}$$

而对于一个正数，如 $+30$，
$$+30 \equiv 100+30 \equiv 30 \pmod{100}$$

可知，正数相对于"模"的补码就是正数本身，负数相对于"模"的补码为"模"+ 该负数。类似的，补码的概念可以应用到其他任意"模"上，尤其是二进制，计算机中的运算都是以二进制方式进行的。例如：

$$-4 \equiv +6 \pmod{10}$$
$$+4 \equiv +4 \pmod{10}$$
$$-3 \equiv +97 \pmod{100}$$
$$+90 \equiv +90 \pmod{100}$$
$$-1011 \equiv +0101 \pmod{2^4}$$
$$+1011 \equiv +1011 \pmod{2^4}$$
$$-0.1001 \equiv +1.0111 \pmod{2}$$
$$+0.1001 \equiv +0.1001 \pmod{2}$$

从上面的分析可以总结出如下一些结论：

$A-B$ 可以看作 $A+(-B)$。而在有模运算中，负数 $-B$ 可以用它的补码来代替，而它的补码可以用模 $+(-B)$ 求得，这样减法操作在有模运算中就被改写成了加法操作。而一个正数的补码等于该正数本身。

模 $-B=A$，反过来，$A+B=$ 模，即一个负数的绝对值和它的补码的绝对值的和等于模。

(2) 补码的定义

二进制真值 x 的补码定义如下：

设机器字长为 n 位,若 x 是纯整数,则

$$[x]_\text{补} = \begin{cases} x & ,0 \leq x \leq 2^{n-1}-1 \\ 2^n + x & ,-2^{n-1} \leq x < 0 \end{cases}$$

例 3-14 设机器字长为 8 位,计算二进制整数 10110 和 -10110 的补码。

解:字长为 8 位的机器数的模是 $2^8 = 100000000$。

正数补码为其本身,所以 $[10110]_\text{补} = 00010110$。

$[-10110]_\text{补} = 100000000 - 10110 = 11101010$。

再进一步,$[-10110]_\text{原} = 10010110$,与 $[-10110]_\text{补} = 11101010$ 相比较,可以得到计算负整数的补码的简便方法:

①获得负整数的原码。

②除符号位以外,将原码的其他位全部取反。

③然后将取反后的数据末位加 1,可得负数的补码。

例 3-15 设机器字长为 8 位,计算二进制数 -1101 的补码。

解:按照简便方法,首先获取原码

$[-1101]_\text{原} = 10001101$

原码除符号位,全部按位取反,得 11110010,再加 1,得

$[-1101]_\text{补} = 11110011$

例 3-16 设机器字长为 8 位,计算二进制数 0 的补码。

解:当真值 $x = 0$ 时,符号位可以为"+"也可以为"-"。

当符号位为正时:$[+0]_\text{补} = 00000000$ (mod 2^8)

当符号位为负时:$[-0]_\text{补} = 100000000 - 00000000 = 00000000$ (mod 2^8)

由此可知,补码不会出现 0 的表示不唯一的情况,补码没有 +0 和 -0 之分,即与原码不同,补码中的"0"只有一种表示形式。事实上,使用补码表示一个字长 n 位的二进制整数,取值范围为 $-2^{n-1} \sim 2^{n-1} - 1$。

设机器字长为 n 位,若 x 是纯小数,则

$$[x]_\text{补} = \begin{cases} x & ,0 \leq x < 1 \\ 2 + x & ,-1 \leq x < 0 \end{cases} \text{(mod 2)}$$

例 3-17 计算纯小数 0.1011 和 -0.0110 的补码。

解:根据公式定义,正数的补码就是其原码本身,得

$[0.1011]_\text{补} = 0.1011$

当小数为负数时,按照公式计算,得

$[-0.0110]_\text{补} = 10.0000 - 0.0110 = 1.1010$

仔细观察,发现负整数求补码的简便方法同时可用于小数负数求补码,本例中

$[-0.0110]_\text{原} = 1.0110$,

除符号位全部按位取反,得 1.1001,末位加 1,得

$[-0.0110]_\text{补} = 1.1001 + 0.0001 = 1.1010$

反过来,根据补码公式定义,如果已知补码,还可以根据补码计算求得真值。

例 3-18 若小数 x 的补码 $[x]_补 = 1.0101$，求 x。

解：若 $[x]_补 = 1.0101$，则

$x = [x]_补 - 2 = 1.0101 - 10.0000 = -0.1011$

例 3-19 若小数 x 的补码 $[x]_补 = 0.0101$，求 x。

解：符号位为 0，表示该小数表示的是一个正数，则

$x = 0.0101$

例 3-20 设机器字长为 8 位，若整数 x 的补码 $[x]_补 = 11110011$，求 x。

解：符号位为 1，表示该整数的真值为负数，则

$x = [x]_补 - 2^8 = 11110011 - 100000000 = -1101$

仔细观察发现，由负数原码求补码的简便方法，即"原码除符号位以外，按位取反，末位加 1 得补码"的方法也可用来由补码求原码："补码除符号位以外，按位取反，末位加 1 得原码"，如例 3-20，$[x]_补 = 11110011$，$[x]_补$ 除符号位全部按位取反，得 10001100，末位加 1，得 $[x]_原 = 10001101$，最终 $x = -1101$。

实际上，引入补码的概念就是为了消除减法运算，但是根据补码的定义，在计算补码的过程中也出现了减法，例如，当 $x = -10110$ 时，在机器字长为 8 位的计算机中，

$[x]_补 = 100000000 - 10110 = 11101010$

所以，计算机中所有对负数真值求补码的过程，都是使用简便方法来实现的。

4. 反码表示法

反码通常是用来作为由原码求补码或者由补码求原码的中间结果。二进制数 x 的反码定义如下：

设机器字长为 n，若 x 是纯整数，则

$$[x]_反 = \begin{cases} x & , 0 \leq x \leq 2^{n-1} - 1 \\ 2^n - 1 + x & , -(2^{n-1} - 1) \leq x \leq 0 \end{cases}$$

若 x 是纯小数，则

$$[x]_反 = \begin{cases} x & , 0 \leq x < 1 \\ 2 - 2^{-(n-1)} + x & , -1 < x \leq 0 \end{cases}$$

例 3-21 设机器字长为 8 位，计算二进制数 +110 和 -110 的反码。

解：根据反码表示法定义，得

$[+110]_反 = 00000110$

$[-110]_反 = 2^8 - 1 + (-110) = 11111111 - 110 = 11111001$

从定义可以看出，正数的反码就是其本身。负数的反码是其原码符号位不变，其他数值位按位取反得到的。如例 3-21 中，$[-110]_原 = 10000110$，除符号位，其他数值位按位取反可得 $[-110]_反 = 11111001$。实际上计算机中就是通过这种方式获取的反码。

例 3-22 设机器字长为 8 位，计算 0 的反码。

解：当真值 $x = 0$ 时，符号位可以为"+"也可以为"-"。

当符号位为正时，$[x]_反 = [x]_原 = [+0]_原 = 00000000$。

当符号位为负时，$[x]_原 = [-0]_原 = 10000000$，根据简便算法按位取反，得 $[x]_反 = 11111111$。

可见,和原码一样,若用反码表示机器数,0 的表示不唯一,会出现 +0 和 -0 两种情况。进一步分析可知,整数的反码表示范围与原码相同,也是 $-(2^{n-1}-1) \sim +(2^{n-1}-1)$,其中 n 为机器字长。

最后,总结发现,正数的原码、反码、补码都相同。而在计算机中,负数的反码由原码除符号位保持不变,其他数值位取反得到,而补码是由反码的值末位加 1 取得的。以负整数为例:

如果 $[x]_原 = x_n x_{n-1} x_{n-2} \cdots x_0$

那么 $[x]_反 = \overline{x_n} \overline{x_{n-1}} \overline{x_{n-2}} \cdots \overline{x_0}$

$[x]_补 = \overline{x_n} \overline{x_{n-1}} \overline{x_{n-2}} \cdots \overline{x_0} + 1$

至此已经介绍了有符号数的 3 种机器数的编码方式。目前,在计算机中,广泛使用的是补码和原码表示法,反码表示法一般作为原码和补码转换的中间结果。

5. 移码表示法

当用补码表示法来表示一个有符号数时,由于符号位的存在,人们很难直观地看出不同补码所表示的真值的大小关系。由于负数的符号位为 1,与人们习惯的表示法不同,很容易判断错误。例如下面几个数值:

十进制数 20 对应的二进制数真值为 +10100,补码形式为 010100。

十进制数 -20 对应的二进制数真值为 -10100,补码形式为 101100。

十进制数 -21 对应的二进制数真值为 -10101,补码形式为 101011。

十进制数 +21 对应的二进制数真值为 +10101,补码形式为 010101。

单从补码形式上看,区分这几个补码表示的真值的大小,很难直观地说出,需要进行一番判断。为此提出了移码的表示方法。

移码的定义如下:

$$[x]_移 = 2^n + x \quad , \quad -2^n \leq x < 2^n$$

式中,x 为真值;n 为纯整数的位数。

以纯整数为例,也就是说真值 x 的移码等于真值加上一个 2^n(n 为整数真值的位数),再看一下上面例子中这几个整数的移码的表现形式:

十进制数 20 对应的二进制数真值为 +10100,移码形式为 100000 + 10100 = 110100。

十进制数 -20 对应的二进制数真值为 -10100,移码形式为 100000 + (-10100) = 001100。

十进制数 -21 对应的二进制数真值为 -10101,移码形式为 100000 + (-10101) = 001011。

十进制数 +21 对应的二进制数真值为 +10101,移码形式为 100000 + 10101 = 110101。

比较这 4 个十进制整数的移码,可以直接从移码的形式比较出:110101 > 110100 > 001100 > 001011,与真值的实际大小关系一致。

当 $x = 0$ 时,二进制真值可以表示为 +0000 和 -0000。

$[+0000]_移 = 10000 + 0000 = 10000$

$[-0000]_移 = 10000 - 0000 = 10000$

可见,使用移码表示法,0 也是唯一的。

思考:虽然引入移码使比较真值大小更直观,但计算机中的数值很多情况下都是使用补码形式存储的,如何在移码和补码之间快速转换? 如果不能快速在移码和补码之间进行转换,那么移码的引入反而也会带来很多麻烦。

观察发现,同一个真值的移码和补码的编码,仅仅符号位的取值相反,其他位都相同。也就是说,如果已知补码,不管正负数,只要将其补码的符号位取反即可得到移码。真值、补码和移码之间的关系见表3-3。

表3-3 真值、补码和移码之间的关系

真值 x(十进制)	原码 $[x]_原$	补码 $[x]_补$	移码 $[x]_移$
−127	11111111	10000001	00000001
−126	11111110	10000010	00000010
−125	11111101	10000011	00000011
…	…	…	…
−1	10000001	11111111	01111111
0	00000000/10000000	00000000	10000000
+1	00000001	00000001	10000001
…	…	…	…
+125	01111101	01111101	11111101
+126	01111110	01111110	11111110
+127	01111111	01111111	11111111

3.2.4 定点数和浮点数

实际使用时的数值可能既有整数部分也有小数部分。如果有整数部分也有小数部分,那么小数点的位置应该如何表示呢? 计算机在处理数值数据时,对小数点的处理有两种不同的方法,分别是定点法和浮点法,也就是对应了定点数据表示法和浮点数据表示法这两种不同形式的数据表示方法。

1. 定点数

所谓定点数,就是小数点的位置固定不变的数。为了运算方便,小数点的位置通常有两种约定方式:定点整数——纯整数,小数点在最低的有效数值位之后;定点小数——纯小数,小数点在最高有效数值位之前。

(1) 定点整数

定点整数约定机器数的小数点在最低位的右边,实际上就是没有小数位。然后,根据是否带有符号位,定点数还可以分为两类:带符号的定点整数和无符号的定点整数。两者的区别在于:带符号的定点整数的最高位为符号位,而无符号定点整数不需要设置符号位,所有位都是数值位,只能表示0或正数。所有各数位都用来表示数值大小。有符号整数和无符号整数在机器中的存储格式如图3-2和图3-3所示。

图3-2 有符号定点整数存储格式　　图3-3 无符号定点整数存储格式

为了减法运算方便,降低 CPU 的复杂程度,在计算机中带符号定点整数常用补码表示。设机器字长为 n 位,则不同表示方式的取值范围有所不同:

①补码表示的有符号定点整数的取值范围为 $-2^{n-1} \sim 2^{n-1}-1$。

②原码表示的有符号定点整数的取值范围为 $-(2^{n-1}-1) \sim 2^{n-1}-1$。

③无符号定点整数的取值范围为 $0 \sim 2^n - 1$。

例 3-23 设机器字长为 16 位,那么能表示的有符号整数取值范围是多少?无符号整数的取值范围是多少?

解: 首先有符号数,如果采用原码表示,取值范围为 $-(2^{15}-1) \sim 2^{15}-1$,即 $-32\ 767 \sim +32\ 767$。

如果采用补码表示,取值范围为 $-(2^{15}) \sim 2^{15}-1$,即 $-32\ 768 \sim +32\ 767$。

无符号数的取值范围为 $0 \sim 2^{16}-1$,即 $0 \sim 65\ 535$。

(2)定点小数

定点小数的机器数一般最高位为符号位,从第二位开始是数值位。小数点一般约定在符号位之后,即机器数的最高位之后,第二位之前。其表示格式如图 3-4 所示。

图 3-4 定点小数存储格式

与定点整数同理,为了减法运算方便,降低 CPU 复杂程度,在计算机中定点小数常用补码表示。设机器字长为 n 位,则不同表示方式的取值范围有所不同:

①补码表示的定点小数的取值范围为 $-1 \sim (1-2^{-n+1})$。

②原码表示的定点小数的取值范围为 $-(1-2^{-n+1}) \sim (1-2^{-n+1})$。

此外,定点小数还有分辨率的概念,即定点小数所能表示的最小的值。机器字长为 n 位的定点小数分辨率为 2^{-n+1}。当一个小数的绝对值小于定点小数的分辨率时,这个数当机器数 0 处理。

例 3-24 设机器字长为 16 位,那么能表示的定点小数的取值范围是多少?

解: 如果采用原码表示,取值范围为 $-(1-2^{15}) \sim (1-2^{-15})$。

如果采用补码表示,取值范围为 $-1 \sim (1-2^{-15})$。

表 3-4 所示为机器数字长为 n 时,原码、反码、补码的定点数所表示的范围。

表 3-4 机器数字长为 n 时定点数所表示的范围

码 制	定点整数	定点小数
原码	$-(2^{n-1}-1) \sim +(2^{n-1}-1)$	$-(1-2^{-n+1}) \sim +(1-2^{-n+1})$
反码	$-(2^{n-1}-1) \sim +(2^{n-1}-1)$	$-(1-2^{-n+1}) \sim +(1-2^{-n+1})$
补码	$-2^{n-1} \sim +(2^{n-1}-1)$	$-1 \sim +(1-2^{-n+1})$

定点数的优点在于运算实现容易,硬件结构简单。但是定点数也存在一些问题:首先,定点数所能表示的数据范围很小。由于小数点位置是固定的,在有限的字长下,定点数所能表示的数据范围较窄。例如,上面的例子中,机器字长为 16 位的定点整数的取值范围为

−32 768～+32 767，而实际应用中，需要运算的数据范围可能要大得多。其次，定点小数的使用有很大局限，运算精度不高。因为实际参加运算的数据很少是纯小数或纯整数，一般都是既有整数部分也有小数部分的实数。使用定点运算的计算机（称为定点机）进行数据运算时，必须先选择一个适当的比例因数，将参加运算的数据转化为定点小数或定点整数再进行运算，然后将运算结果根据所选比例因数转换为真正的结果。

可见，虽然定点运算实现容易，硬件结构简单，但在实际应用中，由于实际使用的数据范围很大，导致比例因数的选择困难，运算效率不高，限制很多，不适合高精度科学运算和快速运算的要求，因此引入了浮点表示法。

2. 浮点数

浮点数即小数点位置可以浮动的数，能表示更大的范围。实际应用中，往往会使用到很多实数，例如下面一些十进制的实数：

$$13.432 = 1.3432 \times 10^1$$
$$0.0123 = 1.23 \times 10^{-2}$$
$$1234567000 = 1.234567 \times 10^9$$

这些实数既有整数部分也有小数部分，不能用定点数的方式来表示。并且，根据上面对定点数的分析，定点数所能表示的数值范围比较小，容易溢出。

上面的几个实数的例子都采用了科学计数法的方式来计数，可以很方便地表示绝对值很大或很小的数，也可以很方便地表示既有小数部分也有整数部分的实数。实际上，在计算机中浮点数的表示采用的就是科学计数法的方式。

二进制数 N 的浮点数表示方法为

$$N = 2^E \times F$$

式中，E 称为阶码；F 称为尾数。

在浮点表示法中，一个浮点数的存储空间被分为如图 3-5 所示的几部分。

图 3-5　浮点数存储格式

其中，阶码是整数，阶符代表阶码的正负，阶符和阶码合起来反映浮点数的表示范围及小数点的实际位置；尾数是小数，其位数反映了浮点数的精度；数符代表浮点数的正负。

浮点数的表示不是唯一的。当小数点的位置改变时，阶码也随之相应改变，因为可以用多种浮点形式表示同一个数。例如，圆周率 3.1415926 可以表示为以下几种形式：

$$3.1415926 = 0.31415926 \times 10^1$$
$$= 31.415926 \times 10^{-1}$$
$$= 314.15926 \times 10^{-2}$$
$$\cdots$$

浮点数所能表示的数值范围主要由阶码决定，表示数值的精度则由尾数决定。为了充分利用尾数表示更多的有效数字，通常对浮点数进行规格化。规格化就是将尾数的绝对值限定在区间 [0.5,1]。当尾数用补码表示时，需要注意：

若尾数 $F \geq 0$，则其规格化的尾数形式为 $F = 0.1 \times \times \times \cdots \times$，其中 × 可为 0，也可为 1，

即将尾数 F 的范围限定在区间 $[0.5, 1]$ 内。

若尾数 $F<0$，则其规格化的尾数形式为 $F = 1.0 \times \times \times \times \cdots \times$，其中 $\times$ 可为 0，也可为 1，即将尾数 F 的范围限定在区间 $[-1, -0.5)$ 内。

计算机中的浮点数一般都会采用规格化的表示方法。目的有以下两个：

首先，为了提高运算精度，保留更多的有效数字。

其次，保证了浮点数表示的唯一性。

例3-25 设浮点数字长 16 位，其中阶码 4 位，阶符 1 位，尾数 10 位，数符 1 位。阶码和尾数都用原码表示。将二进制 $x = 0.00011101$ 写成二进制浮点数，并写出其机器数形式。

解：浮点数规格化表示为 $x = 0.1110100000 \times 2^{-11}$（注意，指数-11 是二进制数）。

机器数形式中：

阶符为：1

阶码为：0011

数符为：0

尾数为：1110100000

结果如图 3-6 所示。

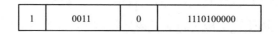

| 1 | 0011 | 0 | 1110100000 |

图 3-6　浮点数机器数形式

3. IEEE 754 标准

为便于软件的移植，浮点数的表示格式应该有统一标准（定义）。1985 年，国际组织电气电子工程师学会 IEEE（Institute of Electrical and Electronics Engineers）提出了 IEEE 754 标准。该标准规定数符表示浮点数的正负，但与尾数是分开的。阶码用移码表示。尾数用原码表示，根据原码的规格化方法，最高数字位总是 1，该标准将这个 1 默认存储，使得尾数表示范围比实际存储的多一位。实数的 IEEE 754 标准的浮点数格式如图 3-7 所示。

| 数符 | 阶码（含阶符） | 尾数 |

图 3-7　IEEE 754 标准浮点数存储格式

根据标准定义，常用的浮点数具体有 3 种形式，分别为短实数（Float）、长实数（Double）和临时实数，区别在浮点数编码各部分分配大小不同，见表 3-5。

表 3-5　3 种形式浮点数比较

实　数	符号位/bit	阶码长度/bit	尾数/bit	总位数/bit
短实数（Float）	1	8	23	32
长实数（Double）	1	11	52	64
临时实数	1	15	64	80

IEEE 754 标准中，阶码用移码表示，但移码的表示方法和前面介绍的略有不同。对短实数（Float）、长实数（Double）和临时实数，阶码的移码都是由阶码的真值分别加 7F、3FF、

3FFF 得到,而不是分别加 2^7、2^{10}、2^{14}。

例如,二进制实数 10110010.001 的短实数机器数的表示如图 3-8 所示。

0	10000110(移码)	01100100010000000000000

图 3-8 短实数机器数形式

3.3 数值型数据的运算

前面部分讨论了数值型数据在计算机中的表示方法。本节将讨论数值型数据在计算机中各种算术运算的实现,包括定点数据的四则运算和浮点型数据的四则运算。

3.3.1 定点加法与减法运算

上节内容介绍过,带符号数有原码、反码、补码等几种表示方法。并且,为了降低运算器的复杂性,可以把减法看作被减数加减数的负数,即

$$A - B = A + (-B)$$

这样减法操作就可以用加法操作来代替,运算器中只需要设置加法器即可,无须再设置减法器。此外,由于原码加法运算复杂,还需要考虑双方操作数的符号位。而计算机中的有模运算 $A + (-B)$ 中的 $-B$ 可以用它的补码来代替,实现相对简单,运算过程中无须再额外考虑符号位。因而现代计算机中都采用补码做加减运算。

1. 补码加减运算

运算器中补码加减的基本公式如下:

$$[A + B]_{补} = [A]_{补} + [B]_{补}$$
$$[A - B]_{补} = [A + (-B)]_{补} = [A]_{补} + [-B]_{补}$$

公式表明,当作加法运算时,可直接将补码表示的两个操作数 $[A]_{补}$ 和 $[B]_{补}$ 相加。只要结果不超出机器字长所能表示的数值范围,符号位可与数值位等同处理。如果符号位在运算过程中产生向上进位,根据前面讲述补码时关于有模运算的概念可知,运算器会自动舍去,不会影响结果正确。当然,也可能由于加减运算的结果超出了机器字长所能表示的范围而产生错误(称为溢出)的情况,下面我们也会讨论到这个问题。

例 3-26 已知十进制数 $A = +18, B = +23$。设机器字长为 8 位,用补码加减法计算 $[A + B]_{补}$ 并还原成真值。

解: 使用二进制形式表示

$A = +10010, B = +10111$

求 A 和 B 的原码,得

$[A]_{原} = 00010010, [B]_{原} = 00010111$

求 A 和 B 的补码,得

$[A]_{补} = 00010010, [B]_{补} = 00010111$

根据补码加减公式,得

$[A + B]_{补} = [A]_{补} + [B]_{补} = 00010010 + 00010111$,竖式如下:

```
  0 0 0 1 0 0 1 0
+ 0 0 0 1 0 1 1 1
  0 0 1 0 1 0 0 1
```

结果为:

$[A+B]_{补} = 00101001$

$[A+B]_{原} = 00101001$

$A+B = (41)_{10}$

例 3-27 已知十进制数 $A = -10, B = -2$。设机器字长为 5 位,用补码加减法计算 $[A+B]_{补}$ 并还原成真值。

解: 使用二进制形式表示

$A = -1010, B = -0010$

求 A 和 B 的原码,得

$[A]_{原} = 11010, [B]_{原} = 10010$

求 A 和 B 的补码,得

$[A]_{补} = 10110, [B]_{补} = 11110$

根据补码加减公式,得

$[A+B]_{补} = [A]_{补} + [B]_{补} = 10110 + 11110$,竖式如下:

```
   1 0 1 1 0
 + 1 1 1 1 0
 1 1 0 1 0 0
```

丢弃 ↵

结果的最高位超出机器数字长,被自动丢弃,所以

$[A+B]_{补} = 10100$

$[A+B]_{原} = 11100$

$A+B = -12$

例 3-28 已知二进制纯小数 $A = +0.1001, B = +0.0101$。设机器字长为 5 位,使用补码加减法计算 $[A+B]_{补}$ 并还原成真值。

解: 求 A 和 B 的原码,得

$[A]_{原} = 0.1001, [B]_{原} = 0.0101$(实际编码不存在小数点)

求 A 和 B 的补码,得

$[A]_{补} = 0.1001, [B]_{补} = 0.0101$

根据补码加减公式,得

$[A+B]_{补} = [A]_{补} + [B]_{补} = 0.1001 + 0.0101$,竖式如下:

```
   0.1 0 0 1
 + 0.0 1 0 1
   0.1 1 1 0
```

结果为:

$[A+B]_{原} = [A+B]_{补} = 0.1110$

$A+B = 0.1110$

当作减法操作 $A-B$ 时,经过公示推导可知:只需先求出 $[-B]_{补}$,就可以按照加法规则 $[A-B]_{补} = [A]_{补} + [-B]_{补}$ 进行运算。

例 3-29 已知二进制纯小数 $A = +0.1001, B = +0.0101$。设机器字长为 5 位,使用补码加减法计算 $[A-B]_{补}$ 并还原成真值。

解: $-B = -0.0101$

$[A]_原 = 0.1001, [-B]_原 = 1.0101$

$[A]_补 = 0.1001, [-B]_补 = 1.1011$

根据补码加减公式,得

$[A-B]_补 = [A]_补 + [-B]_补 = 0.1001 + 1.1011$,竖式如下:

$$\begin{array}{r} 0.1001 \\ +1.1011 \\ \hline 1\,0.0100 \end{array}$$

丢弃 ←

结果的最高位超出机器数字长,被自动丢弃,所以

$[A-B]_补 = 0.0100$

$A - B = (0.01)_2$

实际上,当求 $[-B]_补$ 时,并不需要先写出 $-B$,再求 $[-B]_补$,而是可以直接根据 $[B]_补$ 求出 $[-B]_补$。因为 B 在计算机中就是以 $[B]_补$ 形式存在的,计算机由 $[B]_补$ 求出 $[-B]_补$ 更方便。求的原则是 $[B]_补$ 连同符号位在内按位取反,末尾再加 1。

例 3-30 已知十进制数 $A = -71, B = +43$。设机器数字长为 8 位。用补码加减法计算 $[A-B]_补$ 并还原成真值。

解: 使用二进制形式表示:

$A = -1000111, B = 101011$

求 A 和 B 的原码,得

$[A]_原 = 11000111, [B]_原 = 00101011$

求 A 和 B 的补码,得

$[A]_补 = 10111001, [B]_补 = 00101011, [-B]_补 = 11010101$

根据补码加减公式,得

$[A-B]_补 = [A]_补 + [-B]_补 = 10111001 + 11010101$,竖式如下:

$$\begin{array}{r} 10111001 \\ +11010101 \\ \hline 1\,10001110 \end{array}$$

丢弃 ←

结果的最高位超出机器数字长,被自动丢弃,所以:

$[A-B]_补 = 10001110$

$[A-B]_原 = 11110010$

$A - B = -114$

2. 溢出判断

前面的例题正确实际上都还有一个共同前提:运算结果没有超出机器字长所能表示的数值范围。计算机运算器中进行的都是有模运算,机器数字长所能表示的数值范围有限。所以,必须考虑运算结果是否超出机器数所能表示的范围。

例 3-31 已知十进制数 $A = +71, B = +63$。设机器数字长为 8 位。用补码加减法计算 $[A+B]_补$ 并还原成真值。

解：使用二进制形式表示：

$A = +1000111, B = +111111$

求 A 和 B 的原码，得

$[A]_原 = 01000111, [B]_原 = 00111111$

求 A 和 B 的补码，得

$[A]_补 = 01000111, [B]_补 = 00111111$

根据补码加减公式，得

$[A+B]_补 = [A]_补 + [B]_补 = 01000111 + 00111111$，竖式如下：

```
  01000111
 +00111111
  10000110
```

结果为：

$[A+B]_补 = 10000110$

$[A+B]_原 = 11111010$

$A + B = -122$

得到还原后的真值发现很明显的错误：两个正数相加，结果却为负数。这是因为 8 位有符号定点整数的取值范围为 $-128 \sim +127$，而例题中 $A+B$ 的数学运算结果应为 134，已经超出了 8 位字长有符号数所能表示的范围。在计算机中，这种由于运算结果超出机器数所能表示的范围而导致的错误现象称为溢出。下面分析一下什么时候可能会出现溢出，运算器中如何判断一个运算结果是否溢出。

首先，简单分析不难发现，两个不同符号的数相加或两个相同符号的数相减，由于结果的绝对值一定会小于其中一个操作数的绝对值，所以结果一定不会出现溢出。只有符号不同的两个数相减或符号相同的两个数相加，结果的绝对值一定会大于两个操作数的绝对值，才有可能出现溢出。

下面以机器字长为 5 位的有符号数的加减为例，通过对多个实例进行分析，寻找溢出发生的规律，从而找到判断溢出的方法。

例 3-32 $5 + 4 = 9$（未溢出）。

解：转换为补码进行运算，得

```
  00101
 +00100
  01001
```

结果：9

例 3-33 $12 + 7 = 19$（溢出）。

解：转换为补码进行运算，得

```
  01100
 +00111
  10011
```

结果：溢出

例 3-34 $-10 + (-2) = -12$（未溢出）。

解：转换为补码进行运算，得

```
   10110
  +11110
  110100
```

丢弃 ←

结果：-12

例 3-35 $-10 + (-8) = -18$（溢出）。

解：转换为补码进行运算，得

```
   10110
  +11000
  101110
```

丢弃 ←

结果：溢出

例 3-36 6−(−9)=6+9=15（未溢出）。

解：转换为补码进行运算，得

```
   0 0 1 1 0
 + 0 1 0 0 1
 ─────────────
   0 1 1 1 1
```

结果：15

例 3-37 5−(−11)=5+11=16（溢出）。

解：转换为补码进行运算，得

```
   0 0 1 0 1
 + 0 1 0 1 1
 ─────────────
   1 0 0 0 0
```

结果：溢出

例 3-38 −5−10=−5+(−10)=−15（未溢出）。

解：转换为补码进行运算，得

```
   1 1 0 1 1
 + 1 0 1 1 0
 ─────────────
 1 1 0 0 0 1
```
丢弃 ←

结果：−15

例 3-39 −5−12=−5+(−12)=−17（溢出）。

解：转换为补码进行运算，得

```
   1 1 0 1 1
 + 1 0 1 0 0
 ─────────────
   1 0 1 1 1 1
```
丢弃 ←

结果：溢出

例 3-40 10−5=10+(−5)=5（未溢出）。

解：转换为补码进行运算，得

```
   0 1 0 1 0
 + 1 1 0 1 1
 ─────────────
 1 0 0 1 0 1
```
丢弃 ←

结果：5

例 3-41 −10−(−5)=−10+5=−5（未溢出）。

解：转换为补码进行运算，得

```
   1 0 1 1 0
 + 0 0 1 0 1
 ─────────────
   1 1 0 1 1
```

结果：−5

上面 10 个例子中，机器字长为 5 位的有符号定点整数的取值范围为 −16 ~ +15，数值运算的结果超出这个范围的即溢出。

(1) 溢出判断方法一：

不论是减法运算还是加法运算，在机器中都是通过补码变换，使用加法器进行两个补码的加法运算来实现的。只要同时满足下面两个条件，即为溢出：

① 加法器中实际参加加法运算的两个补码符号位相同。

② 加法器输出结果与这两个操作数的符号不同。

设加法器中实际参加加法运算的两个补码符号位分别为 S_A 和 S_B，加法器输出结果为 S_r，那么判断溢出的逻辑表达式为：

$$V = \overline{S_A}\,\overline{S_B}\,S_r + S_A S_B \overline{S_r}$$

例 3-42 设二进制纯小数 $A=-0.1011$，$B=-0.0111$。使用溢出判断方法一判断定点小数的运算：$A+B$ 的结果是否溢出。

解：求 A 和 B 的原码，得

$[A]_原 = 1.1011$，$[B]_原 = 1.0111$

计算操作数的补码，得

$[A]_补 = 1.0101$，$[B]_补 = 1.1001$

$[A+B]_补 = [A]_补 + [B]_补 = 1.0101 + 1.1001$，竖式如下：

```
    1.0 1 0 1
  + 1.1 0 0 1
   10.1 1 1 0
```
丢弃 ←

参与加法运算的两个补码:1.0101 和 1.1001 的符号位相同,均为 1,而补码加法后的结果 0.1110 的符号位为 0,与操作数的符号不同。据此判断,$A+B$ 的结果溢出。

例 3-43 设二进制纯小数 $A = +0.1001, B = +0.0101$。使用溢出判断方法一判断定点小数的运算:$A+B$ 的结果是否溢出。

解: 求 A 和 B 的原码,得

$[A]_原 = 0.1001, [B]_原 = 0.0101$

求 A 和 B 的补码,得

$[A]_补 = 0.1001, [B]_补 = 0.0101$

根据补码加减公式,得

$[A+B]_补 = [A]_补 + [B]_补 = 0.1001 + 0.0101$,竖式如下:

```
    0.1 0 0 1
  + 0.0 1 0 1
    0.1 1 1 0
```

参与加法运算的两个补码:0.1001 和 0.0101 的符号位相同,均为 0,而补码加法后的结果 0.1110 的符号位为 0,与操作数的符号相同。据此判断,$A+B$ 的结果未溢出。

(2) 溢出判断方法二:

除了方法一,还可以从两个进位信号之间的关系中找到规律:分别为符号位产生的进位 C_f 和最高有效数值位(符号位右边第一位)产生的进位 C。观察上面 10 个例子的竖列式发现:当符号位和最高有效数值位均产生进位,或均不产生进位时,补码加法运算没有出现溢出;而当符号位和最高有效数值位中只有其中一个产生进位,而另一个没有产生进位时,运算结果溢出。所以,总结出第二个判断溢出的逻辑表达式为

$$V = C_f + C$$

例 3-44 观察例 3-42 和例 3-43,使用溢出判断方法二判断结果是否溢出。

解: 根据溢出判断方法二

例 3-42 补码相加的结果符号位产生了进位,即 $C_f = 1$;而最高有效数值位没有进位,即 $C = 0$。所以判定例 3-42 中的加法运算溢出。

例 3-43 补码相加的结果符号位和最高有效数值位均未产生进位,即 $C_f = C = 0$,所以判定例 3-43 中的加法运算未产生溢出。

(3) 溢出判断方法三:

第三种方法相对简单,但需要对补码的编码方式稍做改变,这种编码方式称为变形补码:相对普通的补码,变形补码还需要额外的一个符号位,两个符号位的取值相同,分别位于机器数编码的最高位和次高位,也称双符号位。例如,一个机器数字长为 5 位的补码为 01001,它的变形补码的编码为 001001,当然,这时加法器中的寄存器字长也需要扩充一位,即 6 位。再如,当补码为 10101101 时,对应的变形补码的编码为:110101101。设真值 A 的变形补码用 $[A]_补$ 来表示,使用变形补码进行定点数的加减运算时,其公式和使用普通补码进行加减运算的公式相似:

$$[A+B]_{补'} = [A]_{补'} + [B]_{补'}$$
$$[A-B]_{补'} = [A+(-B)]_{补'} = [A]_{补'} + [-B]_{补'}$$

一般情况下,数据在存储器中仍保持单符号位,在将补码送入加法器进行运算之前,再扩充为两位符号位,运算结果也是变形补码方式。然后再将结果去掉一位符号位,变成普通补码形式存入存储器。使用变形补码的双符号位的作用就是判断运算结果是否溢出的。

下面以6位字长的变形补码的加减为例,分析并找出判断溢出的方法。

例 3-45 5+4=9（未溢出）。

解:转换为补码进行运算,得

```
  000101
+ 000100
  001001
```

结果:9

例 3-46 12+7=19（溢出）。

解:转换为补码进行运算,得

```
  001100
+ 000111
  010011
```

结果:溢出

例 3-47 6-(-9)=6+9=15（未溢出）。

解:转换为补码进行运算,得

```
  000110
+ 001001
  001111
```

结果:15

例 3-48 5-(-11)=5+11=16（溢出）。

解:转换为补码进行运算,得

```
  000101
+ 001011
  010000
```

结果:溢出

例 3-49 -5-10=-5+(-10)=-15（未溢出）。

解:转换为补码进行运算,得

```
  111011
+ 110110
 1110001
```
丢弃 ←

结果 -15

例 3-50 -5-12=-5+(-12)=-17（溢出）。

解:转换为补码进行运算,得

```
  111011
+ 110100
 1101111
```
丢弃 ←

结果:溢出

例 3-51 10-5=10+(-5)=5（未溢出）。

解:转换为补码进行运算,得

```
  001010
+ 111011
 1000101
```
丢弃 ←

结果:5

例 3-52 -10-(-5)=-10+5=-5（未溢出）。

解:转换为补码进行运算,得

```
  110110
+ 000101
  111011
```

结果:-5

观察运算结果发现,变形补码加法的结果的两位符号位如果不相等,表示计算出现溢出。当结果的两位符号位相等,则表示未出现溢出。此时将结果去掉一位符号位,结果就可以被还原为普通补码形式。所以,设变形补码加法运算后的结果第一位符号位和第二位符号位分别用 S_{f1} 和 S_{f2} 表示,则第三个判断溢出的逻辑表达式为

$$V = S_{f1} + S_{f2}$$

例 3-53 设二进制纯小数 $A = -0.1011, B = -0.0011$,使用溢出判断方法三判断定点小数的运算:$A+B$ 的结果是否溢出。

解:求 A 和 B 的原码,得

$[A]_{原} = 1.1011, [B]_{原} = 1.0011$

求 A 和 B 的变形补码,得

$[A]_{补'} = 11.0101, [B]_{补'} = 11.1101$

$[A+B]_{补'} = [A]_{补'} + [B]_{补'} = 11.0101 + 11.1101$,竖式如下:

```
  1 1.0 1 0 1
+ 1 1.1 1 0 1
 1 1 1.0 0 1 0
```

丢弃 ⤴

变形补码运算结果为:11.0010,两个符号位相等,均为 1,所以,结果未溢出。得到的结果补码为:1.0010。转换为真值得运算结果:-0.1110。

例 3-54 设二进制纯小数 $A = 0.1001, B = 0.1101$,使用溢出判断方法三判断定点小数的运算:$A+B$ 的结果是否溢出。

解:求 A 和 B 的原码,得

$[A]_{原} = 0.1001, [B]_{原} = 0.1101$

求 A 和 B 的变形补码,得

$[A]_{补'} = 00.1001, [B]_{补'} = 00.1101$

$[A+B]_{补'} = [A]_{补'} + [B]_{补'} = 00.1001 + 00.1101$,竖式如下:

```
  0 0.1 0 0 1
+ 0 0.1 1 0 1
  0 1.0 1 1 0
```

变形补码运算结果为:01.0110,两个符号位不一致,可以判定,运算结果溢出。

3.3.2 定点乘法运算

计算机中,乘法运算是非常常用的一种运算。但是,由于计算机中实现乘法运算比加法运算要复杂很多,也有一些简单的 CPU 内不设置乘法器,而是以加法器为基础,把乘法转化为加法来实现。下面讨论乘法运算在计算机中的实现步骤。

定点乘法运算的实现方法很多,难易程度也不同。下面以原码一位乘运算为例,介绍计算机中实现定点乘法的基本思想和方法。

1. 符号位

首先是符号位的确定。与定点数的补码加减运算不同,乘法运算的符号位无法通过转换补码加入乘法运算中,必须单独进行处理。由乘法运算规则可知:同号相乘为正、异号相乘为负。设两个定点数分别 x 和 y,x_f 和 y_f 分别代表定点数 x 和 y 的符号位,乘法运算结果为 z,z_f 代表 z 的符号位结果。可知符号运算的真值表见表 3-6。

表 3-6　乘法运算符号位结果真值表

x_f	y_f	z_f
0	0	0
0	1	1
1	0	1
1	1	0

根据真值表,可得乘法运算符号位的逻辑表达式为

$$z_f = x_f + y_f$$

2. 数值部分乘法

数值部分乘法是指除去符号位,单独考虑被乘数和乘数的绝对值的乘法运算。原码一位乘法的方法是从笔算乘法演变而来的,先看一个乘法运算笔算例子的完整过程,如下所示:

例 3-55　设二进制纯小数 $x = 0.1101$,$y = 0.1011$,计算 $x \times y$。

解:$x \times y$ 的竖式如下

```
        0.1 1 0 1
       ×0.1 0 1 1
      ─────────────
      0.0 0 0 0 1 1 0 1   ………… = x×2⁻⁴   x右移4位
      0.0 0 0 1 1 0 1     ………… = x×2⁻³   x右移3位
      0.0 0 0 0 0 0       ………… = x×0
      0.0 1 1 0 1         ………… = x×2⁻¹   x右移1位
      ─────────────
      0.1 0 0 0 1 1 1 1
```

结果为: $x \times y = 0.10001111$。

根据上面例子可得,二进制数的乘法 $x \times y$ 的绝对值的计算方法为:查看乘数 y 的各位上的值,当为 0 时,记中间结果 0;当为 1 时,记中间结果为 x 右移相应位数,然后将中间结果累加起来。

可以根据这种方式,以移位器和加法器为基础,通过编写程序代码,实现乘法运算。但是,直接使用笔算乘法的方式,计算机需要更多额外的寄存器来存放这些中间结果。而且,每一个中间结果的位数都比被乘数和乘数增加一倍,实现起来效率不高。所以,对例 3-55 的笔算乘法稍做一些改进,使其更方便地在计算机中实现(若 x 为负数,则 x 要取绝对值):

$$\begin{aligned}
|x \times y| &= x \times 0.1011 \\
&= 0.1x + 0.001x + 0.0001x \\
&= 0.1x + 0x + 0.001(x + 0.1x) \\
&= 0.1x + 0.01(0x + 0.1(x + 0.1x)) \\
&= 0.1(x + 0.1(0x + 0.1(x + 0.1x))) \\
&= 2^{-1}(x + 2^{-1}(0x + 2^{-1}(x + 2^{-1}x))) \\
&= 2^{-1}(x + 2^{-1}(0x + 2^{-1}(x + 2^{-1}(x + 0))))
\end{aligned}$$

被乘数乘以 2^{-1} 相当于将被乘数右移 1 位。观察上式,可以发现,计算 $x \times y$ 的绝对值的操作,被表示成了一个先相加再右移的递归操作。这无论对于使用硬件方式进行乘法操作,还是对于软件编程方式进行乘法操作,都是非常容易实现的。下面分步计算例 3-55 中的乘法:

① 计算 $x + 0$,得中间结果 0.1101。

②中间结果右移一位,得中间结果 0.01101。
③上步的中间结果 $+1x$,得中间结果 1.00111。
④上步的中间结果右移一位,得中间结果 0.100111。
⑤上步的中间结果 $+0x$,得中间结果 0.100111。
⑥上步的中间结果右移一位,得中间结果 0.0100111。
⑦上步的中间结果 $+1x$,得中间结果 1.0001111。
⑧上步中间结果右移一位,得最终结果 0.10001111。

这样,乘法运算被分解为了简单的加法操作和移位操作。总结一下,设 $y = 0.y_1y_2\cdots y_n$,x^* 为被乘数 x 的数值部分。对公式进行分步求解,可以得出二进制乘法操作的分步操作,步骤如下:

$$z_0 = 0$$
$$z_1 = 2^{-1}(z_0 + x^* y_n)$$
$$z_2 = 2^{-1}(z_1 + x^* y_{n-1})$$
$$\cdots$$
$$z_i = 2^{-1}(z_{i-1} + x^* y_{n-i+1})$$
$$\cdots$$
$$z_n = 2^{-1}(z_{n-1} + x^* y_1)$$

每个步骤中产生的这些中间结果:$z_0, z_1, z_2, \cdots, z_{n-1}$,称为部分积。最后的 z_n 即为 $x \times y$ 的结果 z 的绝对值。

再加上上面讲到的符号位的处理,可得出原码一位乘法的完整算法如下:

①将被乘数和乘数的符号位进行异或操作:$z_f = x_f + y_f$,得到结果的符号位。然后,使用被乘数和乘数的数值绝对值进行运算。

②设部分积 z_0 为 0。

③以乘数的最低位作为乘法判别位,若判别位为 1,则在部分积上加上被乘数,结果右移一位;若判别位为 0,则在部分积上加 0,结果右移一位。如此形成新的部分积。

④乘数右移一位。

⑤重复执行第③步和第④步,共执行 n 次,n 为乘数数值部分长度。最后得到的部分积的结果就是乘法结果的绝对值部分。

⑥将乘法操作的符号位和绝对值部分结合起来,得到乘法操作的最终结果。

例 3-56 设二进制纯小数 $x = -0.1001$,$y = 0.1010$,试采用原码一位乘法计算 $x \times y$,并写出详细的运算步骤。

解:求 x 和 y 的原码

$[x]_原 = 1.1001$,$[y]_原 = 0.1010$

首先计算符号位,$x_f = 1$,$y_f = 0$,得

$$z_f = x_f \oplus y_f = 1 \oplus 0 = 1$$

被乘数 x 的数值部分为 $x^* = 0.1001$,乘数为 0.1010。按照原码一位乘法算法运算步骤如下:

①部分积 $z_0 = 0$,乘数为 0.1010。

② 乘数最低位为 0，$z_0 + 0 = 0$，结果右移一位，得 $z_1 = 0$。
③ 乘数右移一位，得 0.0101。
④ 乘数最低位为 1，$z_1 + x^* = 0.1001$，结果右移一位，得 $z_2 = 0.01001$。
⑤ 乘数右移一位，得 0.0010
⑥ 乘数最低位为 0，$z_2 + 0 = 0.01001$，结果右移一位，得 $z_3 = 0.001001$。
⑦ 乘数右移一位，得 0.0001
⑧ 乘数最低位为 1，$z_3 + x^* = 0.101101$，结果右移一位，得 $z_4 = 0.0101101$。即 $x \times y$ 的绝对值为：0.0101101。

符号位与绝对值部分结合，得最终结果：
$$[z]_原 = 1.0101101$$
$$z = -0.0101101$$

3.3.3 定点除法运算

计算机中，除法运算与乘法运算一样，是非常常用的一种运算。同样，除法运算在计算机中的实现也分为符号部分和数值部分两部分。

1. 符号位

符号位的确定与乘法运算的规则一致，除法运算的符号位无法通过转换补码，加入除法运算中，必须单独进行处理。除法运算的规则是：被除数与除数符号相同则结果为正，符号不同则结果为负。设被除数和除数分别为 x 和 y，x_f 和 y_f 分别代表 x 和 y 的符号位，除法运算结果为 z，z_f 代表 z 的符号位结果。可知符号运算的真值表，见表 3-7。

表 3-7 除法运算符号位结果真值表

x_f	y_f	z_f
0	0	0
0	1	1
1	0	1
1	1	0

根据真值表，可得除法运算符号位的逻辑表达式为：
$$z_f = x_f + y_f$$

2. 恢复余数法实现数值部分除法

数值部分除法在计算机中的实现也是从除法运算的笔算演变过来的。不考虑符号位，以两个正数的除法为例，做出一个除法运算笔算例子的完整过程如下：

例 3-57 设二进制纯小数 $x = 0.1001$，$y = 0.1101$，计算 $x \div y$。

解：$x \div y$ 的竖式如下

```
              0.1 0 1 1
   0.1 1 0 1 ) 0.1 0 0 1 0
               0.0 1 1 0 1
               0.0 0 1 0 1 0 0
               0.0 0 0 1 1 0 1
               0.0 0 0 0 1 1 1 0
               0.0 0 0 0 1 1 0 1
               0.0 0 0 0 0 0 0 1
```

结果为：$x \div y$ 的商为 0.1011，余数为 0.00000001。

计算机中的定点数的除法运算，商的位数一般与被除数和除数的位数相等。观察运算过程发现，除法运算笔算每次上商，都是通过心算比较余数和除数的大小关系，如果余数大于除数，上 1，然后做减法得出新的余数，新的余数低位补 0；如果余数小于除数，则上 0，余数低位补 0 得出新的余数。

所以，除法运算的笔算每次上商是 1 还是 0，关键是看余数和除数之间的大小关系比较。笔算中都是通过心算进行大小比较，但是，机器没有所谓的"心算"，只能在余数和除数之间做减法操作，查看结果的正负来判断大小关系。如果余数减去除数的结果为正，说明应该上商为 1，而将减法的结果低位补 0，就得到新的余数；而如果余数减去除数的结果为负，说明应该上商 0，减法的结果无意义，恢复余数法的做法是，将减法结果加上除数，还原减法操作前的余数，然后再将余数低位补 0，得到新的余数。

上面除法运算笔算例子的竖式中，余数和除数之间的减法操作，在计算机中实际上是使用加法器，将减法转换为补码加运算的方法实现的。设余数为 A，除数为 B，则：

$$[A - B]_{补} = [A + (-B)]_{补} = [A]_{补} + [-B]_{补}。$$

观察笔算除法竖式发现，每次上商后，除数需要右移一位来与新的余数对齐，机器字长为 5 的除法运算需要加法器的位数至少为 9。计算机中，可以对笔算算法稍做改变，除数右移一位的操作可以用余数左移一位来代替。这样就不需要在余数和新除数前加连续的 0。但左移后的余数已经不是真正的余数，只有再将余数重新右移才能得到真正的余数。

笔算求商时，商的结果是从高位到低位逐位算出来的。在计算机的实现中，计算出每位的商以后，并不是直接把结果写到寄存器相应的位中，而是从高位开始，将每一位商写到寄存器的最低位，然后左移一位，等待下一位商写到寄存器的最低位，再左移，再求下一位商……如此循环直到最低位结果写到寄存器中。

此外，定点小数的除法，如果被除数的绝对值大于或等于除数的绝对值，那么很明显，除法结果的绝对值会大于或等于 1，即商成为一个非纯小数，无法再用定点小数表示。并且，除法运算应该避免被除数和除数为 0。所以，设被除数为 x，除数为 y，x^* 和 y^* 分别为 x 和 y 的绝对值。定点小数的除法必须满足下面的条件：

$$0 < |被除数| < |除数|$$

例 3-58 设二进制纯小数 $x = -0.1001$，$y = 0.1101$，请使用恢复余数法，计算并列出执行 $x \div y$ 的操作过程。

解：求 x 和 y 的原码，得

$[x]_{原} = 1.1001$，$[y]_{原} = 0.1101$

首先判断符号位：

$z_f = x_f \oplus y_f = 1 \oplus 0 = 1$

求 x 和 y 的绝对值，得

$x^* = 0.1001$，$y^* = 0.1101$

求 x^* 和 y^* 的原码，得

$[x^*]_{原} = 0.1001$，$[y^*]_{原} = 0.1101$

求 x^*、y^* 和 $-y^*$ 的补码,得

$[x^*]_\text{补} = 0.1001$,$[y^*]_\text{补} = 0.1101$,$[-y^*]_\text{补} = 1.0011$

余数恢复法执行过程如下:

① 余数 $r = x^*$,商为 0.0000。

② $[r]_\text{补} = [r - y^*]_\text{补} = [r]_\text{补} + [-y^*]_\text{补} = 0.1001 + 1.0011 = 1.1100$,结果为负数。

③ 商的末位置 0,为 0.0000,左移一位,还是 0.0000;余数还原:$[r]_\text{补} = [r]_\text{补} + [y^*]_\text{补} = 1.1100 + 0.1101 = 0.1001$;余数左移一位,末位补 0,得 $[r]_\text{补} = 1.0010$。

④ $[r]_\text{补} = [r - y^*]_\text{补} = [r]_\text{补} + [-y^*]_\text{补} = 1.0010 + 1.0011 = 0.0101$,结果为正数。

⑤ 商的末位置 1,为 0.0001,左移一位,得商为 0.0010;余数左移一位,末位补 0,得 $[r]_\text{补} = 0.1010$。

⑥ $[r]_\text{补} = [r - y^*]_\text{补} = [r]_\text{补} + [-y^*]_\text{补} = 0.1010 + 1.0011 = 1.1101$,结果为负数。

⑦ 商的末位置 0,为 0.0010,左移一位,得商为 0.0100;余数还原:$[r]_\text{补} = [r]_\text{补} + [y^*]_\text{补} = 1.1101 + 0.1101 = 0.1010$;余数左移一位,末位补 0,的 $[r]_\text{补} = 1.0100$。

⑧ $[r]_\text{补} = [r - y^*]_\text{补} = [r]_\text{补} + [-y^*]_\text{补} = 1.0100 + 1.0011 = 0.0111$,结果为正数。

⑨ 商的末位置 1,为 0.0101,左移一位,得商为 0.1010;余数左移一位,末位补 0,得 $[r]_\text{补} = 0.1110$。

⑩ $[r]_\text{补} = [r - y^*]_\text{补} = [r]_\text{补} + [-y^*]_\text{补} = 0.1110 + 1.0011 = 0.0001$,结果为正数。

⑪ 商的末位置 1,为 0.1011。

数值运算结果与符号结果结合,得

$[x \div y]_\text{原} = 1.1011$

3. 加减交替法实现数值部分除法

加减交替法也称为不恢复余数法。是对恢复余数法的一种改进算法。

恢复余数法每次用余数减去除数,都是为了观察余数与除数的大小关系,如果减法结果为负数,说明余数小于除数,就必须将结果再加除数来还原余数。反复地进行减、加操作很大程度上会影响恢复余数法的运算效率。

如果分析原码恢复余数法会发现,余数减去除数,设结果为 r:

如果 $r > 0$,上商 1,r 左移一位,低位补 0,就得到新的余数。下一步新的余数再减除数,确定下一位商的结果。也就是说,如果 $r > 0$,确定下一位的商和 r 值的运算为

$$r = 2r - y^*$$

如果 $r < 0$,上商 0,然后需要恢复余数,即 $r + y^*$,将 $r + y^*$ 的结果再左移一位,低位补 0,就得到新的余数。下一步新的余数再减去除数,确定下一位商的结果。也就是说,如果 $r < 0$,确定下一位商和 r 的值的运算为

$$r = 2(r + y^*) - y^*$$

即

$$r = 2r + y^*$$

如此一来,当每次余数减除数的结果 r 为正或者负时,只需要根据正负上商,并按照不同的公式计算新 r 的值来确定下一位商即可。不需要再当 r 为负时恢复余数这样烦琐的操作。

例 3-59 设二进制纯小数 $x = -0.1001$,$y = 0.1101$,请使用加减交替法,计算并列出执行 $x \div y$ 的操作过程。

解:求 x 和 y 的原码,得

$[x]_原 = 1.1001$,$[y]_原 = 0.1101$

首先判断符号位:

$z_f = x_f \oplus y_f = 1 \oplus 0 = 1$

求 x 和 y 的绝对值,得

$x^* = 0.1001$,$y^* = 0.1101$

求 x^* 和 y^* 的原码,得

$[x^*]_原 = 0.1001$,$[y^*]_原 = 0.1101$

求 x^*、y^* 和 $-y^*$ 的补码,得

$[x^*]_补 = 0.1001$,$[y^*]_补 = 0.1101$,$[-y^*]_补 = 1.0011$

加减交替法执行过程如下:

① 设余数 $r = x^* = 0.1001$,商为 0.0000。

② $[r]_补 = [r - y^*]_补 = [r]_补 + [-y^*]_补 = 0.1001 + 1.0011 = 1.1100$,结果为负数。

③ 商的末位置 0,为 0.0000,左移一位,还是 0.0000。

④ $[r]_补 = [2r + y^*]_补 = 2[r]_补 + [y^*]_补 = 1.1000 + 0.1101 = 0.0101$,结果为正数。

⑤ 商的末位置 1,为 0.0001,左移一位,得商为 0.0010。

⑥ $[r]_补 = [2r - y^*]_补 = 2[r]_补 + [-y^*]_补 = 0.1010 + 1.0011 = 1.1101$,结果为负数。

⑦ 商的末位置 0,为 0.0010,左移一位,得商为 0.0100。

⑧ $[r]_补 = [2r + y^*]_补 = 2[r]_补 + [y^*]_补 = 1.1010 + 0.1101 = 0.0111$,结果为正数。

⑨ 商的末位置 1,为 0.0101,左移一位,得商为 0.1010。

⑩ $[r]_补 = [2r - y^*]_补 = 2[r]_补 + [-y^*]_补 = 0.1110 + 1.0011 = 0.0001$,结果为正数。

⑪ 商的末位置 1,得商为 0.1011。

数值运算结果与符号结果结合,得

$[x \div y]_原 = 1.1011$

3.3.4 浮点数的加减运算

浮点数与定点数相比,所表示的范围更宽,有效精度更高,更加适合于科学计算。但浮点数的格式比定点数要复杂,硬件电路复杂,实现成本更高。一些微处理器自身不带有浮点运算功能,但另外配有协处理器,专门用于浮点数的四则运算。

在 3.2 节讨论了浮点数在机器中的表示方法。阶码 E 一般为整数,采用补码或移码方式表示;浮点数的规格化要求尾数 F 的绝对值应该限定在区间 $[0.5,1]$,采用原码或补码方式表示。设有两浮点数 x 和 y 进行加减运算时,必须按以下几步执行:

1. 对阶

使 x 和 y 的小数点位置对齐,才可以进行加减操作。

由于阶码不同,x 和 y 的尾数的对应位所代表权值是不同的。加减操作前,必须将 x 和

y 的小数点位置对齐,也就是使 x 和 y 的阶码相等。对阶的原则是阶码小的数进行调整,打破浮点数规格化要求,使两个数的阶码相等。例如:

设二进制浮点数 $x = 101.1$ 和 $y = 1.011$,如果要执行 $x + y$,首先看 x 和 y 在计算机中用 $N = 2^E \times F$ 的形式表示,使用规格化形式

$$x = 2^3 \times 0.101100$$
$$y = 2^1 \times 0.101100$$

x 和 y 的阶码分别为 3 和 1,尾数不能直接相加。按照阶码小的数向阶码大的数对齐原则,调整后的 y 表示为

$$y = 2^3 \times 0.001011$$

2. 尾数加减

将对阶后的两尾数按定点加减运算规则进行操作。尾数的加减运算一般使用变形补码的加减运算方式来实现。

继续上面的例子,x 和 y 对阶完成后,尾数就可以进行加运算:

$$[0.101100]_{补'} = 00.101100$$
$$[0.001011]_{补'} = 00.001011$$

$[0.101100 + 0.001011]_{补'} = [0.101100]_{补'} + [0.001011]_{补'} = 00.101100 + 00.001011 = 00.110111$

3. 规格化

为增加有效数字的位数,提高运算精度,必须将求和(差)后的尾数规格化。规格化又分为左规和右规两种:

① 左规。当尾数的变形补码加减运算结果出现 $00.0 \times \times \cdots \times$ 或 $11.1 \times \times \cdots \times$ 时,说明加减操作无溢出,并且,最高数值位表明,尾数不符合规格化要求,需左规。左规时尾数左移一位,阶码减 1,直到符合补码规格化表示式为止,即结果为 $00.1 \times \times \cdots \times$ 或 $11.0 \times \times \cdots \times$。

② 右规。当尾数出现 $01. \times \times \cdots \times$ 或 $10. \times \times \cdots \times$ 时,表示尾数的变形补码加减运算结果溢出。这在定点加减运算中是不允许的,但在浮点运算中不算溢出,可通过右规处理后继续使用。右规时尾数右移一位,阶码加 1。

继续上面的例子,执行完尾数加减操作后,$x + y$ 的结果为

$$z = 2^3 \times 0.110111$$

结果符合规格化要求,所以 $x + y$ 的结果即为上式。用实数方式表示为 $x + y = (110.111)_2$。

例 3-60 两浮点数 $x = 2^{+010} \times 0.110100$,$y = 2^{+100} \times (-0.101010)$,求 $x + y$。

解:阶码取 3 位,尾数取 6 位(均不包括符号位),设阶码和尾数均采用补码表示方式,机器表示的形式分别为

$$[x]_补 = 0010\ 0110100$$
$$[y]_补 = 0100\ 1010110$$

第一步,对阶。先求阶差(两阶码的补码相减),减去正数补码 0100 就是加负数补码 1100,使用变形补码方式执行:

```
  0 0 0 1 0
+1 1 1 0 0
  1 1 1 1 0
```

结果的真值为 -2,即 x 的阶码比 y 的阶码小 2。$[x]_{补}$ 的阶码增大成 0100,尾数右移两位,即 $[x]_{补} = 0100\ 0001101$。

第二步,尾数以变形补码形式相加。

```
  0 0.0 0 1 1 0 1
+1 1.0 1 0 1 1 0
  1 1.1 0 0 0 1 1
```

相加结果为 0100 1100011。

第三步,规格化:

最高有效位与符号位相同,需要左规,尾数左移一位,阶码减 1,结果为

$[x+y]_{补} = 0011\ 1000110$,即 $x+y = 2^{+011} \times (-0.111010)$。

4. 舍入

在对阶和右规的过程中,可能会将尾数的低位丢失,引起误差,影响了精度,为此可用舍入法来提高尾数的精度。常用的舍入方法有三种:截去法、"恒置 1"法和"0 舍 1 入"法。

截去法最简单,不用考虑右移操作导致被丢掉的数据,直接丢弃。

"恒置 1"法也不考虑右移操作导致被丢掉的数据,而是直接将右移操作后的末位恒置"1"。从统计学角度看,"恒置 1"法的平均误差为 0,与截去法相比,有更高的可能性使结果更加准确。

"0 舍 1 入"法类似于十进制运算中的"四舍五入"法,即在尾数右移时,如果被移去的数值最高位为 0,则直接舍去;如果被移去的数值最高位为 1,则在新尾数的末位加 1。这种方法可以保证最大误差在最低位上的 $-1/2 \sim 1/2$ 之间,正误差可以和负误差抵消,是比较理想的方法,但实现起来比较复杂。并且有可能使尾数又溢出,如果溢出则需要再做一次右规。

例 3-61 两浮点数 $x = 2^{+10} \times 0.1101, y = 2^{+01} \times 0.1011$,求 $x+y$,舍入用"0 舍 1 入"法。

解: 阶码取 3 位,尾数取 4 位(均不包括符号位),设阶码和尾数均采用补码表示方式,机器表示的形式分别为

$$[x]_{补} = 0010\ 01101$$
$$[y]_{补} = 0001\ 01011$$

第一步,对阶。先求阶差(两阶码的补码相减)。减去正数补码 0001 就是加负数补码 1111,使用变形补码方式执行:

```
  0 0 0 1 0
+1 1 1 1 1
1 0 0 0 0 1
```

结果的真值为 1,即 x 的阶码比 y 的阶码大 1。$[y]_{补}$ 的阶码增大成 10,尾数右移一位,得 00101。根据"0 舍 1 入"法可知,尾数被移去一位,该位为 1,所以尾数右移一位后末位要加 1,即 $00101 + 00001 = 00110$,得此时 $[y]_{补} = 0010\ 00110$。

第二步,尾数以变形补码形式相加。

```
  0 0.1 1 0 1
+0 0.0 1 1 0
  0 1.0 0 1 1
```

第三步，规格化。

因尾数符号位为01，需要右规(尾数右移1位，阶码加1)，右移后的尾数结果为：01001。根据"0舍1入"法可知，尾数被移去一位，该位为1，所以尾数右移一位后末位要加1，即01010，得$[x+y]_{补}$=0011 01010。

3.3.5 浮点数的乘法和除法运算

按照数学运算公式，两个浮点数相乘，乘积的阶码等于两个乘数的阶码之和，乘积的尾数等于两个乘数的尾数的相乘；两个浮点数相除，商的阶码等于被除数的阶码减去除数的阶码，商的尾数等于被除数的尾数除以除数的尾数。设浮点数 x 和 y 分别为

$$x = 2^{Ex} \times F_x$$
$$y = 2^{Ey} \times F_y$$

则

$$x \times y = 2^{(Ex+Ey)} \times (F_x \times F_y)$$
$$x \div y = 2^{(Ex-Ey)} \times (F_x \div F_y)$$

一般乘除法运算之前，首先会检测能否简化操作。例如，检测乘法(除法)是否有乘数(被除数)为0，如果有乘数(被除数)为0，乘积(商)必为0。

从数学运算公式就可以看出，浮点数的乘法和除法主要包含两组定点运算，分别为定点整数的阶码加减运算和定点小数的尾数乘除运算。尤其是除法运算中的尾数除法运算，要注意被除数尾数的绝对值是否小于除数尾数的绝对值，以确保商的尾数为小数。如果不是，则需要调整阶码，将被除数尾数右移一位，阶码加1，然后再执行除法运算。

最后，乘除运算过程也要考虑规格化和舍入问题，以及溢出问题，尤其是阶码加减运算比较容易产生溢出。

●●●● 3.4 字符的表示 ●●●●

计算机中最常处理的数据信息除了数值数据外，还有人类交流的语言，也就是文字。所谓文字就是一些记录信息的图像符号，也称字符，因此字符信息在机器中的表示是不可缺少的。然而，不同国家和民族所使用的字符各不相同，计算机中如何表示这些不同的字符呢？

在计算机中是通过字符编码的方式来表示这些字符的。计算机中存储的信息都是用二进制数表示的，而从屏幕上看到的英文、汉字等字符是二进制数转换之后的结果。通俗地说，按照何种规则将字符存储在计算机中，如"a"用什么表示，称为"编码"；反之，将存储在计算机中的二进制数解析显示出来，称为"解码"，如同密码学中的加密和解密。在解码过程中，如果使用了错误的解码规则，则导致"a"解析成"b"或者乱码。

所以，字符编码就是一些约定，使用指定的机器整数的集合来表示某个字符集，其中每个机器整数代表一个字符，从而实现字符信息的记录和传递。并且，不同的编码取值范围不同，所能表示的字符集也有所不同。

3.4.1 ASCII 码

ASCII(American standard code for information interchange,美国信息交换标准码)是一种使用 7 bit 或 8 bit 二进制位进行编码的方案。ASCII 码于 1968 年被提出,用于在不同计算机硬件和软件系统中实现数据传输标准化。在大多数的小型机和全部的个人计算机都使用此码。该编码后来被国际标准化组织(ISO)采纳而成为一种国际通用的信息交换标准代码,即国际 5 号码。ASCII 码最初采用 7 bit 进行编码,一共有 2^7(128)种编码,从 00000000 到 11111111 可以表示 128 个不同的字符。现扩充为 8 bit 编码,最多可以给 256 个字符(包括字母、数字、标点符号、控制字符及其他符号)分配或指定数值。所以 ASCII 码划分为两个集合:128 个字符的标准 ASCII 码和附加的 128 个字符的扩充 ASCII 码。

基本的 ASCII 字符集共有 128 个字符,见表 3-8。对应的 ISO 标准为 ISO 646 标准。这 128 个字符又可以分为两类:可显示/打印字符 95 个和控制字符 33 个。所谓可显示/打印字符是指包括 0~9 十个数字符,a~z、A~Z 共 52 个英文字母符号,"+""-""≠""/"等运算符号,"。""?"",";"等标点符号,"#""%"等商用符号在内的 95 个可以通过键盘直接输入的符号,它们都能在屏幕上显示或通过打印机打印出来。控制字符是用来实现数据通信时的传输控制、打印或显示时的格式控制,以及对外部设备的操作控制等特殊功能。这 33 个控制字符都是不可直接显示或打印(即不可见)的字符。如编码为 7DH(最后一个字母 H 表示前面的 7D 用十六进制表示)的 DEL 用作删除操作,编码为 07H 的 BEL 用作响铃控制等。

其中,字母和数字的 ASCII 码的记忆是非常简单的。只要记住了一个字母或数字的 ASCII 码(例如记住 A 的 ASCII 码为 65,0 的 ASCII 码为 48),知道相应的大小写字母之间差 32,就可以推算出其余字母、数字的 ASCII 码。

表 3-8 标准 ASCII 码对照表

ASCII 值	控制字符	ASCII 值	控制字符	ASCII 值	控制字符	ASCII 值	控制字符
0	NUT	12	FF	24	CAN	36	$
1	SOH	13	CR	25	EM	37	%
2	STX	14	SO	26	SUB	38	&
3	ETX	15	SI	27	ESC	39	'
4	EOT	16	DLE	28	FS	40	(
5	ENQ	17	DC1	29	GS	41	)
6	ACK	18	DC2	30	RS	42	*
7	BEL	19	DC3	31	US	43	+
8	BS	20	DC4	32	(space)	44	,
9	HT	21	NAK	33	!	45	-
10	LF	22	SYN	34	"	46	.
11	VT	23	ETB	35	#	47	/

续表

ASCII 值	控制字符	ASCII 值	控制字符	ASCII 值	控制字符	ASCII 值	控制字符
48	0	68	D	88	X	108	l
49	1	69	E	89	Y	109	m
50	2	70	F	90	Z	110	n
51	3	71	G	91	[	111	o
52	4	72	H	92	\	112	p
53	5	73	I	93	]	113	q
54	6	74	J	94	^	114	r
55	7	75	K	95	_	115	s
56	8	76	L	96	`	116	t
57	9	77	M	97	a	117	u
58	:	78	N	98	b	118	v
59	;	79	O	99	c	119	w
60	<	80	P	100	d	120	x
61	=	81	Q	101	e	121	y
62	>	82	R	102	f	122	z
63	?	83	X	103	g	123	{
64	@	84	T	104	h	124	|
65	A	85	U	105	i	125	}
66	B	86	V	106	j	126	~
67	C	87	W	107	k	127	DEL

虽然标准 ASCII 码是 7 位编码,但由于计算机基本处理单位为字节(1 B = 8 bit),所以一般仍以一个字节来存放一个 ASCII 字符。每一个字节中多余出来的一位(最高位)在计算机内部通常保持为 0(在数据传输时可用作奇偶校验位)。

由于标准 ASCII 字符集字符数目有限,在实际应用中往往无法满足要求。为此,国际标准化组织 ISO 又制定了 ISO2022 标准,它规定了在保持与 ISO646 兼容的前提下,将 ASCII 字符集扩充为 8 位代码的统一方法。ISO 陆续制定了一批适用于不同地区的扩充 ASCII 字符集,每种扩充 ASCII 字符集分别可以扩充 128 个字符,这些扩充字符的编码均为高位为 1 的 8 位代码(即十进制数 128~255),称为扩展 ASCII 码。

3.4.2 Unicode 码

1. Unicode 码简介

最初,计算机技术起源和发展主要是在欧美发达国家,这使得 ASCII 码非常流行。ASCII 码对英语来说简单实用,但是无法表示其他国家的语言字符。随着计算机应用的普及,ASCII 码已经不能满足全世界其他语言国家的需求,于是 Unicode 编码字符集应运而生。

Unicode 码中文名叫万国码,创立之初(1991 年)便是希望能够定制一套可以容纳所有文字、符号的符号集合。最初,Unicode 码被设计为 16 bit 的字符编码。Unicode 码的基本思路是将每个字符和符号赋予一个永久、唯一的 16 位值,叫作码点。值得注意的是,最初的 Unicode 码和 ASCII 码的第一个区别是 Unicode 码规定每个字符长度为 16 位,而 ASCII 码只有 8 位。这样,Unicode 码一共能够提供 65 536 个码点,为 Unicode 码容纳更多的语言字符提供了可能,其中就包括了汉字的编码。

然而,这样的 16 bit 编码所能产生的字符数 65 536 虽然比 ASCII 码的 256 有很大的增加,但是还不足以表示世界上所有的字符。因此,Unicode 码后又进行了扩展,从 0 开始,一直到 0x10FFFF(以 0x 开头的数代表使用十六进制计数)共 1 114 112 个数字。每一个数字映射一个符号。现在把[0,0x10FFFF]这个大区段等分成 17 个小区段,每个区段有 65 536 个数字。这些区段就叫作平面,共有 17 个平面,然而目前只用了少数平面,见表 3-9。

表 3-9 Unicode 码平面分布

平 面	始末字符值	中 文 名 称	英 文 名 称
平面 0	0x0000 ~ 0xFFFF	基本多文种平面	Basic Multilingual Plane,简称 BMP
平面 1	0x10000 ~ 0x1FFFF	多文种补充平面	Supplementary Multilingual Plane,简称 SMP
平面 2	0x20000 ~ 0x2FFFF	表意文字补充平面	Supplementary Ideographic Plane,简称 SIP
平面 3	0x30000 ~ 0x3FFFF	表意文字第三平面（未正式使用）	Tertiary Ideographic Plane,简称 TIP
平面 4 至平面 13	0x40000 ~ 0xDFFFF	（尚未使用）	—
平面 14	0xE0000 ~ 0xEFFFF	特别用途补充平面	Supplementary Special-purpose Plane,简称 SSP
平面 15	0xF0000 ~ 0xFFFFF	保留作为私人使用区（A 区）	Private Use Area-A,简称 PUA-A
平面 16	0x100000 ~ 0x10FFFF	保留作为私人使用区（B 区）	Private Use Area-B,简称 PUA-B

在 Unicode 5.0.0 版本中,已定义的码位只有 238 605 个,分布在平面 0、平面 1、平面 2、平面 14、平面 15、平面 16。其中,平面 15 和平面 16 上只定义了两个各占 65 534 个码位的专用区,分别是 0xF0000 ~ 0xFFFFD 和 0x100000 ~ 0x10FFFD。所谓专用区,就是保留给大家放自定义字符的区域,简写为 PUA。

平面 0 也有一个专用区:0xE000 ~ 0xF8FF,有 6 400 个码位。平面 0 的 0xD800 ~ 0xDFFF,共 2 048 个码位,是一个被称作代理区(Surrogate)的特殊区域,用于和 UTF-16 进行转换。该部分内容在下面讲述 UTF-16 时会详细介绍。

如前所述在 Unicode 5.0.0 版本中,余下的 99 089 个已定义码位 238 605 − 65 534 × 2 − 6 400 − 2 048 = 99 089 分布在平面 0、平面 1、平面 2 和平面 14 上,它们对应着 Unicode 定义的 99 089 个字符,其中包括 71 226 个汉字。平面 0、平面 1、平面 2 和平面 14 上分别定义了 52 080、3 419、43 253 和 337 个字符。平面 2 的 43 253 个字符都是汉字。平面 0 上定义了 27973 个汉字。

例如,在 Unicode 中,汉字"字"对应的数字是 23 383(十进制),十六进制表示为

0x5B57。在 Unicode 中,有很多方式将数字 23 383 表示成程序中的数据,包括:UTF-8、UTF-16、UTF-32。UTF 是 unicode transformation format 的缩写,译为 Unicode 字符集转换格式,即怎样将 Unicode 定义的数字转换成程序数据。

事实上,现在的计算机中的字符和字符串,并不是直接以 Unicode 码存储的,而是使用上述 UTF-8、UTF-16、UTF-32 三种方式进行转换后再存储。原因是直接使用 Unicode 码会导致较严重的效率问题。下面举例说明:

Unicode 的最小编码是 +0x00,而最大值是 +0x10FFFF,长度不确定,所以在计算机存储时,就需要确定多少位表示一个符号。例如,字符串" a 中",它的 Unicode 码是 0x00614E2D,换算成二进制就是 0000 0000 0110 0001 0100 1110 0010 1101,假设我们采用 16 位(2 B)表示一个 Unicode 符号,那么在计算机中,符号 a 就要存储成 0000 0000 0110 0001,这样的情况中文还好,但是英文就会很浪费存储空间。当数据需要在网络上传输或者需要压缩、进行数据库处理时,存储体积越小越好,所以当前计算机中不直接存储 Unicode 码。

2. UTF-8 编码

UTF-8 以字节为单位对 Unicode 进行编码。从 Unicode 到 UTF-8 的编码方式见表 3-10。

表 3-10 从 Unicode 到 UTF-8 的编码方式

Unicode 编码(十六进制)	UTF-8 字节流(二进制)	占用字节数
00000000 ~ 0000007F	0xxxxxxx	1
00000080 ~ 000007FF	110xxxxx 10xxxxxx	2
00000800 ~ 0000FFFF	1110xxxx 10xxxxxx 10xxxxxx	3
00010000 ~ 001FFFFF	11110xxx 10xxxxxx 10xxxxxx 10xxxxxx	4
00200000 ~ 03FFFFFF	111110xx 10xxxxxx 10xxxxxx 10xxxxxx 10xxxxxx	5
04000000 ~ 7FFFFFFF	1111110x 10xxxxxx 10xxxxxx 10xxxxxx 10xxxxxx 10xxxxxx	6

编码规则:对于单字节符号,UTF-8 编码首位为 0,其余各位填充 Unicode 即可;对于 n 字节符号,UTF-8 编码首字节前 n 位全为 1,第 $n+1$ 位为 0,其余各字节前 2 位为 10,余下的位置填充 Unicode 码即可。目前,UTF-8 编码长度最大为四个字节,所以最多只能表示 Unicode 编码值的二进制数为 21 位的 Unicode 字符。但是,已经能表示当前所有的 Unicode 字符,因为 Unicode 的最大码位 0x10FFFF 也只有 21 位。五字节和六字节 UTF-8 属于 UCS-4 的扩展内容。

UTF-8 的特点:它是一个可变长度的字符编码。对于 0x00 ~ 0x7F 之间的字符,UTF-8 编码与 ASCII 编码完全相同。UTF-8 编码的最大长度是 6 字节,字符所占用的内存空间大小为 1 字节到 6 字节不等。从表 3-10 可以看出,6 字节模板有 31 个"x",即可以容纳 31 位二进制数字。Unicode 的最大码位 0x7FFFFFFF 也只有 31 位。

例如,"汉"字的 Unicode 编码是 0x6C49。0x6C49 在 0x0800 ~ 0xFFFF 之间,使用 3 字节模板:1110xxxx 10xxxxxx 10xxxxxx。将 0x6C49 写成二进制是 0110 1100 0100 1001,用这个比特流依次代替模板中的"x",得到:11100110 10110001 10001001,即 0xE6B189。

3. UTF-16 编码

UTF-16 编码以 16 位无符号整数为单位。Unicode 字符的码位需要一个或者两个十六位二进制数来表示，因此 UTF-16 也是一个可变长度的字符编码。通常把 Unicode 编码记作 U，编码规则如下：

（1）如果 $U < 0x10000$，U 的 UTF-16 编码就是 U 对应的 16 位无符号整数。

（2）如果 $U \geq 0x10000$，先计算 $U' = U - 0x10000$，然后将 U' 写成二进制形式：yyyy yyyy yyxx xxxx xxxx，U 的 UTF-16 编码二进制形式就是 110110yyyyyyyyyy 110111xxxxxxxxxx。

从 Unicode 到 UTF-16 的编码方式见表 3-11。

表 3-11 从 Unicode 到 UTF-16 的编码方式

十六进制编码范围	十进制码范围	UTF-16 表示方法（二进制）	字节数量
0x0000 ~ 0xFFFF	0 ~ 65 535	xxxxxxxx xxxxxxxx	2
0x10000 ~ 0x10FFFF	65 536 ~ 1 114 111	110110yyyyyyyyyy 110111xxxxxxxxxx	4

为什么 U' 可以写成 20 个二进制位？Unicode 的最大码位是 0x10FFFF，减去 0x10000 后，U' 的最大值是 0xFFFFF，所以肯定可以用 20 个二进制位表示。

例如，Unicode 编码 0x20C30，减去 0x10000 后，得到 0x10C30，写成二进制是 0001 0000 1100 0011 0000。用前 10 位依次替代模板中的 y，用后 10 位依次替代模板中的 x，就得到二进制编码：1101100001000011 1101110000110000，即 0xD843 0xDC30。

按照上述规则，Unicode 编码 0x10000 ~ 0x10FFFF 的 UTF-16 编码有两个 16 位无符号数，第一个数的高 6 位是 110110，第二个数的高 6 位是 110111。可见，第一个数的取值范围（二进制）是 11011000 00000000 ~ 11011011 11111111，即 0xD800 ~ 0xDBFF。第二个数的取值范围（二进制）是 11011100 00000000 ~ 11011111 11111111，即 0xDC00 ~ 0xDFFF。

为了将一个十六位无符号数的 UTF-16 编码与两个十六位无符号数的 UTF-16 编码区分开来，Unicode 编码的设计者将 0xD800 ~ 0xDFFF 保留下来，并称为代理区，见表 3-12。

表 3-12 Unicode 代理区划分

Unicode 编码范围	英 文 名 称	中 文 名 称
0xD800 ~ 0xDB7F	High Surrogates	高位替代
0xDB80 ~ 0xDBFF	High Private Use Surrogates	高位专用替代
0xDC00 ~ 0xDFFF	Low Surrogates	低位替代

高位替代就是指这个范围的码位是两个十六进制数的 UTF-16 编码的第一个数。低位替代就是指这个范围的码位是两个十六进制数的 UTF-16 编码的第二个数。那么，高位专用替代是什么意思？下面解答这个问题，顺便看一下怎么由 UTF-16 编码推导 Unicode 编码。

如果一个字符的 UTF-16 编码的第一个十六进制数在 0xDB80 ~ 0xDBFF 之间，那么它的 Unicode 编码在什么范围？因为第二个十六进制数的取值范围是 0xDC00 ~ 0xDFFF，所以这个字符的 UTF-16 编码范围应该是 0xDB80 0xDC00 ~ 0xDBFF 0xDFFF。将这个范围写成二进制：

1101101110000000 11011100 00000000 ~ 1101101111111111 1101111111111111

按照编码的相反步骤，取出高低十六进制数的后 10 位，并拼在一起，得到

1110 0000 0000 0000 0000 ~ 1111 1111 1111 1111 1111

即 0xE0000 ~ 0xFFFFF，按照编码的相反步骤再加上 0x10000，得到 0xF0000 ~ 0x10FFFF。这就是 UTF-16 编码的第一个十六进制数在 0xDB80 ~ 0xDBFF 之间的 Unicode 编码范围，即平面 15 和平面 16。因为 Unicode 标准将平面 15 和平面 16 都作为专用区，所以 0xDB80 ~ 0xDBFF 之间的保留码位称作高位专用替代。

UTF-16 比起 UTF-8，优点在于大部分字符都以固定长度的字节（两个字节）存储，0 号平面（包含所有基本的字符）都在此表示范围。但由于 UTF-16 长度至少为两个字节，所以 UTF-16 的缺点是无法相容于 ASCII 编码。

3.4.3 汉字编码

汉字不同于英文，所有的英文单词都是由 26 个英文字符组成，所以 8 bit 的 ASCII 码就可以实现英文字符的编码。而汉字是象形字，数量繁多。1994 年出版的《中华字海》收入了 87019 个汉字。而已经通过专家鉴定的北京国安咨询设备公司的汉字字库，收入有出处的汉字 91 251 个，据称是目前全国最全的字库。

在计算机中使用汉字时，需要涉及汉字的输入、存储、处理、输出等各方面的问题，因此汉字的编码方法种类繁多，曾经被形容为万"码"奔腾，但主要可以分为汉字机内码、汉字输入码、汉字交换码、汉字字型码等。这几类编码的关系如图 3-9 所示。

图 3-9 几类汉字编码的关系

输入汉字时，需要通过键盘上的按键按照一定的汉字输入码进行汉字的输入，并且为了不与英文字符编码产生冲突，需要按照相应的规则将汉字输入码变换成汉字机内码，才能够在计算机内部对汉字进行存储和处理。输入汉字时，如果是送往终端设备或其他汉字系统，还需要把汉字机内码变换成汉字交换码，再进行传送；如果需要显示或打印，则要根据汉字机内码按一定规则到汉字字型库中取出汉字字型码，送往显示器或打印机。

1. 汉字输入码

汉字输入码也称外码，是为将汉字输入到计算机设计的代码。汉字输入码种类较多，选择不同的输入码方案，则输入的方法及按键次数、输入速度均有所不同。综合起来，汉字输入码可分为流水码、拼音类输入码、拼形类输入码和音形结合类输入码几大类，最常用的是拼音码和字型码。

对于中文字符，仅有机内码是不够的。数字编码的特点是一字一码，无重码，编码长，且易和内部编码进行转换，但记忆各个汉字的编码是一件极其艰巨的任务，非专业人员很难使用。拼音码用每个汉字的汉语拼音符号作为汉字的输入编码。这种编码很容易学会使用，

无须额外记忆,使用人员的负担小,所以成为最常用的一种方法,但是由于汉字同音字太多,重码率高,所以输入速度很难提高。

字型码以汉字的形状特点为每个汉字进行编码。最受欢迎的一种字型编码方法是五笔字型编码,是依据汉字的笔画特征将基本笔画分为点、横、竖、撇、折5类并分别赋予代号,另外根据汉字的结构特征把汉字分为上下型、左右型、包围型、单体型4种字型,分别赋予代号。汉字的五笔字型编码就是依据其组成部件和结构特征进行编码,其输入能达到很高的速度。

2. 汉字机内码

汉字机内码,又称"汉字 ASCII 码",简称"内码",指计算机内部存储、处理加工和传输汉字时所用的由0和1符号组成的代码。输入码被接收后由汉字操作系统的"输入码转换模块"转换为机内码,与所采用的键盘输入法无关。机内码是汉字最基本的编码,不管是什么汉字系统和汉字输入方法,输入的汉字输入码到机器内部都要转换成机内码,才能被存储和进行各种处理。

3. 汉字交换码

汉字交换码是指不同的具有汉字处理功能的计算机系统之间在交换汉字信息时所使用的代码标准。自国家标准 GB/T 2312 公布以来,我国一直沿用该标准所规定的国标码作为统一的汉字信息交换码。

《信息交换用汉字编码字符集基本集》是由中国国家标准总局1980年发布,1981年5月1日开始实施的一套国家标准,标准号是 GB/T 2312—1980。

GB/T 2312 将代码表分为94个区,对应第一字节;每个区94个位,对应第二字节,两个字节的值分别为区号值和位号值加32(0x20),因此也称为区位码。01~09区为符号、数字区,16~87区为汉字区,10~15区、88~94区是有待进一步标准化的空白区。GB/T 2312 将收录的汉字分成两级:第一级是常用汉字3755个,置于16~55区,按汉语拼音字母/笔形顺序排列;第二级汉字是次常用汉字3008个,置于56~87区,按部首/笔画顺序排列。GB/T 2312 最多能表示6 763 个汉字。

4. 汉字字形码

汉字字形码又称汉字字模,用于记录汉字的外形,应用场合为向显示屏或打印机输出。汉字字形码通常有两种表示方式:点阵法和矢量法。

用点阵表示字形时,汉字字形码指的是这个汉字字形点阵的代码。根据输出汉字的要求不同,点阵的多少也不同。简易型汉字为 16×16 点阵,提高型汉字为 24×24 点阵、32×32 点阵、48×48 点阵等。点阵规模越大,字形越清晰美观,所占存储空间也越大。图 3-10 所示为汉字"次"的 16×16 点阵字形码。编码方式很简单,即共有 $16 \times 16 = 256$ 位来分别代表点阵中的每一个点位,置1表示该点位显示,置0表示该点位不显示,所以一个 16×16 点阵的汉字字形码需要32字节内存空间。同理,一个 24×24 点阵的汉字字形码需要72字节内存空间。由此可见,汉字字型点阵的信息量很大,占用存储空间也非常大。

矢量表示方式存储的是描述汉字字形的轮廓特征,当要输出汉字时,通过计算机的计算,由汉字字形描述生成所需大小和形状的汉字点阵。矢量化字形描述与最终文字显示的大小、分辨率无关,因此可以产生高质量的汉字输出。Windows 中使用的 TrueType 技术就是汉字的矢量表示方式。

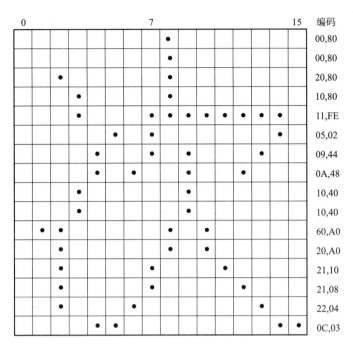

图 3-10 字型码举例

●●●● 3.5　其他常用数据信息编码 ●●●●

3.5.1　声音编码

声音信息是对声音的模拟记录。模拟声音在时间上是连续的,而以数字表示的声音是一个数据序列,在时间上只能是间断的,因此当把模拟声音变成数字声音时,需要每隔一个时间间隔在模拟声音波形上取一个幅度值,称为采样,该时间间隔为采样周期(其倒数为采样频率)。由此看出,数字声音是一个数据序列,它是由模拟声音采样、量化和编码后得到的。

1. MIDI

MIDI(musical instrument digital interface,乐器数字接口)是音乐与计算机结合的产物,泛指数字音乐的国际标准,始创于 1982 年。MIDI 采用数字方式对乐器所奏出的声音进行记录,然后播放这些音乐时使用调频(FM)音乐合成技术或采用波表将记录合成。标准的多媒体 PC 平台能够通过内部合成器或连到计算机 MIDI 端口的外部合成器播放 MIDI 文件。利用 MIDI 文件演奏音乐,所需的存储量最少,如演奏两分钟乐曲的 MIDI 文件只需要不到 8 KB 的存储空间。

2. WAVE

WAVE 格式记录了声音的波形,其采样率高、采样字节长、机器速度快,利用该格式记录的声音文件能够和原声基本一致。WAVE 可以不对数据进行压缩,所以存储的文件体积非常大。

3. MOD

该格式及播放器起源于20世纪80年代初,原是作为"软声卡"问世的,利用Modplayer可以通过机器自带扬声器或LPT口自制"声卡"直接播放乐曲。MOD只是这类音乐文件的总称,因为最初的文件扩展名为MOD,后来逐渐发展产生了ST3、XT、S3M、FAR、669等扩展格式,而其基本原理是一样的。该格式的文件里不仅存放了乐谱(最初只能支持4个声道,现在已有16甚至32个声道的文件及播放器),而且存放了乐曲使用的各种音色样本。

4. MP3

MP3是一种有损压缩格式,它压缩了人耳不敏感的部分,压缩程度较大,但对音质影响并不是很明显。在网络、可视电话通信方面,MP3应用比较广泛。

3.5.2 图像编码

图形(图像)格式大致可以分为两大类:一类为位图;另一类为描绘类、矢量类或面向对角的图形(图像)。前者是以点阵即像素形式描述图形(图像)的,后者是以数学方法描述的由几何元素组成的图形(图像)。一般来说,后者对图像的表达细致、真实,缩小后图形(图像)的分辨率不变,在专业级的图形(图像)处理中运用较多。

图形(图像)的主要指标为分辨率、色彩数与灰度。分辨率一般有屏幕分辨率和输出分辨率两种,前者用每英寸行数与列数表示,数值越大,图形(图像)质量越高;后者衡量输出设备的精度,以每英寸的像素点数表示,数值越大越好。常见的色彩位表示一般有2位、4位、8位、16位、24位、32位几种。图形(图像)是16位图像,即为2的16次方,共可表现65 536种颜色。当图形(图像)达到24位时,可表现1 677万种颜色,即真彩。比较有代表性的图形编码方式有如下几种:

1. BMP

BMP(bit map picture)是PC上最常用的位图格式,有压缩和不压缩两种形式,它是Windows中附件内的绘画小应用程序的默认图形格式,一般PC图形(图像)软件都能对其进行访问。以BMP格式存储的文件容量较大。

2. PCX

PCX(PC paintbrush exchange)是由Zsoft公司创建的一种经过压缩且节约磁盘空间的PC位图格式,最高可表现24位图形(图像)。

3. GIF

GIF(graphics interschange format)是在各种平台的各种图形处理软件上均可处理的经过压缩的图形格式。它是可以在Macintosh、IBM等机器间进行移植的标准位图格式,该格式存储色彩最高只能达到256种。由于存在这种限制,除了二维图形软件AnimatorPro和网页还使用它之外,其他场合已很少使用。

4. TGA

TGA(targe image format)是True vision公司为其显卡开发的图形文件格式,创建时期较早,最高色彩数可达32位。这种图像格式可以做出不规则图形、图像文件,能表示圆形、菱形甚至镂空的图像。

5. JPEG

JPEG(joint photographic experts group)图片以24位颜色存储单个位图。JPEG是与平台

无关的格式,有损压缩比率可以高达 100∶1。JPEG 格式可在 10∶1~20∶1 的比率下轻松地压缩文件,而图片质量损耗很小,几乎无差别。JPEG 压缩可以很好地处理写实摄影作品,但是对于颜色较少、对比级别强烈、实心边框或纯色区域大的较简单的作品,JPEG 压缩无法提供理想的结果。

3.6 数据校验

数据校验就是为了保证数据的完整性。数据在计算机系统内存储或传送过程中,受环境影响、通信链路干扰等多种因素影响,可能会产生不可避免的错误。例如,由于数据传输过程中的电磁干扰,原来的高电平被解析为低电平,将 1 误传为 0。为减少和避免该类错误,一方面需要从硬件上改进设备的可靠性,增强抗干扰能力,降低误码率;另一方面还应该有手段对数据进行验证,能够发现并定位可能出现的错误,提示发送端重新发送或纠正错误。

数据校验的最常用方式就是采用冗余信息的方式:发送方用一种约定的算法对原始数据计算出的一个校验值,称为校验码。在原始数据中加入校验码,发送给接收方。接收方拿到数据包后,截取数据包中的校验码和原始数据,然后用同样的算法计算一次校验码,与截取到的校验码进行比较。如果相同,则认定数据是完整无误的;如果不同,则根据算法规则分析、定位或纠正错误。

为了判断一种校验码码制的冗余程度,并判断它的查错能力和纠错能力,提出了"码距"的概念:由若干位代码组成一个字,称为码字。一种编码体制中可以很多码字,可将两个不同码字逐位进行比较,代码不同位的个数称为这两个码字间的"距离"。在一种码制中,任何两个码字之间的距离都不同,这些距离值中最小的距离就称为这种码制的"码距"。从定义可知,码距的值最小为 1。而校验码的目的就是为了扩大码距,通过校验规律来识别错误代码。

扩大码距有什么好处?举例说明:前面讲到的 8421 码是 BCD 码的一种,0000 和 0001 之间的距离为 1,所以 8421 码的码距为 1,即码距值最小为 1。接收方只能区分两个合法码字的不同,不具备查错和纠错能力。例如,如果接收方从发送方得到一个 8421 码 0001,接收方无法判断它是无误的 0001,还是高位出错的 1001。

如果在数据后加入奇偶校验位,就算两个原始数据之间只有 1 位不同,那么它们的奇偶校验位一定也会不同。所以,加入奇偶校验后,两个不同码字之间的距离至少为 2,即奇偶校验码的码距为 2。所以,奇偶校验具有一定的查错能力。但码距为 2 的奇偶校验码只能查出部分错误,还不足以实现纠错功能。如果想要查出更多可能的错误,并拥有纠错能力,则需要用到码距更大的校验方式。

常用的数据校验方法有很多,分别适用于不同的场合和拥有不同的查错、纠错能力。下面讲解几种常见的数据校验方法。

3.6.1 奇偶校验

奇偶校验是一种校验数据传输正确性的方法,是一种最简单也是应用最广泛的一种校验方法。奇偶校验法是在数据传输前,在数据位后面或者前面附加一位奇偶校验位,用来保证传输的数据(包括数据位和校验位)中"1"的个数是奇数或偶数,接收方根据接收到的数据中"1"的个数是奇数或偶数来判断数据传输正确性的一种校验方法。采用奇数的称为奇校验,反之,称为偶校验。采用何种校验需要事先规定好。

以奇校验为例,校验位的产生规则为:遍历有效数据中的所有数据位,当有效数据中"1"的个数为奇数时,校验位置为"0";当有效数据中"1"的个数为偶数时,校验位置为"1"。总结为一句话,采用奇校验的数据(包括有效数据和校验位)中,"1"的个数永远为奇数个。

例 3-62 设二进制有效数据为 10101101,问加入奇校验位或偶校验位后的完整数据是什么?

解:有效数据 10101101 中"1"的个数为 5,是奇数。所以如果是奇校验,校验位应为 0;如果是偶校验,校验位应为 1,得

有效数据:10101101。

奇校验完整数据:101011010。

偶校验完整数据:101011011。

例 3-63 设二进制有效数据为 10110100,问加入奇校验位或偶校验位后的完整数据是什么?

解:有效数据中"1"的个数为 4,是偶数。所以如果是奇校验,校验位应为 1;如果是偶校验,校验位应为 0,得

有效数据:　　　　10110100

奇校验完整数据:　101101001

偶校验完整数据:　101101000

奇偶校验既可以使用软件编程方式实现,也可以使用硬件电路方式实现。由于奇偶校验硬件电路实现简单,且能够有效提高效率,多使用硬件电路方式。图 3-11 所示为采用异或门实现的 8 bit 位数据奇偶校验的生成和校验电路。

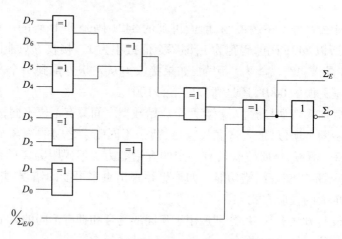

图 3-11　异或门实现的奇偶校验器

电路由若干异或门组成的结构,同时实现了"奇形成""奇校错""偶形成""偶校错"4 项功能。将 8 位代码 D_7 到 D_0 分别输入,校验位输入 0。则逻辑电路的表达式为

$$\sum\nolimits_E = D_0 \oplus D_1 \oplus D_2 \oplus D_3 \oplus D_4 \oplus D_5 \oplus D_6 \oplus D_7$$

$$\sum\nolimits_O = \overline{\sum\nolimits_E}$$

由表达式可得,

当 $D_7 \sim D_0$ 中有偶数个"1"时,$\sum_E = 0$,$\sum_O = 1$。

当 $D_7 \sim D_0$ 中有奇数个"1"时,$\sum_E = 1$,$\sum_O = 0$。

这样分别实现了"偶形成"和"奇形成"。当进行"偶校错"和"奇校错"时,校验位输入接收到的校验码,当 $\sum_E$ 或 $\sum_O$ 输出 0 时,表示数据正确,反之则表示数据有误。逻辑电路的表达式请读者类比"奇形成"和"偶形成"的公式自行完成。

奇偶校验能够检测出信息传输过程中的部分误码,若有偶数个数据位同时出错,可能无法检测出错误。同时,它不能纠错,也无法定位错误位置。在发现错误后,只能要求重发。但由于其实现简单,并且大部分错误都是由于 1 位数据出错导致的,所以奇偶校验仍得到了广泛应用。例如,RS-232 串行通信协议常使用奇偶校验法对串行数据进行校验。

3.6.2 海明校验

海明校验由 Richard Hamming(理查德·海明)于 1950 年提出,因而得名海明校验。它是目前被广泛采用的一种很有效的校验方法。海明校验只要增加少数几个校验位,就能检测出两位同时出错,也能检测出一位出错并能自动恢复该出错位,称为自动纠错。它实际上是一种多重奇偶校验,其实现原理是在 k 个数据位之外加上 r 个校验位,从而形成一个 $k+r$ 位的新码字,使新码字的码距比较均匀地拉大。将原始数据按照一定规律组织为若干小组,每组安排 1 个校验位,分组进行奇偶校验,各组的检错信息组成一个指误字。指误字不但可以发现出错,还能指出是哪一位出错,为进一步自动纠错提供了依据。

下面介绍海明校验的各个步骤:

1. 海明码的产生

首先,原始数据应该分为几组?如何分组?

设原始数据信息为 k 位,分成 r 组,每组设置一个奇偶校验位,那么共需要设置 r 个奇偶校验位,组成一个 $k+r$ 位的带海明校验码的完整数据。接收方对数据进行校验时,分别对每组进奇偶校验,会生成 r 个校验结果("0"表示正确,"1"表示有误),将 r 个校验结果组合起来,称为一个 r 位的指误字。显然,r 位的指误字一共可以有 2^r 种状态。如果指误字为全 0,表示有效数据和海明校验数据都没有错误,余下的 $2^r - 1$ 种状态用来表示有效数据或海明校验数据(即 $k+r$ 位完整数据)中某一位错误。因此,为了使指误字的 2^r 种状态能够分别表示无误和完整数据中的某一位出错,必须满足下面的关系:

$$2^r - 1 \geqslant k + r$$

即

$$r \leqslant 2^r - 1 - k$$

这样就解决了应该分几组的问题。以 4 位原始数据信息为例,即

$$k = 4$$

如果想要 r 的值满足上述公式,必须使

$$r \geqslant 3$$

所以,分组数应该最小为 $r=3$,也就是说,如果是 4 位原始数据,那么这些数据应该分成为 3 组,同时增设 3 位奇偶校验位。关于原始数据位数 k 和海明校验位数 r 的数量对应关系见表 3-13。

表 3-13 原始数据位数(k)和海明校验位数(r)的数量对应关系

K	r 的最小值	k	r 的最小值
1	2	12 ~ 26	5
2 ~ 4	3	27 ~ 57	6
5 ~ 11	4	58 ~ 120	7

还是以 4 位原始数据信息为例,如何对 4 位原始数据进行分组?设 4 位原始数据为 $B_4B_3B_2B_1$,如果要通过 3 位奇偶校验位找到数据某一位出错,就要求必须通过产生的 3 位指误字的结果分析来确定,分组结果见表 3-14。

表 3-14 7 位海明码($k=4, r=3$)

分组数据	校验位
B_4 B_3 B_2	P_3
B_4 B_3 B_1	P_2
B_4 B_2 B_1	P_1

也就是说,将原始数据 $B_4B_3B_2B_1$ 分为以下三组:($B_4B_3B_2$)、($B_4B_3B_1$) 和 ($B_4B_2B_1$),然后分别为这三组数据产生奇偶校验位 P_3、P_2 和 P_1,以偶校验为例,即

$$P_3 = B_4 \oplus B_3 \oplus B_2$$
$$P_2 = B_4 \oplus B_3 \oplus B_1$$
$$P_3 = B_4 \oplus B_2 \oplus B_1$$

即硬件电路需要 3 位奇偶校验产生电路,以偶校验为例,如图 3-12 所示。

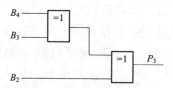

图 3-12 三位原始数据偶校验产生电路

这样的分组方式保证了每一位数据都会至少参加两次奇偶校验。那么,如果两个原始数据中,只有一位不同,由于该位至少参加两组校验,相应的两组校验码也会不同。因此,带海明码的完整数据会有至少三位数据不同,即 $k=4$、$r=3$ 的海明码的码距为 3。

这样有什么作用呢?举例说明:假设原始数据 $B_4B_3B_2B_1$ 中的第二位 B_3 在传输过程中出现错误,那么接收方对三组数据分别进行校验时,会发现针对校验位 P_3 和 P_2 的校验结果为错误,而针对 P_1 的校验结果为正确。分析结果:针对 P_1 的校验结果正确,说明原始数据 B_4、B_2、B_1 正确,而针对 P_3 和 P_2 的校验结果错误,说明(B_4、B_3、B_2)和(B_4、B_3、B_1)中有错误。而这两组数据中共有的数据是 B_4 和 B_3,而针对 P_1 的校验结果已经说明 B_4 正确,所以判断为 B_3 有错。

反过来,接收方收到海明码数据,如果发现针对校验位 P_3 和 P_1 的校验结果为错误,而针对 P_2 的校验结果为正确。分析结果:针对 P_2 的校验结果为正确,说明原始数据 B_4、B_3、B_1 正确。而针对 P_3 和 P_1 的校验结果错误,说明(B_4、B_3、B_2)和(B_4、B_2、B_1)中有错误。而这两组数据中共有的数据是 B_4 和 B_2,而针对 P_2 的校验结果已经说明 B_4 正确,所以判断为 B_2 有错。

校验位本身也有可能出现传输错误。例如,接收方收到海明码数据,校验结果为:针对 P_3 的校验结果为错误,而针对 P_2 和 P_1 的校验结果正确。分析结果:针对 P_2 和 P_1 的校验结果正确说明原始数据位都无错,而 P_3 的校验结果却为错误,校验结果出现矛盾。分析可能情况:第一种可能,传输过程中校验位 P_3 本身出现错误,导致校验结果相互矛盾;第二种可能,原始数据确实有 1 位出现错误,并且 P_2 和 P_1 中至少有 1 个也本身出现错误。从概率上分析,可以认定是第一种可能:P_3 本身错误。

以上分析都是基于一种假设:全部数据中只有一位出现错误。如果多位错误,那么将无法实现定位和纠错。分析可知,码距为 3 的海明码可以用来检测并纠正 1 位错误。

完成对原始数据的分组并为每一组原始数据产生校验位后,将 k 位原始数据和和 r 位校验码进行编码构成 $k+r$ 位的海明码。海明码编码方式规定:设海明码各位的编号从右到左(也可以从左到右)依次为 $1,2,\cdots,k+r$,则校验位 $P_r,P_{r-1},\cdots,P_1$ 所在的位号分别为 2^{r-1},$2^{r-2},\cdots,2^0$,而原始数据按自身的高低位顺序依次放入海明码的其他空位中。继续上面的例子,依据上述编码方式,P_3、P_2 和 P_1 的位置编号应该分别为 4、2 和 1,即海明码的完整顺序应该为 $B_4B_3B_2P_3B_1P_2P_1$。海明码产生后,发送端将数据和校验位按照约定的顺序 $B_4B_3B_2P_3B_1P_2P_1$ 一并传送到接收端。

例 3-64 设原始信息为 1010,编制该数据信息的海明码(使用偶校验)。

解:$B_4B_3B_2B_1=1010$,按照要求将数据分为三组:101、100、110,计算三组偶校验码

$$1 \oplus 0 \oplus 1 = 0$$
$$1 \oplus 0 \oplus 0 = 1$$
$$1 \oplus 1 \oplus 0 = 0$$

分组结果见表 3-15。

表 3-15 4 位原始数据海明校验分组

数　　据	校　验　位
$B_4B_3B_2=101$	$P_3=0$
$B_4B_3B_1=100$	$P_2=1$
$B_4B_2B_1=110$	$P_1=0$

P_3、P_2 和 P_1 在海明码中的位置编号分别为 $2^{3-1}=4$、$2^{2-1}=2$、$2^{1-1}=1$,即原始数据产生的海明码为:1010010。

2. 海明码的校验

接收端收到数据后,将按照约定的分组对原始数据进行奇偶校验。仍以偶校验为例,设针对 P_3、P_2 和 P_1 的校验结果分别为 S_3、S_2 和 S_1:

$$S_3 = B_4 \oplus B_3 \oplus B_2 \oplus P_3$$
$$S_2 = B_4 \oplus B_3 \oplus B_1 \oplus P_2$$
$$S_1 = B_4 \oplus B_2 \oplus B_1 \oplus P_3$$

偶校验器的硬件电路如图 3-13 所示。

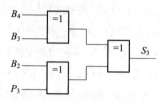

图 3-13 偶校验检验器电路

三位校验结果 $S_3S_2S_1$ 组成的指误字可以表示的状态有下面 8 种：111、110、101、100、011、010、001、000。显然，000 状态表示数据正确，其他的 7 种状态分别表示完整的 7 位海明码数据的某一位出错。指误字分析的结果见表 3-16。

表 3-16 指误字分析结果 ($k=4, r=3$)

$S_3S_2S_1$	111	110	101	100	011	010	001	000
出错位	B_4	B_3	B_2	P_3	B_1	P_2	P_1	无

关于结果分析已经在上述海明码的产生举例中介绍，不再一一分析，请读者自行分析其他所有情况。

3. 海明码的纠错

找到错误后，纠错方法很简单：将出错位变反，即 1 变 0, 0 变 1。

例 3-65 设接收端收到的 7 位海明码为 1010110，将数据分解为原始数据和校验数据，并分析有无错误，如有错误请纠错（使用偶校验）。

解：按照海明码的原始数据位数和校验数据位数的关系，得原始数据位数 $k=4, r=3$。校验位的数据分别在第 $2^{3-1}=4$ 位、$2^{2-1}=2$ 位、$2^{1-1}=1$ 位，得

$$B_4B_3B_2B_1 = 1011$$
$$P_3P_2P_1 = 010$$

分组进行校验，得

$$S_3 = B_4 \oplus B_3 \oplus B_2 \oplus P_3 = 1 \oplus 0 \oplus 1 \oplus 0 = 0$$
$$S_2 = B_4 \oplus B_3 \oplus B_1 \oplus P_2 = 1 \oplus 0 \oplus 1 \oplus 1 = 1$$
$$S_1 = B_4 \oplus B_2 \oplus B_1 \oplus P_3 = 1 \oplus 1 \oplus 1 \oplus 0 = 1$$

指误字为 $S_3S_2S_1 = 011$，分析可得出错位为 B_1 位，得纠错后的原始数据为 $B_4B_3B_2B_1 = 1010$。

3.6.3 循环冗余校验

循环冗余校验（cyclic redundancy check, CRC）是目前在磁介质存储器中应用最广泛的一种校验方法，也是网络通信中最常用的校验方法之一。CRC 是通过给原始数据加上几位校验码，增加整个编码系统的码距，从而使其拥有查错和纠错能力。它的基本原理是：在 k 位原始数据信息后再拼接 r 位的校验码，整个编码长度为 $n=k+r$ 位，因此，这种编码又称 (n,k) 码。对于一个给定的 (n,k) 码，可以证明存在一个最高次幂为 r 的多项式 $G(x)$。根据 $G(x)$ 可以生成原始数据的校验码，而 $G(x)$ 称为这个 CRC 码的生成多项式。

假设发送方的原始数据用多项式 $C(x)$ 表示,将 $C(x)$ 左移 r 位,则可表示成 $C(x) \times 2^r$,这样 $C(x)$ 的右边就会空出 r 位,这就是校验码的位置。然后根据 $C(x)$ 和 $G(x)$ 计算出 r 位的校验码,将原始数据和校验码组成完整的 CRC 码,发送到接收方。接收方根据收到的完整 CRC 码和约定好的 $G(x)$ 计算得出结果来检测和确定错误的位置。

在学习 CRC 码的产生和校验之前,首先需要理解并掌握两个与 CRC 有着密切关系的重要概念,分别是模 2 运算和多项式。

1. 模 2 运算

模 2 运算是一种二进制算法,是 CRC 校验技术中的核心部分。与四则运算相同,模 2 运算也包括模 2 加、模 2 减、模 2 乘、模 2 除 4 种二进制运算。而且,模 2 运算也使用与四则运算相同的运算符,即"+"表示模 2 加,"-"表示模 2 减,"×"或"·"表示模 2 乘,"÷"或"/"表示模 2 除。与四则运算不同的是,模 2 运算不考虑进位和借位,即模 2 加法是不带进位的二进制加法运算,模 2 减法是不带借位的二进制减法运算。这样,两个二进制位进行运算时,这两个位的值就能确定运算结果,不受前一次运算的影响,也不对下一次造成影响。

(1) 模 2 加法

模 2 加运算相当于忽略进位的二进制加法。运算规则:两个二进制数模 2 相加,将两个二进制数中对应位相加,但忽略进位,即相同为 0,不同为 1。等同于两个二进制数对应位分别进行"异或"运算。

$$1 + 1 = 0 + 0 = 0$$
$$1 + 0 = 0 + 1 = 1$$

例 3-66 求二进制数据 1101 和 1010 的模 2 加运算结果。

解:根据模 2 加规则,计算如下

```
  1 1 0 1
+ 1 0 1 0
---------
  0 1 1 1
```

结果为:1101 + 1010 = 0111。

(2) 模 2 减法

模 2 减运算相当于忽略借位的二进制减法。运算规则:两个二进制数模 2 相减,即两个二进制数中对应位相减,但不计借位,即相同为 0,不同为 1。细心的读者会发现,其实两个二进制数的"模 2 加"和"模 2 减"的结果都是一样的,也就是所说的"异或"。

$$1 - 1 = 0 - 0 = 0$$
$$1 - 0 = 0 - 1 = 1$$

例 3-67 求二进制数据 1010 和 0010 的模 2 减运算结果。

解:根据模 2 减规则,计算如下

```
  1 0 1 0
- 0 0 1 0
---------
  1 0 0 0
```

结果为:1010 - 0010 = 1000。

(3) 模 2 乘法

多位二进制模 2 乘法类似于普通意义上的多位二进制乘法,不同之处在于普通乘法累加中间结果(或称部分积)时采用带进位的加法,而模 2 乘法在累加中间结果时依然是模 2

加的法则。

例 3-68 求二进制数据 1011 和 101 的模 2 乘运算结果。

解：根据模 2 乘规则，计算如下

```
       1 0 1 1
     ×   1 0 1
     ─────────
       1 0 1 1
     0 0 0 0
   1 0 1 1
   ─────────
   1 0 0 1 1 1
```

结果为：$1011 \times 101 = 100111$。

(4) 模 2 除

多位二进制数模 2 除法也类似于普通意义上的多位二进制除法，但是在如何确定商的问题上两者采用不同的规则。后者按带借位的二进制减法，根据余数减除数够减与否确定商 1 还是商 0，若够减则商 1，否则商 0。多位模 2 除法采用模 2 减法，不带借位的二进制减法，因此考虑余数够减除数与否是没有意义的。模 2 除法的运算步骤如下：

① 设除数为 r 位，用除数对被除数最高 r 位做模 2 减，商上 1，没有借位。

② 除数右移一位，若余数最高位为 1，商为 1，并对余数做模 2 减。若余数最高位为 0，商为 0，除数继续右移一位。

③ 重复执行步骤②，一直做到余数的位数小于除数时，该余数就是最终余数。

例 3-69 计算模 2 运算：$1100100 \div 1011$ 的结果。

解：根据模 2 除规则，计算如下

```
              1 1 1 0
       ┌───────────────
  1011 │ 1 1 0 0 1 0 0
          1 0 1 1
          ───────
            1 1 1 1
            1 0 1 1
            ───────
              1 0 0 0
              1 0 1 1
              ───────
                1 1 0
```

结果为：商 1110，余数 110。

2. 多项式与生成多项式 $G(x)$

CRC 中，所谓的多项式的表现形式是一个 x 不同次幂相加的多项式。例如：

$$x^4 + x^3 + x^2 + 1$$
$$x^8 + x^7 + x^6 + x^4 + 1$$
$$x^{10} + x^9 + x^8 + x^6 + x^5 + x^3 + 1$$

都是典型的多项式。其实际上就是一个二进制数，多项式和二进制数有直接对应关系：x 的最高幂次对应二进制数的最高位，以下各位对应多项式的各幂次，有此幂次项对应 1，无此幂次项对应 0。可以看出：如果 x 的最高幂次为 m，那么转换成对应的二进制数有 $m+1$ 位。例如，多项式 $G(x) = x^3 + x^2 + 1$，此时 $m = 3$，对应的二进制数有 $m+1 = 4$ 位。另外，由于多项式 $G(x)$ 中没有 x^1，其他幂次都有，所以，该多项式对应的二进制数为 1101。同理：

$$x^4 + x^3 + x^2 + 1 \text{ 即 } 11101$$
$$x^8 + x^7 + x^6 + x^4 + 1 \text{ 即 } 111010001$$

$x^{10} + x^9 + x^8 + x^6 + x^5 + x^3 + 1$ 即 11101101001

反过来由二进制数也可以很方便地求出其多项式的表示形式:

1011 即 $x^3 + x + 1$

10111 即 $x^4 + x^2 + x + 1$

1010000110101 即 $x^{12} + x^{10} + x^5 + x^4 + x^2 + 1$

例 3-70 设二进制数为 $G = 1100101$,求该二进制数的多项式 $G(x)$。

解:由多项式的定义可知,二进制数 G 共有 7 位,所以多项式的最高次幂应该为 6,得

$$G(x) = 1x^6 + 1x^5 + 0x^4 + 0x^3 + 1x^2 + 0x^1 + 1x^0$$
$$= x^6 + x^5 + x^2 + 1$$

CRC 中的生成多项式,是由接收方和发送方约定好的,也就是一个二进制数,在整个传输过程中,这个数始终保持不变。

在发送方,利用生成多项式对信息多项式做模 2 除生成校验码。在接收方利用生成多项式对收到的编码多项式做模 2 除,以检测和确定错误位置。

当然,生成多项式 $G(x)$ 的选取并不是随意的,也不是任何一个多项式都可以作为 CRC 的生成多项式来使用。一个真正的生成多项式必须满足下面一些要求:

首先生成多项式转换为二进制数后,其最高位和最低位必须为 1,即必须以 1 开头,也必须以 1 结尾。例如,多项式 $x^3 + x + 1$ 对应的二进制数为 1011,最高位和最低位均为 1,满足要求;再如,$x^4 + x^3 + x^2$ 对应的二进制数为 11100,以 0 结尾,不满足要求,所以不能作为生成多项式使用。

使用生成多项式对 CRC 码进行校验时,必须保证任何一位数据出错都会导致 CRC 验证结果为有错。并且,不同位出现错误的 CRC 验证结果都不相同,即保证 CRC 验证的结果可以定位错误位置。

将上述这些要求反映为数学关系是比较复杂的,已经超出本书范围,这里不再讨论。当需要时,可以直接从有关资料中查到常用的对应于不同码制的生成多项式,见表 3-17。

表 3-17 对应不同码制常用的生成多项式

CRC 码总长 n	原始数据长度 k	$G(x)$ 多项式	$G(x)$ 二进制码
7	4	$x^3 + x + 1$	1011
7	4	$x^3 + x^2 + 1$	1101
7	3	$x^4 + x^3 + x^2 + 1$	11101
7	3	$x^4 + x^2 + x + 1$	10111
15	11	$x^4 + x + 1$	10011
15	7	$x^8 + x^7 + x^6 + x^4 + 1$	111010001
31	26	$x^5 + x^2 + 1$	100101
31	21	$x^{10} + x^9 + x^8 + x^6 + x^5 + x^3 + 1$	11101101001
63	57	$x^6 + x + 1$	1000011
63	51	$x^{12} + x^{10} + x^5 + x^4 + x^2 + 1$	1010000110101
1041	1024	$x^{16} + x^{15} + x^2 + 1$	11000000000000101

3. CRC 码的生成

在确定了原始数据和校验码的位数,以及生成多项式 $G(x)$ 后,CRC 码的生成步骤如下:

① 将 x 的最高幂次为 r 的生成多项式 $G(x)$ 转换成对应的 $r+1$ 位二进制数。

② 将信息码左移 r 位,相当于对应的信息多项式 $C(x) \times 2^r$。

③ 用生成多项式对左移后的信息码做模 2 除,得到 r 位的余数,如果余数不足 r 位,高位补 0。这 r 位的余数实际上就是所要求的校验码。

④ 将 r 位余数拼到信息码左移后空出的 r 位位置,得到完整的 CRC 码。

例如,假设原始信息为 4 位,使用的生成多项式是 $G(x) = x^3 + x + 1$,4 位的原始数据为 1010。那么生成完整 CRC 码的过程如下:

① 将生成多项式 $G(x) = x^3 + x + 1$ 转换成对应的二进制除数为 1011。

② 约定的生成多项式 $G(x)$ 共有 $(r+1) = 4$ 位,所以,要把原始数据 $C(x)$ 左移 $r=3$ 位,得:$C(x) \times 2^3 = 1010000$。

③ 用生成多项式对应的二进制数对左移 4 位后的原始报文进行模 2 除:

```
           1001
    1011)1010000
         1011
         ────
         1000
         1011
         ────
           11
```

得到商为 1001,余数为 11。余数不足 3 位,高位补 0 得 011。

④ 将 $r = 3$ 位余数拼到信息码左移后空出的 $r = 3$ 位位置:

```
    1010000
+      011
    ───────
    1010011
```

得到完整的 CRC 码 1010011。

例 3-71 选择生成多项式为 $G(x) = x^3 + x + 1$,为 4 位原始数据 1100 生成完整的 CRC 码。

解:生成过程如下。

① 将生成多项式 $G(x) = x^3 + x + 1$ 转换成对应的二进制除数,即 1011。

② 生成多项式 $G(x)$ 对应的二进制除数为 4 位,所以验证码应该为 3 位。即把原始数据 $C(x)$ 左移 3 位,得 $C(x) \times 2^3 = 1100000$。

③ 使用模 2 除法计算:$C(x) \times 2^3 \div G(x)$,得

```
           1110
    1011)1100000
         1011
         ────
          1110
          1011
          ────
           1010
           1011
           ────
             10
```

余数为 10,不足 3 位,高位补 0 得 010。

④将3位余数拼到信息码左移后空出的3位位置中，

$$
\begin{array}{r}
1100000 \\
+010 \\
\hline
1100010
\end{array}
$$

得到完整的CRC码1100010。

4. 校验和纠错

在接收端收到了CRC码后，用生成多项式$G(x)$去做模2除，若得到余数为0，则码字无误。如果有一位出错，则余数不为0，而且不同位出错，其余数也不同。

在前面CRC码的生成部分，以$G(x) = x^3 + x + 1$（即1011），$C(x) = 1010$为例，生成的CRC码为1010011。

假设接收端接收到的数据无误，为1010011，用$G(x)$做模2除，得

$$
\begin{array}{r}
1001 \\
1011\overline{)1010011} \\
1011 \\
\hline
1011 \\
1011 \\
\hline
0
\end{array}
$$

余数为0，校验结果为正确。

还是上面的例子，假设接收端收到的数据有一位错误，如从左到右第二位0改为1，即CRC码为1110011。用$G(x)$做模2除，得

$$
\begin{array}{r}
1100 \\
1011\overline{)1110011} \\
1011 \\
\hline
1010 \\
1011 \\
\hline
111
\end{array}
$$

余数不为0，验证结果表明有错。

可以证明，如果余数不为0，即接收到的数据出错，余数与出错位的对应关系只与码制及生成多项式有关，而与原始数据无关。表3-18给出了$G(x) = 1011, C(x) = 1010$为例的出错模式。读者可以尝试多次改变原始数据$C(x)$，重新进行出错位的验证实验，会发现改变原始数据$C(x)$，不会改变余数与出错位的对应关系。

表3-18　$G(x) = 1011, C(x) = 1010$的出错模式

—	收到的CRC码							余数	出错位
码位	7	6	5	4	3	2	1		
正确	1	0	1	0	0	1	1	000	无
错误	1	0	1	0	0	1	0	001	1
	1	0	1	0	0	0	1	010	2
	1	0	1	0	1	1	1	100	3
	1	0	1	1	0	1	1	011	4
	1	0	0	0	0	1	1	110	5
	1	1	1	0	0	1	1	111	6
	0	0	1	0	0	1	1	101	7

在 $G(x)=1011,C(x)=1010$ 为例的出错模式中,如果循环码有一位出错,用 $G(x)$ 做模 2 除将得到一个不为 0 的余数。如果对余数补 0 继续除下去,将发现一个有趣的结果:各次余数将按表 3-18 顺序循环。例如第一位出错,余数将为 001,补 0 后再除(补 0 后若最高位为 1,则用除数做模 2 减取余;若最高位为 0,则其最低 3 位就是余数),得到第二次余数为 010。以后继续补 0 做模 2 除,依次得到余数为 100、011……反复循环,这就是"循环码"名称的由来。如果在求出余数不为 0 后,一边对余数补 0 继续做模 2 除,同时让被检测的校验码字循环左移,表 3-18 说明,当出现余数(101)时,出错位也移到第 7 位。可通过异或门将它纠正后在下一次移位时送回第 1 位。这样就不必像海明校验那样用译码电路对每一位提供纠正条件。当位数增多时,循环码校验能有效地降低硬件代价,这是它得以广泛应用的主要原因。

例 3-72 设 $G(x)=x^3+x+1$,原始数据为 4 位,接收端接收到的 CRC 码为 1010111。对该数据进行校验并纠错。

解:转换为二进制数 $G(x)=1101$,模 2 除完整 CRC 码,得

```
           1001
      ┌─────────
 1011 │ 1010111
        1011
        ────
         1111
         1011
         ────
          100
```

余数为 100,数据有错,与出错模式比对可知是 CRC 码从右向左第三位出错。将此余数继续补 0 用 $G(x)=1011$ 做模 2 除,同时让码字循环左移,得

```
           10011011
      ┌───────────────
 1011 │ 1010111
        1011
        ────
         1111
         1011
         ────
          1000
          1011
          ────
           1100
           1011
           ────
            1110
            1011
            ────
             101
```

做了 4 次后,得到余数为 101,这时 CRC 码 1010111 也循环左移 4 位,变成 1111010。说明出错位已移到最高位第 7 位,将最高位 1 取反后变成 0111010。再将它循环左移 3 位,补足 7 次,得正确的 CRC 码为 1010011。

在数据通信与网络中,通常原始数据位数 k 相当大,由一千甚至数千数据位构成一帧,而后采用 CRC 码产生 r 位的校验位,r 一般等于 16 或 32。一般情况下,接收端收到 CRC 码后,只负责根据约定的生成多项式 $G(x)$ 检测出错误,而不纠正错误。一旦验证结果为出错,会通知发送端重新发送。标准的 16 位和 32 位生成多项式有:

$$\text{CRC-16}=x^{16}+x^{15}+x^2+1$$

$$\text{CRC-CCITT}=x^{16}+x^{12}+x^5+1。$$

$$\text{CRC-32}=x^{32}+x^{26}+x^{23}+x^{22}+x^{16}+x^{12}+x^{11}+x^{10}+x^8+x^7+x^5+x^4+x^2+x+1$$

习 题

一、选择题

1. 下列数中最小的数为_____。
   A. $(101001)_2$ B. $(52)_8$ C. $(101001)_{BCD}$ D. $(233)_{16}$

2. 下列数中最大的数为_____。
   A. $(10010101)_2$ B. $(227)_8$ C. $(96)_{16}$ D. $(143)_{10}$

3. 若十进制数为 137.5 则相应的八进制数为_____。
   A. 89.8   B. 211.4   C. 211.5   D. 1011111.101

4. 若十六进制数为 A3.5,则相应的十进制数为_____。
   A. 172.5   B. 179.3125   C. 163.625   D. 188.5

5. 若二进制数为 1111.101 ,则相应的十进制数为_____。
   A. 15.625   B. 15.5   C. 14.625   D. 14.5

6. 已知英文字母 a 的 ASCII 码值是十进制数 97,那么字母 d 的 ASCII 码值是_____。
   A. 0x34   B. 0x54   C. 0x24   D. 0x64

7. 如果 x 为负数,由 $[x]_补$ 求 $[-x]_补$ 是将_____。
   A. $[x]_补$ 各值保持不变
   B. $[x]_补$ 符号位变反,其他各位不变
   C. $[x]_补$ 除符号位外,各位变反,末位加 1
   D. $[x]_补$ 连同符号位一起各位变反,末位加 1

8. 若 $[x]_补 = 0.1101010$,则 $[x]_原 = $_____。
   A. 1.0010101   B. 1.0010110
   C. 0.0010110   D. 0.1101010

9. 若 $[x]_补 = 1.1011$,则真值 x 是_____。
   A. -0.1011   B. -0.0101   C. 0.1011   D. 0.0101

10. 若定点整数 64 位,含 1 位符号位,用补码表示,则所能表示的绝对值最大的负数为_____。
    A. -2^{64} B. $-(2^{64}-1)$ C. -2^{63} D. $-(2^{63}-1)$

11. 若采用双符号位补码运算,运算结果的符号位为 01,则_____。
    A. 产生了负溢出(下溢)   B. 产生了正溢出(上溢)
    C. 结果正确,为正数   D. 结果正确,为负数

12. 原码乘法是_____。
    A. 先取操作数绝对值相乘,符号位单独处理
    B. 用原码表示操作数,然后直接相乘
    C. 被乘数用原码表示,乘数取绝对值,然后相乘
    D. 乘数用原码表示,被乘数取绝对值,然后相乘

13. 在原码一位乘中,当乘数第 i 位 y_i 为 1 时,_____。

A. 被乘数连同符号位与原部分积相加后,右移一位
B. 被乘数绝对值与原部分积相加后,右移一位
C. 被乘数连同符号位右移一位后,再与原部分积相加
D. 被乘数绝对值右移一位后,再与原部分积相加

14. 原码加减交替除法又称为不恢复余数法,因此_____。
    A. 不存在恢复余数的操作
    B. 当某一步运算不够减时,做恢复余数的操作
    C. 仅当最后一步余数为负时,做恢复余数的操作
    D. 当某一步余数为负时,做恢复余数的操作

15. 浮点加减中的对阶是_____。
    A. 将较小的一个阶码调整到与较大的一个阶码相同
    B. 将较大的一个阶码调整到与较小的一个阶码相同
    C. 将被加数的阶码调整到与加数的阶码相同
    D. 将加数的阶码调整到与被加数的阶码相同

16. 下列字符中,ASCII 码值最大的是_____。
    A. Z　　　　　　B. z　　　　　　C. A　　　　　　D. a

17. 按照汉字的"输入—处理—打印"的处理流程,不同阶段使用的编码对应为_____。
    A. 国标码—交换码—字形码　　　　B. 输入码—国标码—机内码
    C. 输入码—机内码—字形码　　　　D. 拼音码—交换码—字形码

18. 在同一汉字系统中,用拼音、五笔字型等不同的汉字输入方式输入的汉字,其内码是_____。
    A. 相同的　　　B. 不同的　　　C. ASCII 码　　　D. 国标码

19. 假定下列字符码中有奇偶校验位,但没有数据错误,采用偶校验的字符码是_____。
    A. 11000011　　B. 11010101　　C. 11001101　　D. 11010011

二、计 算 题

1. 求有效信息为 01101110 的海明校验码。

2. 已知 $x=0011$, $y=-0101$, 试用原码一位乘法求 xy。请给出规范的运算步骤,求出乘积。

3. 用原码加减交替一位除法进行 $7 \div 2$ 运算,要求写出每一步运算过程及运算结果。

4. 用浮点数运算步骤对 56+5 进行二进制运算,浮点数格式为 1 位符号位、5 位阶码、10 位尾码,基数为 2。

三、名词解释

基数、移码、溢出、阶码、尾数、奇偶校验、海明码、循环码。

第 4 章　存储器与存储系统

学习目标

知识目标：
- 了解存储器的分类和性能指标。
- 了解半导体存储器的工作原理。
- 掌握层次结构的存储系统特性。
- 掌握高速缓冲存储器工作原理。
- 了解虚拟存储技术和并行存储技术的基本原理。

能力目标：
- 合理选择存储器实现存储系统。
- 实现存储系统与 CPU 及总线系统的连接。
- 能够分析高速缓冲存储器的性能。

知识结构导图

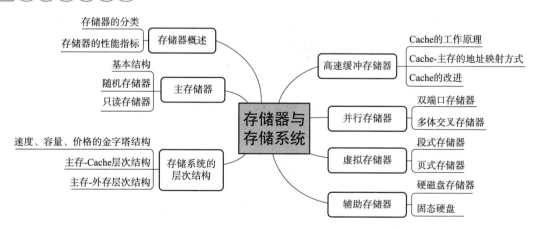

●●●● 4.1　存储器概述 ●●●●

存储器的功能就是存储信息,这些信息包括控制信息、数据信息、地址信息等所有在计算机程序中需要处理的内容。CPU 在工作过程中要持续地从存储器中读出指令和数据,

I/O 设备工作时也需要采用 DMA 技术或通道技术从存储器获取相关数据。从这些角度看，现代计算机中存储器处于全机的中心位置，存储器的存取速度及存储容量等参数直接影响着计算机系统的整体性能。

计算机能直接处理的信息均为二进制信息，所以在存储器中存储的也为二进制形式的数据，如半导体存储器就是用一位半导体存储元存储一位二进制位，然后在经过扩展构成大规模的存储器。

4.1.1 存储器的分类

下面从存储介质、存取方式、存储数据的易失性等方面对存储器进行分类。

1. 按存储介质分类

存储介质是指能够存放不同物理量并用于反映 0、1 两种不同逻辑状态的媒体，也就是存储数据的载体。存储介质必须能够显示两种有明显区别的物理状态，同时这两种物理状态的变换速度将会影响到存储器的存取速度。

（1）半导体存储器

采用半导体器件作为基本存储元件的存储器称为半导体存储器，它具有体积小、功耗低、存取速度快等优点。半导体存储器按其材料不同，分为双极型(TTL)半导体存储器和 MOS 半导体存储器。双极型半导体存储器存取速度快，而 MOS 型半导体存储器集成度高、工艺简单、成本低、功耗小，所以现代计算机中多采用 MOS 型半导体存储器来实现计算机中的主存储器。图 4-1 所示为一块采用半导体材料构成的计算机中的主存储器，也就是人们常说的内存。

图 4-1 由半导体材料构成的内存

（2）磁表面存储器

磁表面存储器是指在塑料或金属基底的表面涂上一层磁性材料作为存储介质，存储器工作时带磁层随其载体高速转动，由磁头在带磁层表面进行读/写操作，所以称为磁表面存储器。按照磁表面及其载体形态的不同，又可分为磁盘存储器、磁带存储器和磁鼓存储器。其中，磁鼓存储器在现代计算机中已经很少采用。磁带存储器由于其成本低廉、数据保存时间长等特点在某些专业存储领域仍在少量使用。

目前，人们日常使用的磁表面存储器即为由塑料、玻璃或者铝合金作为基底构成的磁表面存储器，也就通常所说的硬磁盘存储器，简称硬盘（见图 4-2），作为辅助存储器或者海量数据存储器使用。但随着半导体存储器成本的逐渐减低，加之半导体存储器在存取速度、低功耗等方面的优势,硬盘存储器作为辅助存储器的地位将被逐步取代。

图 4-2 硬磁盘存储器

(3) 光盘存储器

光盘存储器是在不同基体的记录薄层上利用激光实现读/写的一种存储器。光盘的基体由热传导率很小、耐热性很强的有机玻璃制成,在记录薄层的表面再涂覆或沉积保护薄片,以保护记录面。记录薄层有非磁性材料和磁性材料两种,前者构成光盘介质,后者构成磁光盘介质。光盘的优点在于它存储量大且盘片易于更换,但其存储速度较硬盘低。

2. 按存取方式分类

(1) 随机存取存储器

随机存取存储器(random access memory,RAM),简称随机存储器。通过读/写指令可以对 RAM 中任意存储单元随机地进行访问,读出时间、写入时间同各个存储单元所处的物理位置无关。随机存储器又指可读、可写的存储器,通常作为计算机系统中的主存储器或高速缓冲存储器。由于存储原理不同,RAM 又可分为静态随机存储器(SRAM)和动态随机存储器(DRAM)。SRAM 以触发器器件实现信息存储,DRAM 采用电容充放电原理实现信息存储。

(2) 只读存储器

只读存储器(read only memory,ROM)指存储内容固定,一般仅能对其进行读操作的存储器。数据一旦被存储在 ROM 后,在程序执行过程中,只能将数据读出,而不能重新写入新数据或修改原始信息。这类存储器常用于保存一些固化程序、参数或系统程序。在现代计算机的各个部件中都需要使用 ROM 来存放如厂商信息、出厂参数等一些固化信息。

由于生产工艺及需求的不断发展,只读存储器也可分为很多种类,包括掩模只读存储器(masked rOM,MROM)、可编程只读存储器(programmable ROM,PROM)、可擦除可编程只读存储器(erasable programmable ROM,EPROM)、电擦除可编程只读存储器(Electrically erasable programmable ROM,EEPROM)以及闪速存储器(Flash Memory)等。正是由于出现了像 EEPROM 及 Flash Memory 这样的在线可擦可写的存储器产品,才使得当前的计算机系统及消费电子产品在使用、系统升级、维护等方面变得非常灵活、便利。

(3) 顺序访问存储器

顺序访问存储器(sequential access memory,SAM)是指在读/写信息时,需要按顺序访问相关存储单元,读/写时间与被访问单元所在的物理位置相关。SAM 可以分为两类:一类是串行访问存储器,信息按先后顺序依次从存储器始端开始读出或写入,如磁带机;另一类称为直接存取存储器(direct access memory,DAM),磁盘存储器即属于 DAM,存取过程中需要先直接找到相关磁道,再顺序寻找相关扇区,最终实现数据的读/写。由于 SAM 存储介质本身因素及相关机械构造所限,其存取速度较慢,但其成本低、容量大,常用于做大规模的辅助存储器。

3. 按信息保存的时间分类

(1)易失性存储器

断电后信息将丢失的存储器称为易失性存储器或非永久性存储器。半导体 RAM 存储器就属于易失性存储器,其中 DRAM 由于其依靠电容电荷来存储信息,即使在不掉电的情况下,信息保存时间也仅为 2 ms 左右,所以需要不断对 DRAM 芯片做补充电荷的刷新操作。

(2)非易失性存储器

断电后信息不会丢失的存储器称为非易失性存储器或永久性存储器。磁表面存储器、光盘存储器及半导体 ROM 存储器均属于此类存储器。

4. 按在计算机系统中的作用分类

按存储器在计算机系统中的作用的不同,存储器可分为主存储器、高速缓冲存储器、辅助存储器等。主存储器可以和 CPU 直接交换信息,为 CPU 执行程序提供必要的指令、数据、堆栈等空间。辅助存储器也可称为外部存储器,它作为主存储器的后援,用来存放当前暂时不用的程序和数据。而缓冲存储器用于在两个存取速度不同的部件之间,如 CPU 和主存之间实现快读的数据缓冲,以减少速率瓶颈对整体系统性能的影响。

综上所述,可用图 4-3 对存储器分类进行归纳。

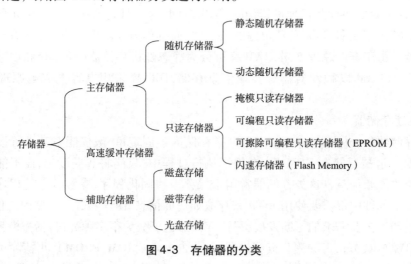

图 4-3 存储器的分类

4.1.2 存储器的性能指标

存储器的主要技术指标包括存储容量、存取速度、存取周期等参数。本章以计算机主存为主要学习内容,所以相关参数均针对主存储器。

1. 存储容量

存储器可以容纳的二进制位的数量称为存储容量。主存储器的容量是指存储器的地址寄存器产生的地址所能访问的存储单元的二进制位的总位数。例如,地址寄存器为 n 位,能够编址最多达 2^n 个存储单元,若每个存储单元为一个字节,则理论上该存储器的容量为 2^n 字节,即 2^nB。现代计算机中的主存储器的容量已经有 4 GB、8 GB、16 GB、32 GB 等。

2. 存取时间

存储器工作的过程就是将信息写入存储器或从存储器读出的过程,对存储器的读/写操作也称为对存储器的访问,或简称"访存"。从存储器接收到读或写命令到存储器读出或写入数据所需要的时间称为存储器的访问时间,也就是存取时间。存取时间反映了存储器读/写数据的速度,它取决于存储器存储介质的物理特性和存储器结构。因为 CPU 执行程序的过程也需要从主存储器获取指令和数据,所以存取时间也会影响 CPU 及其他计算机部件的工作速度。当前计算机主存储器的存取时间已达到纳秒(ns)级。

3. 存取周期

存取周期是指连续访问存储器过程中,完成一次完整的存取操作所需要的全部时间,即连续两次读或写操作之间最小的间隔时间。这是由于某些存储器的读操作是破坏性的,在读出信息的同时要将该信息重新写回到原存储单元中,然后才能进行下一次存储器访问。即使在非破坏性读的存储器中,数据读出后存储介质相关的控制线路也需要一段恢复到稳定状态的时间,所以通常存取周期略大于存取时间。

4. 存储带宽

存储带宽是指单位时间内存储器所能存取的数据量,通常以位/秒(bit/s)或字节/秒(B/s)为单位,它是衡量数据传输速率的重要指标。

5. 存储器的可靠性

存储器的可靠性用平均无故障时间(mean time between failures,MTBF)来衡量,MTBF 反映存储器两次故障之间的平均时间间隔。MTBF 值越大意味着存储器可靠性越高。主存储器通常采用差错校验码技术来提高 MTBF 指数。

6. 存储器的性能价格比

存储器的性能主要取决于存储容量、存取周期和可靠性等因素,性能与其价格的比值可以反映一款存储器产品的综合性指标。用户总是希望存储器产品的容量更大、速度更快、成本更低,这些要求可以在不同功能的存储器中得到平衡。

4.2 主存储器

主存储器(main memory)简称主存,用于存放 CPU 执行程序时所需要的指令和数据,一般由半导体存储器构成。主存储器按地址存放数据,如 32 位地址理论上可以编址 2^{32}(4 G)个存储单元,但计算机系统中能够支持多大的主存容量还要受到操作系统管理能力的限制。

主存储器由大规模集成电路构成,早期的主存芯片多采用成本较低、集成度较高的动态随机存储器芯片 DRAM,存取周期为几十纳秒。随着生产工艺的提高,主存储器又经历了 EDO DRAM(扩充数据输出的 DRAM)、SDRAM(同步 DRAM)、SDRAM Ⅱ(即 DDR,双倍数据速率 SDRAM),到现在已经发展到了 DDR Ⅱ、DDR Ⅲ DDR4、DDR5,在速度和容量方面都有了很大提高。在一些要求较高的专门领域,还会采用成本较高的静态随机存储器(SRAM)来实现主存,其存取周期可以达到十几甚至几纳秒。为保存一些永久不变的数据,或保证一些重要数据和系统参数在系统断电后不丢失,主存中还需要加入一定容量的非易失性存储器,如 EPROM、EEPROM 或 Flash Memory 等。

4.2.1 主存储器的基本结构

第1章的图 1-22 展示了主存储器的基本机构,由存储体、驱动电路、读/写电路、存储器地址寄存器(MAR)、存储器数据寄存器(MDR)等部件组成。现代计算机中一般采用导体随机存储器作为主存储器。

存储体是存储器中的核心部件,是数据和信息的载体。存储元或称记忆单元,是构成存储器最基本的单元,可由多种材料及相关电路实现。存储元或由多个存储元构成的存储单元在存储体中以阵列形式分布。

图 4-4 中 W_{ij} 为一存储元或存储单元,对存储器进行操作时,现有 CPU 给出地址码,送入 MAR,从而获得行地址 x 和列地址 y,经 x 和 y 地址译码后个选中一根选择线,两根选择线的交汇处即是该地址码对应的存储单元。地址码位数和可选中的选择线条数之间为指数关系,即 m 位行地址码可选择 2^m 条行选择线。MAR 位数和可选择的存储单元之间也为指数关系,n 位的 MAR 最多可寻址 2^n 个存储单元。

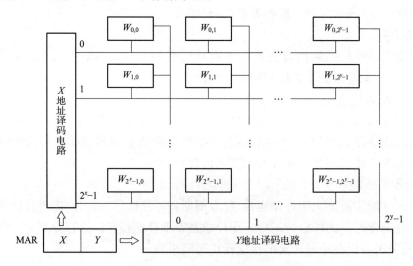

图 4-4 行列分布的存储体结构

为更直观地反映存储容量存储器 MAR 位数与 MDR 位数之间的关系,在描述主存储器容量时采用存储单元的个数×存储单元的位数(或称存储字长)来描述。通常,存储单元个数的对数即为 MAR 的位数或地址线的条数,存储单元的位数即为 MDR 的位数或数据线的条数。

4.2.2 半导体随机存储器

半导体随机存储器(RAM)的工作过程中可读可写,其用于存储 CPU 执行程序过程中所需要的指令、数据、地址等信息及堆栈等结构。根据存储原理不同,RAM 又可分为静态

RAM(SRAM)和动态 RAM(DRAM)。SRAM 工作速度快、功耗高、集成度低,而 DRAM 成本低、集成度高、速度慢,同时 DRAM 利用电容充放电效应实现存储,工作过程需要不断进行刷新(补充电荷)以保证数据不丢失。虽然 SRAM 是用于实现 CPU 或 GPU 中的高速缓冲存储器的主要器件,而非用于主存,但在学习半导体随机存储器存储原理时,从 SRAM 的存储原理入手,有利于循序渐进地掌握半导体存储器的工作原理。

1. SRAM

(1) SRAM 存储元

由于 MOS(metal oxid semiconductor,金属氧化物半导体)场效应晶体管电路制造工艺简单,易实现高集成度和较低功耗,适用于制造大容量存储器。图 4-5 所示为一种常见的采用 6 个 MOS 管构成的一位 SRAM 存储元。

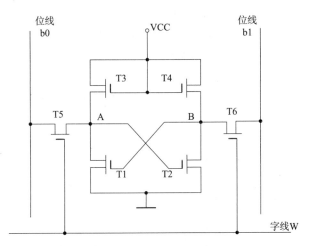

图 4-5 六 MOS 管 SRAM 存储元

图中 T1 管和 T2 管构成基本双稳态电路,T3 管和 T4 管为负载管,T1～T4 构成一位基本触发器电路。T5 管和 T6 管为门控制管,用于控制字线和位线信号的接入。假设在当前电路中,T1 导通、T2 截止记为 0,反之则记为 1。

(2) SRAM 存储元的工作过程

在数据保持状态时,字线 W 处于低电平,两根位线 b0、b1 均为高电平,此时 T5 管和 T6 管均截止,使 A 点和 B 点与位线处于断开状态,从而保持了 T1 管和 T2 管原有状态不变,即保持了原有数据不变。

在写入时,在字线 W 上加高电平,T5 管和 T6 管导通。如果要写入 0,则要在位线 b0 上加低电平(接近地电平),迫使 A 点接近 0 电平,T2 管截止,B 点电平升高,促使 T1 管导通,达到稳态,即实现了写入 0 的操作。反之若要写入 1,则在位线 b1 上加低电平,B 点接近 0 电平,T1 管截止,A 点电平升高,T2 管导通,达到稳态,即实现写入 1 操作。

在读出数据时,需要先在两根位线预充电为高电平,随后字线 W 上加高电平,T5 管和 T6 管导通。若该位存储元当前存放的是一位"0",则 A 点为低电平,将有电流流入 T5 和 T1 到地线,通过读出差动放大器接收位线 b0 上的此信号为读"0"信号。若该位存储元当前存放的是一位"1",则将在位线 b1 上接收到电流信号为读"1"信号。

可见 SRAM 是用触发器的工作原理实现信息存储,信息读出后触发器仍保持其原状态,无须再生,属于非破坏性读出。但掉电后触发器信息将丢失,故 SRAM 属于易失性半导体存储器。SRAM 存储器还具有存取速度快、可靠性高、功耗高、集成度低等特点。

2. DRAM

DRAM 存储元依靠电路中的相关电容有无电荷来存储和表示二进制信息,有电荷表示"1",无电荷表示"0"。DRAM 存储元电路常见的有四 MOS 管电路、三 MOS 管电路及单 MOS 管电路。

(1) 四 MOS 管 DRAM 存储元

图 4-6 所示为四 MOS 管构成的一位 DRAM 存储元。当字线 W 为高电平时,T3 管和 T4 管导通。若位线 b0 为高电平,b1 为低电平,则 A 点为高电平,T2 管导通,B 点为低电平,T1 管截止,以此实现在存储元中存放一位"1"。当字线 W 恢复为低电平后,T3 管和 T4 管截止,此时 T1 管和 T2 管的状态依靠暂时存储在寄生电容 C2 上的电荷来维持。但随着时间的推移,电容电荷会消耗殆尽,为维持信息不丢失,需要定时向电容补充电荷,这由 DRAM 芯片中的刷新电路完成。正是因为 DRAM 芯片需要动态刷新,所以称其为动态随机存储器。在做读操作时,b0 与 b1 线均加高电平,根据 b0 与 b1 上有无电流通过判断读出的数据是"0"还是"1"。读出后,MOS 管的状态保持不变,所以四 MOS 管构成的 DRAM 存储器属于非破坏性读出。

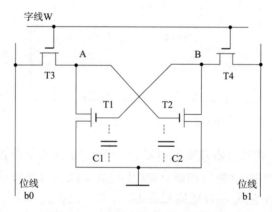

图 4-6 四 MOS 管 DRAM 存储元

(2) 单 MOS 管 DRAM 存储元

进一步精简电路,采用一个电容作为存储器件,用其有无电荷的状态来表示 1 或 0,就可以构成如图 4-7 所示的单 MOS 管 DRAM 存储元。当字线 W 上接高电平时,T 管导通。写入数据时,对 C_s 充电;读出数据时 C_s 向位线放电。根据电容 C_s 上有无电荷来判断当前存放的是 1 还是 0。由于单管 DRAM 存储元在读出时要进行放电,原记录信息遭到破坏。为了及时补充 C_s 释放出的电荷,必须定期对单管 DRAM 芯片做刷新操作。由于只有一个晶体管,所以其集成度大幅提高。

3. DRAM 的刷新

DRAM 的存储元依靠电容上的电荷实现信息的存储,由于漏电等原因电容上的电荷将在约 2 ms 的时间内损失殆尽(有些 DRAM 存储芯片可以实现每隔 8~16 ms 刷新一次,本书中以 2 ms 为例),为了保证存储的信息不丢失,必须在这个时间段内实现对存储体中每一位存储元进行电荷补充,这个过程称为 DRAM 的刷新。

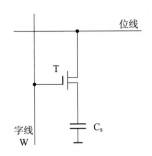

图 4-7　单 MOS 管 DRAM 存储元

刷新过程并不需要进行实质的读/写操作,但其与读操作的过程类似,刷新一行所用的时间(刷新周期 t_r)与一个读写周期 t_m 相同。刷新操作中,不需要提供片选信号和列地址信号,而是按照行地址逐行进行,在 2 ms 内完成存储芯片内所有行的刷新。每个 DRAM 芯片中都有一套独立的刷新控制逻辑,产生新地址循环码逐行自动刷新,不依赖外部访问,所以刷新操作对于 CPU 来说是透明的。

常见的刷新方式有以下 3 种:

(1) 集中式刷新

如图 4-8 所示,集中式刷新是在 2 ms 的时间内集中安排一段连续的时间专门进行刷新操作,刷新过程中 CPU 及其他设备无法对存储器进行读/写操作。在连续刷新过程中 CPU 无法访问存储器,这时的存储器好像"死"了一样,称这段时间为"死时间"。存在"死时间"是集中式刷新方式的主要弊端。

图 4-8　集中式刷新

(2) 分散式刷新

分散式刷新是将每次刷新操作分散地安排在各个读/写周期内,即把读/写周期分为两部分,前半部分用于 CPU 对存储器的正常读/写访问,后半部分用于刷新,如图 4-9 所示。这种方式相当于将存储器原来的读/写周期延长了一倍,降低了系统效率,但消除了死时间。由于每个读写周期都会执行一次刷新操作,实际刷新的次数会远远大于保持数据不丢失所需要的刷新次数。

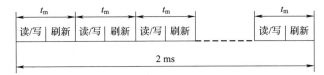

图 4-9　分散式刷新

（3）异步式刷新

异步式刷新是将前两种刷新方式取长补短而形成的。假设某 DRAM 芯片存储体由 128 行 128 列的存储元矩阵构成，则只要在 2 ms 的时间内完成 128 次刷新，即实现了在 2 ms 的时间内对每一行刷新一次。计算得每隔 15.6 μs 刷新一次即可满足要求，且刷新次数不多也不少，充分发挥了存储器的性能，如图 4-10 所示。

图 4-10　异步式刷新

例 4-1　现有 8K×8 位的动态 RAM 芯片，其内部结构为 256×256 行列形式，假设存取周期为 0.1 μs，试分析采用集中刷新、分散刷新及异步刷新 3 种方式的刷新过程。

解：

（1）采用集中式刷新时，将刷新操作集中安排在 2 ms 的电荷耗尽时间的最后段，最晚启动刷新操作的时间为

$$2 \text{ ms} - 0.1 \text{ μs} \times 256 = 2 \text{ ms} - 25.6 \text{ μs} = 1974.4 \text{ μs}$$

此后的 25.6 μs 进行集中刷新操作，此时间段内 CPU 无法访存。

（2）采用分散式刷新时，在每次读/写操作后都进行一次刷新操作，相当于将存储器的存取周期延长为 0.1 μs + 0.1 μs = 0.2 μs，2 ms 内总共刷新了 10 000 次，远远超过了所需刷新的次数。

（3）采用异步式刷新时，将 256 行刷新平均分配在 2 ms 的时间内：

$$\frac{2 \text{ μs}}{256} = 7.8125 \text{ μs}$$

即每隔 7.8125 μs 执行一次刷新操作，在 2 ms 的时间内恰好完成 256 行的刷新。

4. RAM 举例

（1）Intel 2114

Intel 2114 是一款容量为 1K×4 位的 SRAM 芯片，图 4-11 为引脚图。在 18 个引脚中，18 引脚和 9 引脚分别为电源线和地线；$A_0 \sim A_9$ 为 10 位地址端口，连接系统的地址总线，对片内的 1K 个存储单元进行寻址；$D_0 \sim D_3$ 为双向数据端口，连接系统的数据总线，对被选中的 4 位存储单元进行读/写操作。Intel 2114 还有两位控制线，分别为 $\overline{CS}$ 和 $\overline{WE}$。其中 $\overline{CS}$ 为片选端，接收由片选逻辑送来的片选信号，控制芯片是否工作，该信号为低电平有效。$\overline{WE}$ 为写使能端，控制芯片的读/写操作，它接收 CPU 送来的读/写命令，该命令为低电平时进行写操作，反之进行读操作。

Intel 2114 的存储元为六 MOS 管构成的 SRAM 存储元，在存储体中排列为 64×64 矩阵，其中 64 列对应 64 对 T5、T6 管。64 列又分为 4 组，每组包含 16 列，4 组分别与 4 路读/写电路相连，对应 4 位数据线。工作时，行地址译码后可选中某一行，列地址译码后可选中 4 组中对应的某一列。

图 4-12 所示为 Intel 2114 的内部结构示意图。其中 $A_8 \sim A_3$ 为行地址线，A_9、A_2、A_1、A_0

为列地址线,列 I/O 电路即为读/写电路,构成 4 位数据线 $D_0 \sim D_3$。$D_0 \sim D_3$ 受输入/输出三态门的控制实现双向数据传输。当 $\overline{CS}$ 和 $\overline{WE}$ 均为低电平时,输入三态门打开,$D_0 \sim D_3$ 上的数据被写入到指定的地址单元中。当 $\overline{CS}$ 为低电平、$\overline{WE}$ 为高电平时,输出三态门被打开,列 I/O 电路上的数据输出到 $D_0 \sim D_3$ 上。

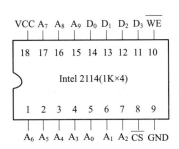

图 4-11　Intel 2114 的引脚图

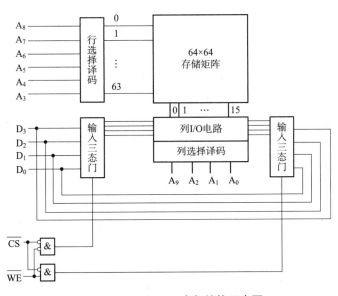

图 4-12　Intel 2114 内部结构示意图

Intel 2114 芯片的地址信号、数据信号及各控制信号要求满足一定的时序才能保证正常工作。在进行读操作时,在芯片地址端口加载有效地址并保持不变,地址译码电路对地址进行译码后选中相应单元。然后,CPU 向 Intel 2114 发出片选信号和读命令($\overline{CS}=0$, $\overline{WE}=1$),经过一段时间,从芯片数据输出端 $D_0 \sim D_3$ 输出有效数据。当读出数据送达目的地(如 CPU 内某寄存器)后,可撤销片选信号和读命令,当前读周期结束后可以改变地址,开始下一个读/写周期。Intel 2114 读周期时序图如图 4-13(a)所示。在进行写操作时,加载有效数据后,先向芯片数据端口 $D_0 \sim D_3$ 输入待写数据,然后向 Intel 2114 发出片选信号和写命令($\overline{CS}=0$, $\overline{WE}=0$),经过一段时间后,有效数据被写入芯片的某个地址单元。图 4-13(b)所示为 Intel 2114 写周期时序示意图。不同的存储芯片其工作时序可能稍有不同,但应遵守的原则是应保证数据能够正确、稳定地读出和写入。

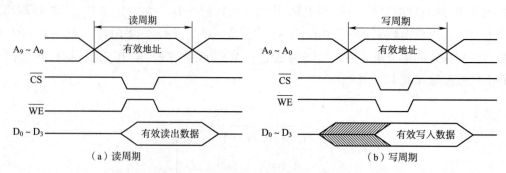

图 4-13 Intel 2114 读/写周期时序图

(2) Intel 2164

Intel 2164 是一款容量为 64K×1 位的 DRAM 芯片，其引脚图如图 4-14 所示。Intel 2164 芯片共有 16 个引脚，其中 $A_7 \sim A_0$ 为地址线。因为 Intel 2164 片内有 64K 个存储单元需要寻址，但由于芯片引脚数量有限，需要采用分时复用技术提供 16 位地址，即将 16 位地址分为行地址和列地址分别提供。数据输入引脚 D_{in} 和 D_{out} 分别实现数据输入与输出。

$\overline{RAS}$ 和 $\overline{CAS}$ 分别为行选择和列选择，由于地址分为行地址和列地址分别传送，所以片选信号也分为行选择有效和列选择有效。当 $\overline{RAS}$ 为低电平时，从 $A_7 \sim A_0$ 输入行地址，送至芯片内的行地址锁存器暂存；然后 $\overline{CAS}$ 变为低电平有效，从 $A_7 \sim A_0$ 输入列地址，送至芯片内列地址锁存器暂存，两次输入获得 16 位地址经译码后选中相应单元。$\overline{WE}$ 为写使能端，控制被选中单元进行读/写操作，当 $\overline{WE}$ 为低电平时做写操作，为高电平时做读操作。NC 端在 Intel 2164 的早期版本中未使用，在其新版本中 NC 作为自动刷新端，将行选择线 $\overline{RAS}$ 连接到该引脚即可实现 Intel 2164 的片内自动刷新。

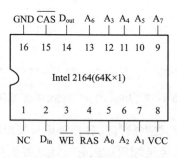

图 4-14 Intel 2164 的引脚图

Intel 2164 内部结构如图 4-15 所示，其有 64K 个存储单元，呈 4 个 128×128 的矩阵排列，每个存储单元只有 1 位。在 Intel 2164 的存储体内，用 7 位行地址经地址译码器选中 128 行其中之一，再用 7 位列地址经译码选中 128 列其中之一。行列地址共同选中了 4 个 128×128 矩阵中的相应单元，再用 2 位地址选 4 位中的一位，实现 2164 芯片一位数据位的读/写。

由于 Intel 2164 芯片地址采用了分时复用技术，因此在其读/写过程中要分时发送行选择信号和列选择信号，Intel 2164 读/写操作时序如图 4-16 所示。两次发送行地址之间的时间间隔为一个读周期或写周期。

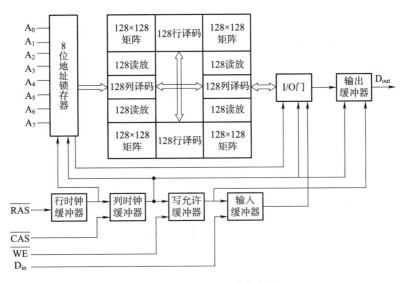

图 4-15　Intel 2164 内部结构

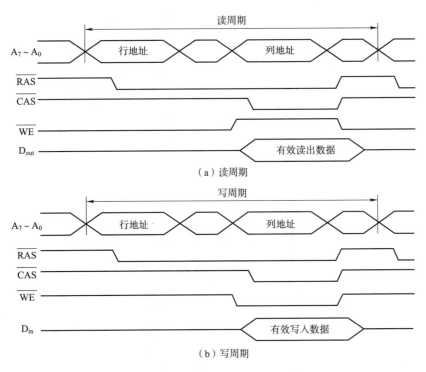

（a）读周期

（b）写周期

图 4-16　Intel 2164 的读/写时序

在读周期，$A_7 \sim A_0$ 先收到来自 CPU 的行地址，然后发行选择信号（$\overline{RAS}=0$），将地址送入行地址锁存器。待可靠锁存后，撤销行地址。为提高读出速度，可在发列选择信号之前先发送读命令（$\overline{WE}=1$）。然后，$A_7 \sim A_0$ 接收 8 位列地址，再发送列选择信号（$\overline{CAS}=0$），将列地址送列地址锁存器。待锁存稳定后，撤销列地址，经一段时间，从芯片输出端 D_{out} 获得有效输出数据。在写周期中，同样是先发送并锁存行地址（$\overline{RAS}=0$），然后发送写命令（$\overline{WE}=$

0),之后在数据输入端 D_{in} 准备好待写入数据,发送列地址并锁存($\overline{CAS}=0$),经过一段时间后,数据被可靠写入芯片。

4.2.3 半导体只读存储器

半导体只读存储器(ROM)指在工作过程中只能读出数据而不能写入或修改的存储器。ROM 的结构比 RAM 简单,集成度高、造价低、功耗更小、可靠性高,掉电后数据不丢失,读出无破坏性。基于这些特点,ROM 通常用于存放一些无须修改的固化程序或数据。

1. MROM

MROM 利用掩模制造工艺,按照编制好的编码布局控制行列式排列的 MOS 管是否与行线、列线相连,相连处定义为 1(或 0),未相连处定义为 0(或 1),进而实现相应数据的存储。图 4-17 所示为一个 1K×8 位 MROM 的存储体结构。MROM 一旦由生产商制造完毕就不能再修改其内部数据。图 4-18 所示为此片 MROM 存储数据示意图。

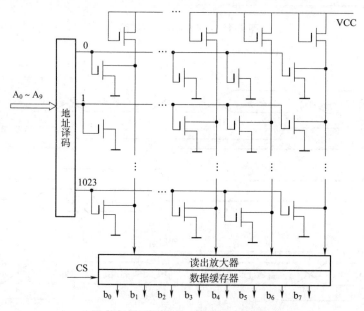

图 4-17　1K×8 位 MROM 存储体结构

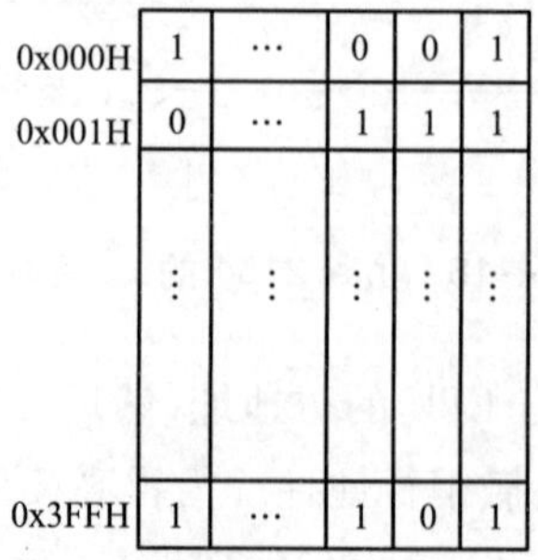

地址	b₀	...	b₅	b₆	b₇
0x000H	1	...	0	0	1
0x001H	0	...	1	1	1
⋮	⋮	⋮	⋮	⋮	⋮
0x3FFH	1	...	1	0	1

图 4-18　1K×8 位 MROM 存储数据示意图

2. PROM

PROM 可由用户根据自己的需要来"烧写"ROM 中的内容,常见的熔丝 PROM 就是将相应位置上的熔丝熔断或保留来表示所存储的"0"或者"1"。出厂时 PROM 芯片中的熔丝是全部接通的,是用专门的烧写器和烧写程序将用户需要写入的程序或数据烧入 PROM 中。显然,经过烧写后相应位置上的熔丝已经熔断且无法恢复,所以 PROM 的写入是一次性的。

3. EPROM

EPROM 具备多次写入的功能,其基本存储单元为一个 MOS 管,并且在 MOS 管内增加了一个浮空栅。图 4-19 所示为一浮栅雪崩注入型 EPROM 存储元。

该存储元与 NMOS 管相似,但其有 G_1 和 G_2 两个栅极。其中 G_1 没有引出线而被包围在二氧化硅中,称为浮空栅。G_2 为控制栅,有引出线。编程时(写入数据时),在漏极 D 端加上约几十伏的脉冲电压,使得沟道中的电场足够强,则会造成雪崩,产生很多高能量电子,此时在 G_2 上加正电压,形成方向与沟道垂直的电场,可使沟道中的电子穿过氧化层而注入 G_1 栅,从而使 G_1 栅积累负电荷。由于 G_1 栅周围都是绝缘的二氧化硅,泄漏电流很小,所以一旦电子注入 G_1 栅后,便能长期保存。当 G_1 栅有电子积累时,该 MOS 管的开启电压变得很高,即使 G_2 栅为高电平,该管仍不能导通,即相当于存储了"0";反之,G_1 栅无电子积累时,MOS 管的开启电压较低,当 G_2 栅为高电平时,该管便可导通,相当于存储了"1"。

EPROM 芯片上方有一个石英窗口,如图 4-20 所示。当用光子能量较强的紫外光照射 G_1 栅时,G_1 中电子获得足够能量,从而穿过氧化层回到衬底中,浮栅上的电子消失,芯片内存储的信息被全部抹去,存储器中相当于存放的为全"1"。这种用紫外线擦除的方法擦除时间较长,每次擦除只能全片擦除,不能有选择性地擦除,使用过程不够灵活。

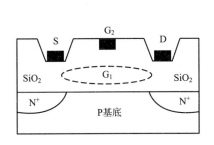

图 4-19 浮栅雪崩注入型 EPROM 存储元

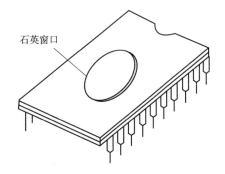

图 4-20 EPROM 芯片外观

4. EEPROM

EEPROM(常写为 E^2PROM)的存储元是一个具有两个栅极的 MOS 管,基本结构同 EPROM 类似(见图 4-19),最大的不同是在 G_1 栅和漏极 D 之间有一小面积的厚度极薄的氧化层,可产生隧道效应。当 G_2 栅加 20 V 正脉冲时,由隧道效应,电子由衬底注入 G_1 浮栅,利用此方法可将 EEPROM 中内容抹为全"1"(即出厂状态)。

使用时,漏极 D 加 20 V 正脉冲,G_2 栅接地,浮栅 G_1 上的电子通过隧道返回衬底,相当于写"0"。读出时,在 G_2 栅加 3 V 电压,若 G_1 栅上有电子积累则 MOS 管不导通,相当于读取"1";若 G_1 栅上无电子积累,MOS 管导通,相当于读取"0"。EEPROM 可进行上千次的重写,数据可存储 20 年以上。电可擦、按字擦除等功能的实现使得 ROM 存储器的使用更加灵活便利,使用领域更加广泛,但擦除和重写仍需在专门的编程器(写入器)中进行。

5. Flash Memory

Flash Memory 是在 EPROM、EEPROM 基础上发展而来的,沿用了 EPROM 的浮栅-电子注入的写入方法,同时又具备 EEPROM 的电可擦特性。Flash Memory 具有高密度、快擦除(按块擦除)、电可擦、在系统编程、非易失等特点,它既有 ROM 的特点,又兼具的 RAM 读取速度快的优点,所以 Flash Memory 又称为闪速存储器(简称闪存),是存储技术领域划时代的进步。当前的计算机系统、消费电子、嵌入式系统等领域正在大量使用 Flash Memory,Flash Memory 的出现使得各类电子产品的固件升级成为可能;由 Flash Memory 作为存储载体的固态硬盘正在逐渐取代硬磁盘的地位。

Flash Memory 又分为 NOR 型和 NAND 型。NOR 型与 NAND 型闪存的区别很大,NOR 型闪存更像内存,有独立的地址线和数据线,但价格比较贵,容量比较小;而 NAND 型更像硬盘,地址线和数据线是共用的 I/O 线,类似硬盘的所有信息都通过一条硬盘线传送,而且 NAND 型与 NOR 型闪存相比成本低,且容量大得多。因此,NOR 型闪存比较适合频繁随机读/写的场合,通常用于存储程序代码并直接在闪存内运行,手机中大多使用 NOR 型闪存;NAND 型闪存主要用来存储资料,常用的闪存产品如 U 盘、数码存储卡用的都是 NAND 型闪存。

6. ROM 举例

(1) Intel 2716

Intel 2716 是一款 EPROM 芯片,容量为 $2K \times 8$ 位,其引脚图如图 4-21 所示。Intel 2716 有 11 位地址线 $A_{10} \sim A_0$,用于寻址片内的 2K 个存储空间;8 位数据线 $O_7 \sim O_0$ 在编程时作为数据输入端,在正常工作时作为数据输出端;$\overline{CS}$ 为片选线,低电平有效。PD/PGM 为功耗下降/编程端,用于两种情况:一是在编程写入时,在该引脚输入一个正脉冲控制写入的时间(脉冲宽度要适当,太窄无法保证可靠写入,太宽会使高压时间过长而造成芯片损伤);另一种情况称为"功率下降"状态,在该引脚上加高电平,此时芯片不工作,输出呈高阻态,芯片处于低功耗保持状态。Intel 2716 芯片有两个电源,一个是 5 V 的工作电源 VCC,另一个是 +25 V 的编程写入电源。

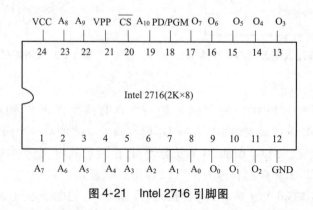

图 4-21 Intel 2716 引脚图

Intel 2716 在写入前各位 MOS 管均截止,通常定义截止状态为"1",所以写入前芯片内容为全"1"。写入时要先在需写"0"的 MOS 管的源极和漏极之间加 +25 V 的高电压,为写"0"做准备,撤除 +25 V 高压后,再加 +5 V 工作电压,使 MOS 管导通,实现将"1"改写为"0"。如果要对芯片内容进行重写,则先要擦除芯片内的数据,擦除的方法是使用紫外线照射。EPROM 芯片一般可重写数十次,通常使用不干胶纸对 EPROM 芯片顶面的石英窗口进行遮盖。

Intel 2716 共有 6 种工作方式,见表 4-1。其中编程写入、程序验证和禁止编程需要在 VPP 端加 +25 V 高压,属于写入器环境;读、未选中和功耗下降属于应用环境,即芯片已插入到应用系统中,可正常读出或处于低功耗备用状态。

表 4-1 Intel 2716 工作方式

工作方式	VCC	VPP	$\overline{CS}$	$O_7 \sim O_0$	PD/PGM
编程写入	+5 V	+25 V	高	输入	50 ms 正脉冲
读	+5 V	+5 V	低	输出	低
未选中	+5 V	+5 V	高	高阻	无关
功耗下降	+5 V	+5 V	无关	高阻	高
程序验证	+5 V	+25 V	低	输出	低
禁止编程	+5 V	+25 V	高	高阻	低

(2) Samsung K9F1G08U0D

Samsung 公司推出的 K9F1G08U0D 芯片是一款 NAND 型的 Flash 存储芯片。图 4-22 所示为一块放置了 K9F1G08U0D(E) 芯片的 NAND Flash 存储器板。

K9F1G08U0D 的容量为 128 MB,为减少引脚数量,其 8 个 I/O 引脚 $I/O_0 \sim I/O_7$ 充当数据、地址、命令 3 种功能的复用端口。K9F1G08U0D 采用块页式管理[1 块 = 64 页,1 页 = (2 048 + 64)字节],芯片共有 1 024 块。页内多出的 64 字节用于存放坏块数等信息,K9F1G08U0D 实际的有效存储容量为 1 056 M 位。

图 4-22 NAND Flash 存储器板

图 4-23 所示为 K9F1G08U0D 的逻辑符号图,其中 CLE 为命令使能引脚,当该引脚为高电平时,I/O 端的操作为命令的读/写操作;ALE 为地址使能引脚,当该引脚为高电平时,I/O 上的操作为地址的读/写操作(读/写相关地址的存储数据);$\overline{WE}$ 为写使能引脚,当该引脚为低电平时,I/O 上为写操作;$\overline{RE}$ 为读使能引脚,当该引脚为低电平时,I/O 上为读操作;$\overline{CE}$ 是整个芯片的使能引脚。

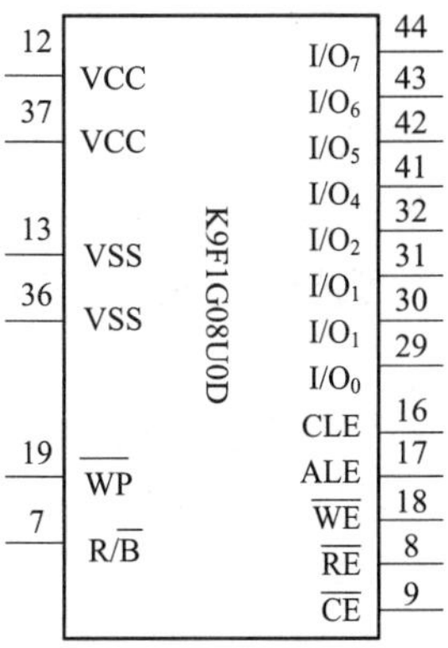

图 4-23 K9F1G08U0D 的逻辑符号图

4.3 存储系统的层次结构

计算机系统中存在多种存储器,它们在容量、速度、功能等方面各不相同,这些不同层面上的存储器层次结构构成了计算机存储系统的基本形态。

4.3.1 速度、容量、价格的金字塔结构

用户总是希望存储器的容量更大、速度更快、成本更低,但这三方面的需求无法在同一存储器产品都得到实现,而只能通过多层次结构的存储系统的设计来平衡用户的这些需求。图 4-24 所示为存储系统速度、容量、价格的金字塔结构,由上至下,存储器的容量逐渐增大、速度逐渐变慢、单位数据的价格逐渐降低。

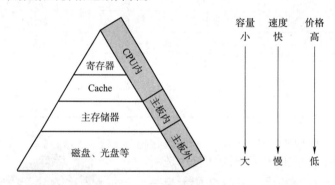

图 4-24 存储系统的容量、速度、价格金字塔结构

其中,CPU 能直接访问的存储器称为内存储器,包括寄存器、Cache(Cache 的内容将在 4.5 节详细介绍)和主存储器。内存储器通常设置在 CPU 内部或主板上。因为寄存器处于 CPU 内部,所以相关数据若已从主存储器调入寄存器后,CPU 便可从寄存器内快速得到所需数据而无须再去访问主存储器。CPU 不能直接访问的存储器称为外存储器或辅助存储器,如磁盘、光盘、磁带等,外存储器的内容必须调入内存储器后才能被 CPU 处理。外存储器通常设置在主板外部,通过线缆与主板连接。

寄存器是由一些触发器构成的小型存储空间,一个寄存器的容量通常为 1 字节、2 字节或 4 字节,用于存放 CPU 正在执行的程序所需的指令、数据或状态等信息,称为指令寄存器、数据寄存器、状态寄存器,常用的有累加寄存器(ACC)、程序计数器(PC)、指令寄存器(IR)等。由于寄存器本质即为触发器,其存取速度最快,但由于布置在 CPU 内部,所以容量不可能做得很大,其价格只能用 CPU 的价格来衡量,所以其单位容量的价格最高。

Cache(高速缓冲存储器)是介于 CPU 和主存储器之间的一个容量较小但速度接近 CPU 速度的存储器,它处于 CPU 和主存储器之间,缓解了 CPU 执行速度和主存储器读/写速度之间的瓶颈问题。

主存储器是计算机系统的主要存储器,用来存放计算机运行过程中所需的程序和数据。它可同 CPU 直接交换数据,也可先将数据由主存调入 Cache,再由 CPU 到 Cache 空间快速获取数据。

外存储器在计算机系统中作为大容量的辅助存储器，所以又称其为辅存。由于外存的工作过程涉及一些机械运动，其读取速度要远慢于 Cache 或主存等半导体存储器。但因其容量最大，其单位容量数据的成本最低，通常用来存放系统程序、大型数据文件或数据库。

4.3.2　主存-Cache 层次结构

随着 CPU 性能的发展，CPU 工作频率大幅提高，而此时用于为 CPU 执行程序提供指令和数据的主存储器由于存储原理、体系结构等原因，其读/写速度相比 CPU 较慢，甚至有数量级的差别。CPU 对于存储器在容量及速度方面的要求无法在主存上同时实现，因此考虑在 CPU 与主存之间加入工作速度接近于 CPU 而容量较小的高速缓冲存储器，即存储系统中的主存-Cache 层次结构，如图 4-25 所示。其主要是为解决 CPU 和主存之间速度不匹配的问题。

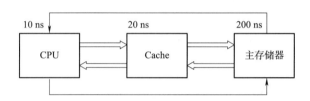

图 4-25　主存-Cache 层次机构

Cache 采用读取速度较快的 SRAM 实现，只要将 CPU 当前运行程序所需的信息调入 Cache，CPU 就可从 Cache 直接获取信息，从而减少了 CPU 访问主存的次数，提高了获取数据的速度。但由于 Cache 位于 CPU 内部，其容量十分有限，因此需要不断将主存的数据调入 Cache 或将 Cache 中的数据调出到主存。主存与 Cache 之间的数据调入、调出完全是由硬件完成的，对于程序员来说 Cache 的工作过程是透明的。

4.3.3　主存-外存层次结构

外存储器的存储原理和结构决定了其读取速度慢，且不能被 CPU 直接访问，但其优势在于容量大、成本低。主存储器传输数据较快，但其容量较外存小得多。可以利用外存的大空间来存放 CPU 暂时不会用到的数据，等到 CPU 需要这些数据时再将它们由外存调入主存，这就是主存-外存层次结构。此结构不断发展又出现了虚拟存储的概念。实际的主存空间的地址称为物理地址或实地址，但由于硬件成本所限，主存容量不能达到足够大，这就出现了机器的寻址能力大于主存的地址空间的情况。此时的寻址空间一部分对应到物理地址，另一部分可用于为外存空间编址（或称为映射到外存空间），此时的地址称为虚拟地址或逻辑地址。

在具有虚拟存储器的计算机系统中，程序员在编程过程中可使用的地址空间要大于实际的主存空间，使用过程中需要由相关硬件和操作系统完成由虚拟地址到物理地址之间的转换过程，此过程对程序员来说是透明的。当虚拟地址所指向内容在主存中时，CPU 可立即使用该数据，若当前使用的虚拟地址不在主存区域，而指向了外存，则需将此虚拟地址的内容调入主存相应单元才能为 CPU 所用。在 Windows 操作系统中虚拟存储器称为"虚拟内存"，在 Linux 操作系统中虚拟存储器称为"交换空间"，且操作系统允许用户自行设置虚拟存储器的容量及所在分区，以实现操作系统更好地运行。图 4-26 所示为 Windows 10 操作系统中虚拟内存的设置界面。

图 4-26　Windows 10 虚拟内存设置界面

随着硬件成本的进一步降低,现代计算机中配置的物理内存的容量越来越大,虚拟存储器在缓解内存空间不足方面的功能逐渐减弱,但其在内存管理、地址保护方面仍然意义重大,在操作系统课程中可以了解到相关内容。

●●●● 4.4　主存储器与 CPU 的连接 ●●●●

CPU 可以直接访问主存储器获取执行程序时所需的指令、数据,同时 CPU 还需要利用主存空间实现程序运行过程中所需的堆栈空间或临时变量空间。在实现这些使用过程之前首先要将适当类型的、适当容量的存储器与 CPU 连接,以实现 CPU 对主存的访问。

4.4.1　主存储器与 CPU 的连接方法

首先要根据系统需求选择合适的存储器,然后实现主存与 CPU 的地址线、数据线、读/写控制线及片选线的连接。图 4-27 所示为主存储器与 CPU 连接的示意图。

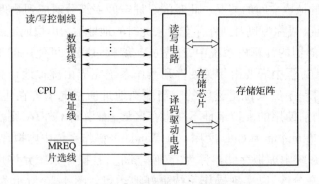

图 4-27　主存储器与 CPU 连接的示意图

1. 选择合适的存储芯片

根据系统功能、性能需求,选择使用 RAM 还是 ROM,以及是哪种 RAM 和 ROM,还要按要求选择主存芯片的容量。当现有存储芯片容量达不到所需容量时,需要经过多片存储芯片的扩展实现预期容量及寻址空间。选择存储芯片的标准除功能、性能、容量等方面外,还要注意成本问题和存储系统实现的便利性问题。通常选用 ROM 芯片存放系统程序、出厂参数、启动程序、监控程序等工作过程中无须修改的数据,而选用 RAM 芯片为系统程序和用户程序的运行提供空间。

2. 地址线的连接

地址线的数量与地址码的位数、CPU 的寻址范围及系统总线的宽度紧密相关。地址线是由 CPU 发往存储器的,它是单向的。通常 CPU 具有较强的寻址能力,CPU 的地址线条数要超出实际系统中存储芯片地址线的条数。此时将 CPU 地址线的低位与存储芯片地址线相连,CPU 地址线的高位用于实现片选或存储器容量扩展。例如,CPU 地址线为 16 位,即 $A_{15} \sim A_0$,而系统中的存储器采用 $2K \times 8$ 位的存储芯片,其地址线条数只有 11 条($A_{10} \sim A_0$),此时将 $2K \times 8$ 位的芯片连入系统时,只要将 CPU 地址总线的低 11 位($A_{10} \sim A_0$)与存储芯片的地址线相连即可。当系统容量需要扩充时,可以利用 CPU 地址线的高位实现片选。

3. 数据线的连接

CPU 的字长即 CPU 每次能处理数据的位数,它受到 CPU 内部寄存器位数、CPU 内部总线宽度及 CPU 总线接口宽度的影响。CPU 的字长与存储芯片中存储单元的位数可能是一致的,也可能不同。通常需要对存储芯片进行扩展,使存储器位数与 CPU 数据线条数一致。数据线是双向的,实现 CPU 的读/写两种操作。

4. 读/写线的连接

读/写命令由 CPU 的读/写控制线发出,一般直接与存储芯片的读/写控制端相连。读/写线可以是一条控制线,也可以用两条独立的控制线实现读/写控制。通常读信号为高电平,写信号为低电平。

5. 片选线的连接

片选线的连接通常是实现存储芯片与 CPU 连接中的重点和难点环节,直接影响到 CPU 与存储系统能否正常工作。当存储系统中有多片存储芯片时,当前 CPU 所需访问的存储单元位于哪片芯片上,取决于当前哪片芯片的片选控制端$\overline{CS}$接收到了 CPU 发来的片选有效信号。同时片选信号机制也保证了存储器中每一个编址单元的地址是唯一的。CPU 的地址线条数往往多于存储芯片的地址线条数,当系统中有多片这样的存储芯片时,CPU 就利用那些没有和存储芯片地址线相连的高位地址产生片选信号。在计算机系统中,为了区分当前 CPU 是在访问存储器还是在访问 I/O 设备,CPU 还提供了一个访存控制信号$\overline{MREQ}$,只有当$\overline{MREQ}$为低电平($\overline{MREQ}$为低电平表示 CPU 要访存,反之则要访问 I/O 设备)时,片选信号才有效。实现片选的过程中通常还需要用到一些逻辑电路,如译码器或其他门电路芯片。

4.4.2 存储容量的扩展

单个存储芯片的容量是有限的(图 4-1 中所示的内存的容量是由多片存储芯片共同组成的),这体现在存储单元的个数和存储单位的位数两方面。在构成存储器整体容量时,往往需要通过存储芯片的扩展来实现,即通过将多片容量较小的存储芯片连接在一起构成容量较大的存储器。存储容量的扩展包括位扩展、字扩展及字位同时扩展。

1. 位扩展

位扩展是指当给定存储芯片字长位数较短,不能满足存储器设计要求的字长时,需要用多片给定的芯片扩展字长的位数。扩展过程中,地址线和控制线公用,而扩展之后存储器的数据线分别来自各个存储芯片,所需存储芯片数量等于设计要求的存储器的容量与已知芯片存储容量的比值。

例 4-2 现有 1K×4 位的 SRAM 芯片若干,设计一个存储容量为 1K×8 位的存储器。

解: 所需 1K×4 位芯片数

$$d = \frac{1K \times 8}{1K \times 4} = 2 \text{ 片}$$

即用两片 1K×4 位 SRAM 芯片经过位扩展构成 1K×8 位存储器,如图 4-28 所示。扩展后存储单元数量不变,所以地址线条数不变,并联连接在两片 1K×4 位 SRAM 芯片上,分别由两片 1K×4 位 SRAM 芯片的数据线提供 4 位数据线,构成 1K×8 位中高 4 位和低 4 位共 8 位数据线。扩展后两片 1K×4 位芯片称为一个整体一起工作,所以读/写线和片选线也为并联连接。

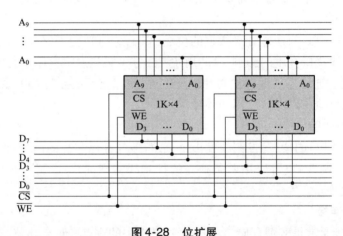

图 4-28 位扩展

2. 字扩展

当给定的存储芯片的存储单元数(字数)不能满足设计的容量需求时,需要使用多片给定芯片实现字数的扩展,称为字扩展。扩展过程中多片存储芯片的数据线和读/写线共用,地址线中低位地址用于给定芯片的片内寻址,高位地址线用于进行片选,实现片选时通常还要借助译码器等电路。所需存储芯片数量仍为设计要求的存储器的容量与已知芯片存储容量的比值。

例 4-3 现有 1K×8 位 SRAM 芯片若干,设计一个容量为 4K×8 位的存储器。

解: 所需 1K×8 位芯片数

$$d = \frac{4K \times 8}{1K \times 8} = 4 \text{ 片}$$

即使用 4 片 1K×8 位 SRAM 芯片经过字扩展实现 4K×8 位的存储器,如图 4-29 所示。扩展后,存储单元位数不变,地址线低 10 位 $A_9 \sim A_0$ 用于实现 1K×8 位 SRAM 芯片的片内寻址,

地址线高两位 $A_{11} \sim A_{10}$ 通过一片 2-4 译码器实现对 4 片 1K×8 位芯片的片选。当给定一个 12 位地址后，有且仅有一片 1K×8 位芯片被选中。

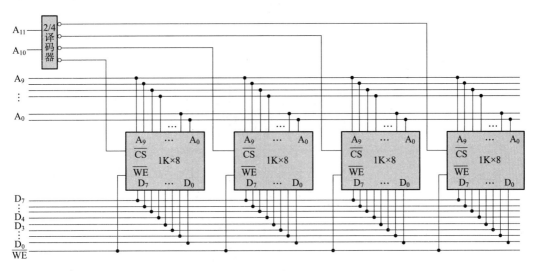

图 4-29　字扩展

3. 字位同时扩展

当给定存储芯片的位数与字数均未达到存储器设计要求时，则需要在字数、位数两方面进行扩展。通常先进行位扩展，得到满足位数要求的存储模块，再以此为基础进行字扩展达到字数要求。相对于给定芯片，扩展后数据线、地址线均有所增加，根据位扩展与字扩展的具体情况安排数据线、地址线与片选线。所需存储芯片数量仍为设计要求的存储器的容量与已知芯片存储容量的比值。

例 4-4　现有 1K×4 位的 SRAM 芯片若干，设计一个存储容量为 4K×8 位的存储器。

解： 所需 1K×4 位芯片数

$$d = \frac{4K \times 8}{1K \times 4} = 8 \text{ 片}$$

即需要 8 片 1K×4 位的 SRAM 芯片经过位扩展、字扩展实现 4K×8 位的存储器，如图 4-30 所示。先对 8 片 1K×4 位芯片进行位扩展，两两组合，构成 4 组 1K×8 位存储模块，再将 4 组模块进行字扩展，最终实现 4K×8 位的容量要求。

在存储器容量的扩展过程中，不仅要合理选择存储芯片容量、片选方式，还要考虑存储系统对于存储器功能和地址空间的要求。

例 4-5　某计算机系统中 CPU 有 16 根地址线，8 根数据线，1 根读/写命令线（R/$\overline{\text{W}}$，高电平为读，低电平为写），用 $\overline{\text{MREQ}}$ 作为访存控制信号（低电平有效）。现有存储芯片包括 ROM（2K×8 位，4K×4 位，8K×8 位）、RAM（1K×4 位，2K×8 位，4K×8 位）。要求按照以下要求设计存储系统，并画出逻辑框图。

① 0～4 095 地址为系统程序区，4 096～16 383 地址为用户程序区。

② 在所给范围内选出合适类型的芯片。

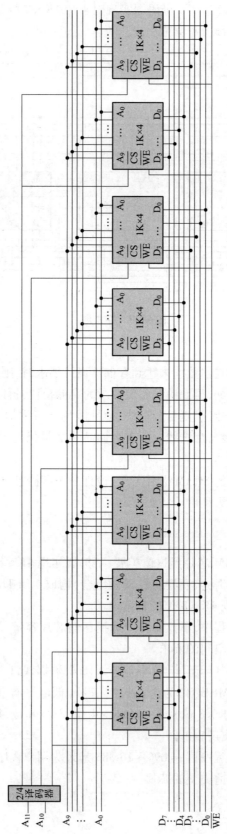

图 4-30 字、位扩展

③采用3-8译码器进行片选,画出详细的片选逻辑框图。

解：(1)由题设可知,系统程序区需要选用 ROM 型存储芯片,地址范围 0～4 095 即十六进制的 0～FFF,容量为 4K×8 位;用户程序区需要选用 RAM 型存储芯片,地址范围 4 096～16 383,即十六进制的 1000～3FFF,容量为 12K×8 位。

(2)经比较可知,在所给存储芯片中,有多种方案可实现题中要求的存储功能及容量。但是,当采用字扩展和位扩展所用芯片一样多时,通常选择位扩展,这是因为字扩展需要设计片选译码,比较麻烦,而位扩展只需将数据线按位引出即可。本题选用两片 4K×4 位 ROM 经位扩展构成 4K×8 位,同时 RAM 选 3 片 4K×8 位芯片经字扩展构成 12K×8 位。当需要 RAM、ROM 等多种芯片混用时,应尽量选容量等外特性比较一致的芯片,尽量避免二次译码,以便于简化连线。

(3)片选逻辑框图如图 4-31 所示。

●●●● 4.5 高速缓冲存储器 ●●●●

高速缓冲存储器(Cache)的作用主要是缓解主存工作速度与 CPU 执行指令速度之间不匹配的问题。高速缓冲存储器相对于主存来说容量很小,但工作速度特别快,通常采用静态随机存储器来实现 Cache。

当优先级别较高的 I/O 设备需要访问主存时,为保证该 I/O 设备被及时响应,CPU 必须停止访存进行等待,导致 CPU 出现空等现象。当空等时间较长时,CPU 的工作效率就被大幅降低。为避免 CPU 与 I/O 设备争抢主存,可将 CPU 所需访问的数据提前存至 Cache。当 I/O 设备需要访问主存时,CPU 可直接从 Cache 中获得所需数据,减少了空等现象的发生次数。在现代计算机的硬件系统中,Cache 已不仅仅是 CPU 与主存之间的高速缓冲存储器,在很多其他计算机部件中为了避免速度瓶颈、内存资源争抢、提高系统工作效率,也都采用了 Cache 器件及相关技术。

Cache 容量虽小,但可满足 CPU 在一段时间内的数据需求,这是由于 CPU 执行程序时访问主存的过程在时间和空间上存在局部性。通过分析发现,CPU 执行某程序时,需要从主存中获取相关指令和数据,在一段时间内,CPU 只对主存中局部地址区域进行访问。这是由于计算机程序中的指令和数据在主存中往往是连续存放的。此外,一些常数、子程序、循环体还会被多次调用,这就使得一段时间内 CPU 所需访问的信息所处的位置相对集中而并非随机分布,这就是 CPU 访问主存的局部性原理。依据这一原理,将 CPU 近期将要用到的程序提前从主存调入 Cache,就可以实现 CPU 在这段时间内只访问 Cache 而无须访问主存。

4.5.1 Cache 的工作原理

高速缓冲存储器的容量相比主存小得多,无法使用类似于主存中地址译码方式选中某一 Cache 单元,需要合理设计 Cache 存储器的组织形式以实现内存数据在 Cache 中的映射以及 CPU 对 Cache 的高速访问。

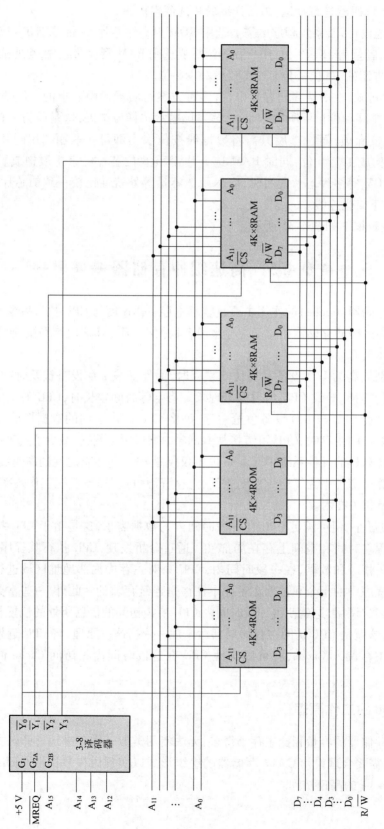

图 4-31 片选逻辑框图

1. Cache 的命中与未命中

主存容量较大速度较慢,而 Cache 速度快但容量很小。CPU 执行程序是现将主存中某一数据片段以某种组织形式放入 Cache,当 CPU 需要从主存读取一个数据时,首先检查这个数据是否在 Cache 中,若在则称为 Cache 命中,CPU 获取此数据;若不在则称为 Cache 未命中,相关硬件将此数据所在的数据块从主存调入 Cache 再交给 CPU。由于存在访问的局部性,当一部分数据被调入 Cache 以满足当前 CPU 需求时,CPU 接下来要访问的数据也很有可能已经被调入 Cache。Cache 的命中率越高表明从 Cache 获取数据的概率越大,CPU 需要访问主存的次数越少,所以 Cache 命中率越高越好。通常用其来衡量 Cache 的工作效率。

2. Cache-主存系统的性能指标

(1) Cache 命中率

Cache 命中率指 CPU 在 Cache 中获取信息的次数与其访问 Cache 和主存总次数的比率。设在某一程序执行过程中,N_c 为访问 Cache 的总命中次数,N_m 为访问主存的总次数,则命中率 h 为

$$h = \frac{N_c}{N_c + N_m}$$

(2) Cache-主存系统平均访问时间

已知 h 为 Cache 命中率,则 $1-h$ 为未命中率,设 t_c 为命中 Cache 时的访问时间,t_m 为未命中 Cache 时访问主存的时间,则 Cache-主存系统的平均访问时间 t_a 为

$$t_a = h t_c + (1-h) t_m$$

(3) Cache-主存系统访问效率

Cache-主存系统平均访问时间 t_a 越接近 t_c 越好,用 t_c 与 t_a 的比率 e 表示 Cache-主存系统的访问效率,则有

$$e = \frac{t_c}{t_a} \times 100\% = \frac{t_c}{h t_c + (1-h) t_m} \times 100\%$$

Cache-主存系统的理想状态是 CPU 从 Cache 中就能获取所有信息,此时命中率 h 趋近于 1,而 Cache-主存系统访问效率趋近于 100%。下面通过例 4-6 体会 Cache-主存系统的各项性能指标。

例 4-6 假设 CPU 执行某段程序时共访问 Cache 命中 4 800 次,访问主存 200 次,已知 Cache 的存取周期是 30 ns,主存的存取周期是 150 ns,求 Cache 的命中率以及 Cache-主存系统的平均访问时间和效率,试问使用 Cache-主存系统后该系统的性能提高了多少?

解:(1) Cache 命中率为

$$h = \frac{N_c}{N_c + N_m} = \frac{4800}{4800 + 200} = 0.96$$

(2) Cache-主存系统的平均访问时间为

$$t_a = h t_c + (1-h) t_m = 0.96 \times 30 + (1-0.96) \times 150 = 34.8 \text{ ns}$$

(3) Cache-主存系统的访问效率为

$$e = \frac{t_c}{t_a} \times 100\% = \frac{30}{34.8} \times 100\% \approx 86.2\%$$

(4) 使用 Cache-主存系统后的平均访问时间是无 Cache 时主存访问时间的 $\frac{t_m}{t_a}$ 倍,所以系统性能提高了 $\frac{t_m}{t_a} - 1 = \frac{150}{34.8} - 1 \approx 3.3$ 倍。

3. Cache 存储空间的组织

Cache 存储空间的组织形式对其工作过程和系统效率至关重要。图 4-32 所示为 Cache-主存系统存储结构示意图。假设主存由 2^n 个字单元组成,每个字的地址为 n 位。为了便于设计主存空间与 Cache 空间之间的对应关系,将主存和 Cache 都分为若干块,每块包含若干个字,且主存与 Cache 中每块内的字数是相同的。此时 Cache 地址分为两段,高 c 位表示 Cache 的块号,低 b 位表示块内地址,$2^c = C$ 表示 Cache 块数。主存地址也包含两个字段,高 m 位表示主存的块地址,低 b 位表示块内地址,$2^m = M$ 表示主存块数,M 远大于 C。主存与 Cache 的块内字数均为 $2^b = B$,称 B 为块长。

CPU 执行程序过程中,主存中的相关数据被调入 Cache。CPU 需要读取某一数据时首先判断此数据是否已经被调入 Cache,若是则 CPU 直接访问 Cache 获取该字。为实现这种判断,每一个 Cache 块需要设置一个标记,用于记录当前 Cache 块中存放的是哪一个主存块,标记的内容即为主存块号。CPU 在读取某信息时,将所需的主存地址的高 m 位及主存块号与 Cache 中的标记进行匹配比较,以判断所需信息是否已在 Cache 中。经过判断后若不成功,说明该数据还未调入 Cache,此时需要将该字所在的整个主存块一次性调入 Cache 中。

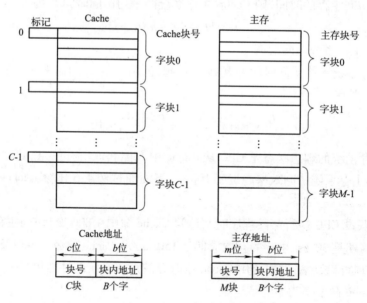

图 4-32　Cache-主存系统存储

4. Cache 的基本结构

Cache 由 Cache 存储体、地址映射机构、替换机构等三大模块构成,如图 4-33 中所示。

(1) Cache 存储体

Cache 存储体就是用于存储相关内存数据块以备 CPU 高速访问的载体,采用速度较快的 SRAM 芯片构成,其存储结构如图 4-33 中所示。

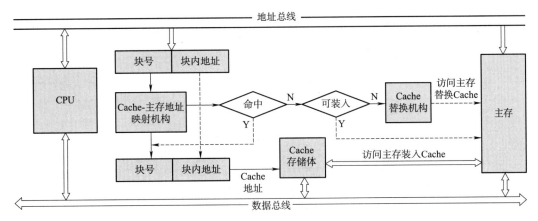

图 4-33 Cache 基本结构

(2) 地址映射机构

Cache 的工作过程对于用户来说是透明的,用户编程时使用的地址均为主存地址。地址映射机构的功能是将 CPU 送来的主存地址按某种对应规则转换为 Cache 地址,以获取所需数据。这些对应规则又称为地址映射方式,在 4.5.2 节会详细介绍。地址映射过程主要实现主存块号与 Cache 块号之间的对应,主存地址经转换后若已与 Cache 内某块相对应,即为命中,CPU 直接访问 Cache 存储体获取数据。若转换后的内存地址未能在 Cache 中找到与之对应的块,则未命中,CPU 需要访问主存获取该字,同时将其所在的主存块一起调入 Cache。

(3) 替换机构

Cache 存储体的容量有限,当 Cache 空间被占满或由于 Cache-主存的地址映射方式所限无法调入新的主存块时,就要有 Cache 替换机构依据一定算法将某些块调出 Cache,并将新的主存块调入 Cache。常见的替换算法有先进先出(First In First Out,FIFO)法、近期最少使用(Least Recently Used,LRU)法和随机法。

FIFO 法中将记录每一主存块进入 Cache 的时间,将最早进入 Cache 的块替换出去。这种算法的优点在于比较过程容易实现,系统开销小,但由 CPU 执行程序时访问存储器的局部性原理可知,长期占据 Cache 空间的主存块很有可能是当前频繁访问的数据,当期被调出 Cache 后有可能马上又被调入,这种反复过程造成了系统效率的降低。

LRU 法考虑到了访存过程的局部性原理,记录当前 Cache 中每块被访问的次数,访问次数较少的说明在近期使用概率最低,则将其调出 Cache,LRU 法的平均命中率较 FIFO 法高。

随机法是采用随机数产生逻辑随机产生一个块号将其调出 Cache,此算法实现过程比较简单,但也未考虑到访存过程的局部性原理,不能提高命中率。

5. Cache 的读/写

(1) Cache 的读

CPU 需要读取某字时,首先发出主存地址,此地址经 Cache-主存地址映射机构判断该字是否在 Cache 中。若命中,则 CPU 直接访问 Cache 获取该字。若未命中,则访问主存,从主存获取该字,同时将该字所在的主存块调入 Cache。若当前 Cache 存储体已满,则要执行替换过程为新调入的主存块腾出空间。Cache 的读过程如图 4-34 所示。

(2) Cache 的写

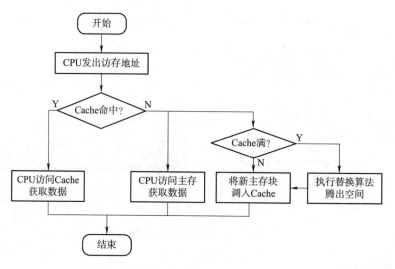

图 4-34 Cache 读流程

为保证程序执行的正确性，Cache 中的数据应与相应的主存内的数据保持一致，在对 Cache 空间进行写操作时必须注意这一点。常见的 Cache 写的方法包含写直达法和写回法。

写直达法是 CPU 在执行写操作时，将数据写入 Cache 时同时将数据写入主存，这种方法可以保证 Cache 中的数据和主存数据的一致性，当某一 Cache 块失效需要调出 Cache 时，无须再专门将其写入主存。由于每次 Cache 的写都涉及访存操作，写直达法的访存次数较多，效率不高。

写回法指在 CPU 执行写操作时，仅将数据写入 Cache 而不写入主存，当此 Cache 数据要被调出 Cache 时才将其写回主存。这种方法减少了 CPU 访存的次数，但会出现在某时间段内 Cache 数据与主存数据不一致的情况。为了避免某一主存块在被调入 Cache 后、还未写回前又被其他程序读取而导致数据不一致，在 Cache 块上加上一个"清"或"浊"的标志位。"清"表示该 Cache 块未被修改，内容与主存一致；"浊"表示该 Cache 块被修改过，与主存内容不一致。当涉及 Cache 块的替换时，标记为"清"的 Cache 块因为与内存一致而无须写回，而标记为"浊"的 Cache 块则要写回主存，同时将该块的标记置为"清"。

4.5.2　Cache-主存的地址映射方式

Cache 与主存的地址映射方式（Cache 与主存地址的对应关系）会直接影响到 Cache-主存系统的工作效率。常见的映射方式包括直接映射、全相联映射和组相联映射。

1. 直接映射

直接映射即将每个主存块按照某一固定的对应关系映射到可用的 Cache 块中。设 i 为 Cache 块号，j 为主存块号，C 为 Cache 块数，可用模运算关系式 $i = j \bmod C$ 或 $i = j \bmod 2^c$ 来描述直接映射中 Cache 块与主存块的对应关系，如图 4-35 所示。此对应关系表明，直接映射中每个 Cache 块可对应若干个主存块，而每个主存块只能固定地与某一 Cache 相对应。

直接映射中主存地址的高 m 位被分为两部分，低 c 位表示 Cache 字块地址，高 t 位表示主存字块标记（记录在与该主存块建立了对应关系的 Cache 块的标记中）。假设当前 CPU

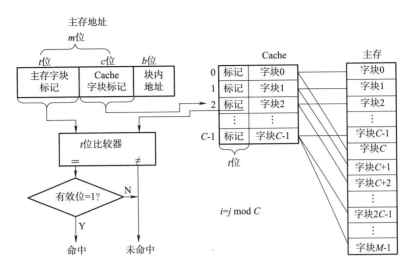

图 4-35 直接映射

发来的主存地址中 c 字段为 "00…010",根据此内容可在 Cache 中找到字块 2,取出 Cache 字块 2 中的标记,送入 t 位比较器与主存地址中的 t 位主存字块标记进行比较;当两者比较结果相同且有效位(表明当前 Cache 块中数据是否有效)为 1 时,表示该主存块已与 Cache 块建立了对应关系,即命中;当两者比较结果不同或有效位不为 1 时,表示主存块与 Cache 块未建立对应关系或当前 Cache 块无效,即未命中。

直接映射的优点在于实现简单,但其对应关系缺乏灵活性。各个主存块只能固定地映射到某一 Cache 块,当不符合对应规则时即使 Cache 中有空闲空间也无法使用,这使得 Cache 空间不能得到充分利用。当程序需要多次访问对应同一 Cache 块的不同主存块时,就可能出现 Cache 块内容频繁调入、调出的情况,降低了系统效率。

2. 全相联映射

全相联映射中,主存的每一字块可映射到 Cache 中任一字块中,只要 Cache 中有空位,就可将主存块映射到该位置,如图 4-36 所示。当 Cache 中没有空位时,可从 Cache 中替换出任一字块。采用全相联映射时,主存地址中主存字块标记为 $t+c$ 位,即 m 位,相应的 Cache 中的标记也为 m 位。当 CPU 访问某内存字时,需要将主存字块标记同 Cache 中所有标记进行比较,以确定该内存块是否在 Cache 中。显然全相联映射需要付出更多的硬件成本和时间成本来完成这种比较过程。

3. 组相联映射

组相联映射中,将 Cache 分为了 K 组,每组含 N 块,每一主存块可以映射到 K 组中相应组内的任一块。设 i 为 Cache 组号,j 为主存块号,i、j、K 之间满足关系 $i = j \bmod K$,如图 4-37 所示。组相联映射是对前两种方法的折中,主存块与分组之间为直接映射关系,与组内各块之间是全相联映射关系。组相联映射的性能和复杂度介于直接映射和全相联映射之间。

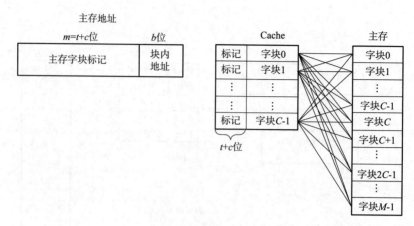

图 4-36 全相联映射

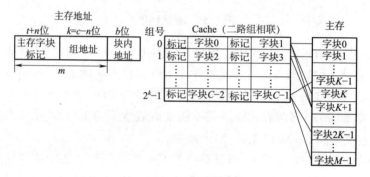

图 4-37 组相联映射

在组相联映射中,主存地址分为主存字块标记、组地址和块内地址 3 个字段。设 Cache 分组中块数为 2^n 块($N=2^n$),组地址字段 $k=c-n$(2^c 为 Cache 内的总块数),$K=2^k$ 为 Cache 分组个数,主存字块标记字段变为 $t+n$ 位。例如 $c=5,k=4$,则 $n=c-k=1$,表明 Cache 中总块数为 $2^c=32$ 块,分为 $2^k=16$ 组,每组包含 $2^n=2$ 块,通常将组内含两个字块的组相联映射称为二路组相联,同理还有四路组相联等。当 $n=0$ 时组相联映射即为直接映射,当 $n=c$ 时组相联映射即为全相联映射。

例 4-7 已知主存容量为 1M×16 位,Cache 容量为 2K×16 位,块长为 4 个 16 位的字,按字地址访存。请分别写出在直接映射、全相联映射方式和二路组相联方式下内存的地址格式,若主存容量变为 1M×32 位,在四路组相联方式下内存地址的格式又是什么?

解:(1)主存容量为 1M 字,$1M=2^{20}$,所以主存地址为 20 位。Cache 的容量为 2K 字,$2K=2^{11}$,所以 Cache 的字地址为 11 位,又因为块长为 4 个字,按字地址访存,所以块内地址占 2 位,Cache 共有 $2\,048/4=512=2^9$ 块,Cache 字块地址 $c=9$ 位。在直接映射方式下,主存字块标记为 $20-11=9$ 位。主存地址格式如图 4-38(a)所示。

(2)在全相联映射方式中,除 2 位作为块内地址外,其他位均为主存字块标记,即 $20-2=18$ 位,此时的主存地址格式如图 4-38(b)所示。

(3)二路组相联即每组内有两个字块的组相联映射。每块有 4 个字,每组两块,所以 Cache 内共有 $2\,048/4/2=256=2^8$ 组,组地址长度 $k=8$。主存字块标记为 $20-8-2=10$ 位,主存地址格式如图 4-38(c)所示。

(4)若主存容量变为 1M×32 位,字长仍为 16 位,按字地址寻址,主存容量可看作 2M× 16 位,$2M = 2^{21}$,所以主存地址为 21 位,其中块内地址占 2 位。由四路组相联可知,Cache 内共有 2 048/4/4 = 128 组,$128 = 2^7$,所以组地址为 7 位。主存字块标记为 21 − 7 − 2 = 12 位,主存地址格式如图 4-38(d)所示。

图 4-38 不同映射方式下的主存地址格式

4.5.3 Cache 的改进

早期系统中,CPU 与主存之间只有一级 Cache,随着生产工艺的提高,Cache 被做在 CPU 芯片内部,称为片内 Cache。CPU 与片内 Cache 之间的距离变得更短,CPU 在访问片内 Cache 时无须使用系统总线,提高了系统的整体效率。随着 CPU 工作速度的进一步加快, Cache 技术也在不断改进。

1. 多级 Cache

片内 Cache 处于 CPU 内部,与 CPU 内核距离更近,但也正因为处于 CPU 内部,所以容量不能做得很大。随着 CPU 访存次数的增多,有限的 Cache 容量逐渐导致命中率降低、替换操作频率增加。在片内 Cache 和主存之间再加一级片外 Cache 构成多级 Cache 可以有效地解决这一问题。此时片内 Cache 称为一级 Cache,片外 Cache 称为二级 Cache。在 CPU 与二级 Cache 之间设置专门的数据通道,不占用系统总线,可以进一步提高多级 Cache 系统的工作效率。随着访存需求和生产工艺技术的进一步提高,现代 CPU 中将二级 Cache 置于 CPU 内部,在片外或片内设置容量更大的三级 Cache。

2. 分立 Cache

早期 Cache 中数据与指令存放在同一 Cache 存储空间中，称为统一 Cache。但随着主存结构的发展及指令流水线等技术的需求，统一 Cache 也逐渐发展为分立 Cache，即将原来的 Cache 分为指令 Cache 和数据 Cache。

图 4-39 所示为通过 CPU-Z 软件检测得到的 Intel Core i5 3210M CPU 的各项参数，其中的 Cache 部分显示了此款 CPU 的三级 Cache 及其容量，其中一级 Cache 分为了数据 Cache 和指令 Cache。二级 Cache 是为了协调一级 Cache 和内存之间的速度。CPU 首先访问一级 Cache，当处理器的速度继续提升，导致一级缓存供不应求，此时就需要用到二级 Cache。二级 Cache 比一级 Cache 的速度相对较慢，但比一级 Cache 的容量要大。三级 Cache 是当读取二级 Cache 未获取数据时可以访问三级 Cache 来获取，三级 Cache 较二级 Cache 容量更大。在拥有三级 Cache 的 CPU 中，只有约 5% 的数据需要从内存中调用，大幅提高了 CPU 的效率。

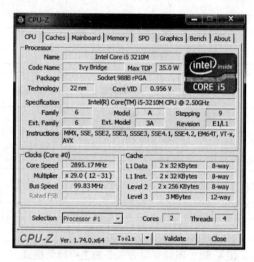

图 4-39　Intel Core i5 3210M CPU 参数

4.6　并行存储器

计算机系统对存储器工作速度和容量方面的要求越来越高，除了提高存储器传输速率、使用高速存储器件之外，还可以通过改进存储器结构来提高存储系统工作效率。

4.6.1　双端口存储器

双端口存储器指一个存储器具有两套独立的读/写控制电路，包括读/写控制线、片选线、地址线、数据线，两套读/写控制电路称为左端口和右端口，在一段工作时间内，两个端口可并行工作，如图 4-40 所示。

两个设备可以并行独立地对双端口存储

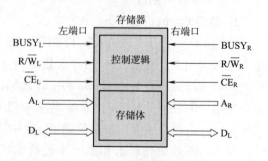

图 4-40　双端口存储器

器中数据进行访问。当所给的两个地址不同时,在两个端口上进行读/写操作不会发生冲突。当某一端口被选中时,该设备可对整个存储器进行读/写,利用相应数据通道获取数据。当两个端口同时存取存储器同一单元数据时,将会发生读/写冲突。为此设置 BUSY 位(忙标志位),由双端口存储器中的判断逻辑决定哪个端口优先进行读/写操作,对另一个端口置 BUSY 有效,暂时关闭该端口。当优先端口完成读/写操作后,将被延时端口的 BUSY 位清除,开放该端口,允许其进行读写操作。

两个设备同时访问双端口存储器时,除了有可能发生物理地址的冲突外,还可能发生逻辑冲突。例如,当右端口读取了某数据块,并将更新该数据块时,若在此处理过程中左端口企图读取该数据块,此时读出的数据可能是旧的数据,也可能是新的数据。为了避免这种冲突的发生,需要设置相应状态位,记录当前相关数据是否在更新过程中。

4.6.2 多体交叉并行存储器

多体交叉并行存储器中,存储器被分为若干个容量相同、字长均为主存字长的存储体,各存储体具有各自独立的地址寄存器(MAR)、数据寄存器(MDR)及其他读/写控制电路,各存储体可独立进行读/写操作,存储体的编址可采用高位交叉编址(也称顺序编址)和低位交叉编址两种方式,交叉编址意为编址过程在不同存储体之间交叉进行。多体交叉并行存储器工作时可同时启动多个存储体,并行工作,但由于共享系统总线资源,同时读出的多个字在总线上需要分时传送。

1. 高位交叉多体并行存储器

图 4-41 所示为一个四体交叉的高位交叉多体并行存储器。主存地址中高位表示体号,低位表示体内地址,体内地址连续,编址时先编满一个存储体后再顺序编址下一个存储体。体内顺序编址的方式也有利于存储器容量的扩充。在这类存储体中,不同的设备可以同时访问不同的存储体,实现多请求源之间的并行工作。例如,当 CPU 正在访问某存储体时,另一存储体可以和某一 I/O 设备进行信息交换。

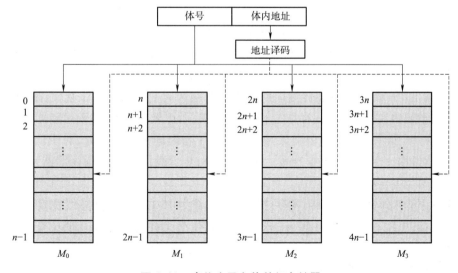

图 4-41 高位交叉多体并行存储器

2. 低位交叉多体并行存储器

图 4-42 所示为一个四体交叉的低位交叉多体并行存储器。与高位交叉的不同之处在于编址过程在相邻的存储体间连续进行，内存地址中低位表示体号，高位表示体内地址。例如，图中所示的四体高位交叉并行存储器，将某一单元地址与 4 做模运算后所得结果即为该单元所在存储体体号，所以低位交叉多体并行存储器又称为模编址多体存储器。

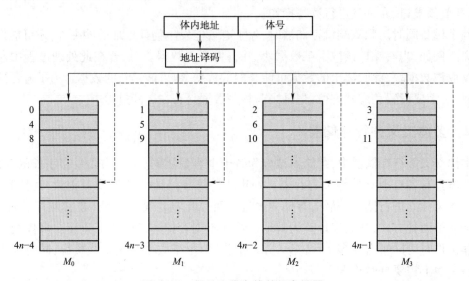

图 4-42　低位交叉多体并行存储器

3. 多体交叉并行存储器对存储器带宽的影响

采用多体交叉并行存储器对提高计算机系统工作效率十分有效，主要体现为在不改变每个存储体存取周期的情况下提高了存储器的带宽。因为多体之间的读/写控制电路相互独立，可以连续地依次启动各个存储体。以四体交叉的并行存储器为例，每个存储体的存取周期并未缩短，但由于 CPU 依次启动 4 个存储体，使 4 个存储体的读/写过程产生了时间重叠，使得在原来一个访存周期的时间内完成了 4 个存储字的存取，大幅提高了存储器的带宽，如图 4-43 所示（低脉冲为每个存储体存取操作的启动信号）。

进一步对多体交叉并行存储器性能进行量化分析，假设低位交叉并行存储器存储体数量为 n，存取周期为 T，总线传输周期为 t，存储字长与数据总线宽度相同。当采用多体交叉访问时，应满足 $T=nt$（n 个总线传输周期完成一个存取周期），必须保证启动某存储体后经 nt 后再次启动该体时，其上次的存取操作已经完成，所以要求低位交叉存储器的体数要不小于 n。图 4-44 所示为四体低位交叉并行存储器工作时间流程。因此，对于低位交叉并行存储器，连续读取 n 个字的时间 $t_1 = T+(n-1)t$，而对于高位交叉并行存储器来说，连续读取 n 个字的时间 $t_2 = nT$。

例 4-8　某四体并行存储器，各存储体存储字长为 16 位（与数据总线宽度一致），存取周期为 160 ns，总线传输周期为 40 ns，求当其为高位交叉并行存储器及低位交叉并行存储器时的存储器带宽。

解：以读取 4 个字的数据量为例进行分析，$m = 16 \times 4 = 64$ 位。

① 若为高位交叉，连续读出 4 个字所用的时间 t_1 为

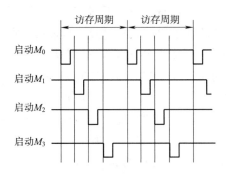

图 4-43　四体交叉并行存储器交叉访问

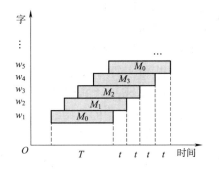

图 4-44　四体低位交叉并行存储器工作过程

$$t_1 = 160 \text{ ns} \times 4 = 640 \text{ ns}$$

该高位交叉并行存储器的带宽 s_1 为

$$s_1 = m/t_1 = 64 \text{ bit}/640 \text{ ns} = 1 \times 10^8 \text{ bit/s}$$

② 若为低位交叉,连续读出 4 个字所用的时间 t_2 为

$$t_2 = 160 \text{ ns} + 40 \text{ ns} \times (4-1) = 280 \text{ ns}$$

该低位交叉并行存储器的带宽 s_2 为

$$s_2 = m/t_2 = 64 \text{ bit}/280 \text{ ns} \approx 2.3 \times 10^8 \text{ bit/s}$$

4.7　虚拟存储器与辅助存储器

计算机系统中主存储器的容量一直是影响计算机性能的关键因素之一,由于成本等方面的原因无法将主存扩充到足够大,此时可以通过虚拟存储器技术来缓解这一矛盾,即在4.3 节存储系统的层次结构中已经提到主存-辅存层次结构。根据程序运行的局部性原理,在一个程序运行的某一时间段内仅会用到程序中的部分指令与数据,仅需将当前用到的指令与数据调入主存即可,而更多的内容可以先放在辅存中,需要时再将其调入主存,这就是虚拟存储器的基本工作过程。虚拟存储器技术利用容量较大成本较低的辅存空间缓解了主存容量不足的矛盾,降低了计算机系统的整体成本。

4.7.1　虚拟存储器

虚拟存储器的工作过程还涉及一些细节问题,如主存与辅存的存储空间如何划分、主存与辅存之间如何进行信息交换等,这些问题将在"计算机系统结构""操作系统"等相关课程中做系统的说明。下面主要就虚拟存储器的两种存储管理方式:段式存储管理和页式存储管理进行学习。

1. 段式存储管理

在程序设计过程中,通常将在功能上或逻辑上有一定独立性的程序段划分一个独立的程序模块或数据区域,以方便主程序或其他程序调用。每一个这样的程序段有自己的段名或段号,程序段的长度由组成该程序段中指令的条数决定,数据段的长度由段内包含的数据量决定。基于这样的应用需求,在实现主存与辅存之间的信息交换时也以"段"为基本单位,称为段式存储管理。

段式存储管理必须对主存空间按照段进行管理与分配,此时在程序中所使用的地址已不再是实际的物理地址,而是经过了一定的逻辑变换的地址,称为逻辑地址。段式管理中一个逻辑地址由段号和段内地址两部分组成,每段中第一个数据的段内地址默认为 0。在程序运行过程中,将需要用到的某一段调入主存并分配在一段连续的内存空间,完成这一过程需要在主存中记录每一个段的段起始地址、段长度、段的装入标志位三项关键信息,段起始地址给出该段在主存中的起始地址,段长度用于进行段访问时的地址越界检查,段的装入标志位表明当前该段是否已装入主存。在主存中用一个称为段表的结构来存放这些段信息,段表也可以看作是一个特殊的段,同时为访问段表,将其在内存中的起始地址记录在段基址寄存器中。

图 4-45 所示为地址转换过程示意图,将逻辑地址中的段号与段表基地址(段表起始地址)相加之和作为地址,找到段表中的某一表项,并检查该表项中的装入标志位,若装入标志位为 1,则表示该段已调入主存。接下来将表项中的段起始地址与逻辑地址中的段内地址相加,所得之和即为所访问信息在主存中的物理地址。若访问的表项中装入标志位为 0,表明该段尚未调入主存,由操作系统负责将该段从辅存调入主存。

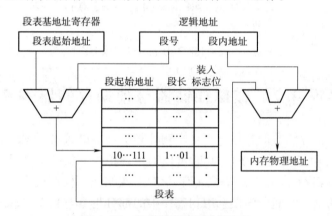

图 4-45 段式存储管理地址变换

2. 页式存储管理

页式存储管理是将虚拟地址空间和主存物理地址空间分为容量相等的页,页的大小通常为 2 的整幂次数。页式管理与段式管理的不同在于,段式存储管理中段是一个长度可变的程序单位,是由程序功能实现过程中的需求所引入的;页式存储管理与程序本身无关,是为了管理方便而人为地对程序进行的划分,且页长事先确定后就不再变化。页式管理的本质也是确定虚地址与主存实地址之间的对应管理,实现虚拟存储器与主存之间的地址转化,实现虚存与主存之间的信息交换。

页式存储管理中,虚拟地址由虚页号字段和页内地址字段组成,主存实际地址由实页号字段和页内地址字段组成,虚页号与实页号之间的关系通过页表来记录。用页表基址寄存器记录页表所在的位置,页表可以存放在虚拟存储空间(即辅存中),也可以存放在主存空间。虚地址中的虚页号对应页表中的某一个表项。每一个表项中包含控制位字段和该虚页所对应的主存中的实际页号。控制为字段中包括装入标志位、修改标志位、替换控制位及保护位等信息。

虚地址到实际地址的变换过程中,将虚地址中的虚页号和页表基地址相加,找到该虚页号在页表中对应的表项,从中取出该虚页所对应的实页的页号,将实页号与虚地址中的页内地址拼接在一起就构成了主存中的实际地址,如图 4-46 所示。

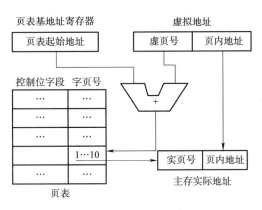

图 4-46 页式存储管理的地址变换

4.7.2 辅助存储器

辅助存储器又称为外部存储器,它与主存一起组成存储系统中的主存-辅存层次结构。辅存具有容量大、成本低的优势,且属于非易失性存储器,可脱机保存大规模数据信息。当前常用的辅助存储器有硬磁盘存储器、光盘存储器等。随着半导体存储设备在容量、速度、成本等方面的不断发展,越来越多的桌面计算机系统开始使用半导体存储设备(如固态硬盘)作为辅存,用成本较低的硬磁盘作为后备存储器,用于长期保存海量数据。

1. 硬磁盘存储器

硬磁盘存储器属于磁表面存储器,是将某些磁性材料涂抹于铝或塑料盘片表面作为磁载体实现信息存储。

(1) 硬磁盘存储器的读/写原理

硬磁盘存储器利用磁头装置来形成和判断磁表面上不同的磁化状态,写入时利用磁头使磁载体具有不同的磁化状态,将信息记录在磁信息中;读出时利用磁头判断当前磁表面的磁化信息。磁头是由软磁材料做铁芯并绕有读/写线圈的电磁铁。图 4-47 所示为磁头在磁表面上读写信息原理图。

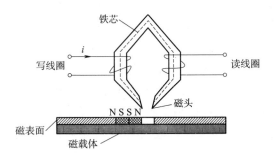

图 4-47 磁头在磁表面上读/写信息原理图

在执行写操作时,写线圈通过特定方向的脉冲电流,铁芯产生相应方向的磁通。由于磁芯为高导磁材料,而铁芯空隙处为非磁性材料,所以在铁芯空隙处产生很强的磁场,在这个磁场的作用下磁载体被磁化为相应极性的磁化位,即实现了信息存储。如果图 3-47 中所示的写线圈电流方向代表写入"1",则反方向的电流则实现写"0",一个磁化位记录一位二进制信息位,磁表面上磁化位密度越高所能记录的数据容量也就越大。在进行读操作时,通过磁头臂的摆动及磁盘片的转动完成寻址过程,磁头经过所要读取的磁化位。由于磁头中的铁芯是良好的导磁材料,磁化位中的磁力线很容易通过磁头形成闭合磁通回路,不同极性磁化位会产生不同的磁通路的变化,产生的感应电势的方向也就不同。通过对不同方向的感应电势进行放大并鉴别就可判断读出的信息是"1"还是"0"。

(2) 硬磁盘存储器的技术指标

硬磁盘存储器的主要技术指标包括存储密度、存储容量、存取时间及数据传输速率等。

在认识硬磁盘各项技术指标之前,先要了解硬磁盘面的信息分布情况。通常将硬磁盘表面称为记录面,一个盘片包含两个记录面。每个盘片包含几百到几千条磁道,每个磁道又分为若干个扇区。磁道上的编址是从外向内依次编号,最外一个同心圆为 0 磁道,最内的同心圆为 n 磁道,扇区也按照某种顺序进行编号,确定了磁道与扇区后便可找到盘面上需要访问的记录区。硬磁盘面上的地址由记录面号(也称磁头号)、磁道号和扇区号三部分组成。盘面上的扇区将磁道划分成若干个扇段,每扇段记录数据量相同,这也使得靠外磁道的磁密度低于靠内的磁道(为了实现更大的数据容量,有些硬盘在不同的扇段中可以记录不同的数据量)。多个记录面上同一编号的磁道组成一个柱面,所以磁道号也为柱面号。图 4-48 所示为硬磁盘记录面示意图。

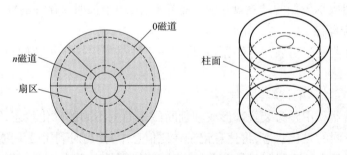

图 4-48 硬磁盘记录面示意图

存储密度分为磁道密度、位密度和面密度。磁道密度是指沿磁盘半径方向单位长度上的磁道数,单位通常为道/英寸。位密度是指在磁道单位长度上能记录的二进制代码位数,单位为位/英寸。面密度是指位密度与磁道密度的乘积,单位为位/平方英寸。

硬磁盘存储容量是指一个硬磁盘所能存储的总字节数。硬磁盘存储容量又分为格式化容量和非格式化容量。格式化容量是指按某种记录格式所能存放的数据总量,即用户能够使用的数据容量;非格式化容量是指磁表面所包含的磁化位的总量。硬磁盘通常需要先进行格式化才能够供用户使用,且硬磁盘格式化后的容量通常为非格式化容量的 60%~70%。

平均存取时间是指从发出读/写命令,磁头从某一位置开始移动至目标记录位置,开始从磁表面读出或写入数据并上传所需要的时间。平均存取时间由找道时间、等待时间和数据传送时间三部分构成。找道时间为将磁头定位至目标磁道上所需的时间。等待时间指完成找道后至磁道上的目标磁化位转到磁头下的时间。这两个时间由于动态的寻址过程而不固定,往往通过平均值来表示。平均寻道时间为最长寻道时间与最短寻道时间的平均值,用 T_s 表示,目前此值通常为几毫秒到十几毫秒。平均等待时间和磁盘转速有关,通常用盘片旋转一周所用时间的一半来表示,若 r 为磁盘旋转速率,则平均等待时间为 $1/2r$。数据传送时间为数据传送量与数据传输速率之间的比值,用 b 表示传送字节数,N 表示每磁道字节数,则平均存取时间 T_a 为

$$T_a = T_s + \frac{1}{2r} + \frac{b}{Nr}$$

数据传输速率是指硬磁盘存储器在单位时间内向主机传送的数据量,单位为 B/s,数据传输速率受存储设备与相关接口的影响。设磁盘旋转速度为 n 转/s,D 为磁道内的位密度,v 为磁盘旋转的线速度,则数据传输速率 D_r 为:

$$D_r = Nn \text{ 或 } D_r = Dv$$

例 4-9 某硬盘存储器有 4 片磁盘片,每片两个记录面,其中最上及最下的两个记录面不使用。存储区域内径为 20 cm,外径为 30 cm,道密度为 20 道/cm,最内磁道上位密度为 300 位/cm,磁盘旋转速度为 7 200 r/min。问:

① 该硬磁盘记录面共有多少条磁道?

② 该硬磁盘总容量是多少?

③ 该硬磁盘数据传输速率是多少?

④ 如果某文件大小超过一个磁道的容量,应该将其存放在同一记录面还是存放在同一柱面?

解:① 有效存储区域径向宽度为 $\frac{30}{2} - \frac{20}{2} = 5$ cm,所以磁道数 = 磁道密度 × 5 = 20 × 5 = 100 条。

② 最内磁道周长 $C = 2\pi r = 2 \times 3.14 \times 10 = 62.8$ cm;每条磁道的数据量为 $300 \times 62.8 = 18\ 840$ bit $= 2\ 355$ B;每个记录面的数据量为 $2\ 355 \times 100 = 235\ 500$ B;该硬磁盘共有 $2 \times 4 - 2 = 6$ 个记录面,则其总容量为 $235\ 500 \times 6 = 1\ 413\ 000$ B。

③ 该硬磁盘转速为 7 200 r/min = 120 r/s;硬磁盘传输率 $D_r = Nn = 2\ 355 \times 120 = 282\ 600$ B/s。

④ 若某文件大小超过了一个磁道的容量,则应将其记录在同一柱面上,因为这样避免了再次寻道的时间浪费,平均存取时间较短。

2. 固态硬盘

固态硬盘(Solid State Drives,SSD)简称固盘,是采用半导体存储芯片(包含 Flash 芯片及 DRAM 芯片)阵列制成的硬盘,如图 4-49 所示。固态硬盘在接口的规范和定义、功能及使用方法上与普通硬盘的完全相同,在产品外形和尺寸上也与普通硬盘相似。由于固态硬盘采用闪存作为存储介质,使其具有读取速度快、容量大、功耗低、噪声低、重量轻便等优点,其价格也在逐步降低,越来越多的笔记本计算机、一体机及台式机开始采用固态硬盘替代硬磁盘作为辅助存储器。

固态硬盘采用 NAND 型闪存芯片构成辅存系统,其存储原理与工作过程与人们常用的

U 盘无本质区别，只是容量更大、存取速度更快。固态硬盘可采用当前常见的 USB、SATA 及 IDE 等总线接口，通过这些标准的磁盘接口与计算机系统的 I/O 系统连接。

图 4-49　固态硬盘

习　题

一、选择题

1. 某计算机字长 32 位，其存储容量为 16 MB，若按双字编址，它的寻址范围是_____。

   A. 16 MB　　　　B. 2 M　　　　C. 8 MB　　　　D. 16 M

2. 某一 RAM 芯片，其容量为 512×8 位，包括电源和接地端，该芯片引出线的最小数目应是_____。

   A. 23　　　　　B. 25　　　　　C. 50　　　　　D. 19

3. 双端口存储器在_____情况下会发生读/写冲突。

   A. 左端口与右端口的地址码不同

   B. 左端口与右端口的地址码相同

   C. 左端口与右端口的数据码相同

   D. 左端口与右端口的数据码不同

4. 采用虚拟存储器的主要目的是_____。

   A. 提高主存储器的存取速度

   B. 扩大主存储器的存储空间，并能进行自动管理和调度

   C. 提高外存储器的存取速度

   D. 扩大外存储器的存储空间

二、填空题

1. 对存储器的要求是(　　　)、(　　　)、(　　　)，为了解决这三方面的矛盾计算机采用多级存储体系结构。

2. 存储容量的扩展通常包括(　　　)、(　　　)、(　　　)3 种扩展方式。

3. Cache 称为(　　　)存储器，是为了解决 CPU 和主存之间(　　　)不匹配而采用

重要技术。Cache 分为（　　　）Cache 和（　　　）Cache。

三、计 算 题

1. CPU 执行一段程序时，Cache 完成存取的次数为 5 000 次，主存完成存取的次数为 200 次。已知 Cache 存取周期为 40 ns，主存存取周期为 160 ns。求：

（1）Cache 命中率 h。

（2）Cache/主存系统的访问效率 e。

（3）平均访问时间 T_a。

2. 某硬盘存储器转速为 3 000 r/min，共有 4 个记录面，每毫米 5 道，每道记录信息为 12 288 B，最小磁道直径为 230 mm，共有 275 道。问：

（1）该硬盘存储器的容量是多少？

（2）最高位密度与最低位密度是多少？

（3）磁盘数据传输速率是多少？

（4）平均等待时间是多少？

3. 设 CPU 共有 16 根地址线，8 根数据线，并用-MREQ（低电平有效）做访存控制信号，R/-W 作读/写命令信号（高电平为读，低电平为写）。现有这些存储芯片：

ROM（2K×8 位，4K×4 位，8K×8 位）、RAM（1K×4 位，2K×8 位，4K×8 位）、74138 译码器和其他门电路（门电路自定）。选用合适的芯片，按以下要求完成设计：

（1）最小 4K 地址为系统程序区，4 096～16 383 地址范围为用户程序区，写出地址起止范围。

（2）指出选用的存储芯片类型及数量。

（3）详细画出片选逻辑。

四、综合实训

1. 检查实验室或自己的计算机中存储器相关部件，观察其外观、接口，考察其品牌、性能参数，利用本章所学内容对其进行分类；查阅资料提出存储系统各部件的维护和升级方案。

2. 在 Windows 7 或 Windows 10 操作系统下，利用 CPU-Z 或硬件大师等应用程序查看计算机系统中的存储器相关参数指标；调整虚拟存储器空间大小，考察其对系统性能的影响。

第 5 章 输入/输出系统

学习目标

知识目标：
- 了解输入输/出系统的基本组成。
- 掌握输入/输出接口的工作原理及组成。
- 掌握程序查询方式的工作原理及特点。
- 掌握程序中断方式的工作原理及特点。
- 掌握 DMA 方式的工作原理及特点。
- 了解常见输入/输出设备的工作原理。

能力目标：
- 从输入/输出接口的功能特点认识分析输入/输出系统的工作过程。
- 能表达程序查询方式在计算机软硬件设计过程中的作用。
- 理解并能运用程序中断工作方式实现异常或多任务等计算机工作过程。
- 找出并理解计算机系统中典型的 DMA 工作过程。

知识结构导图

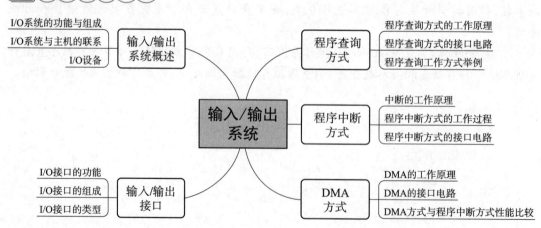

●●●● 5.1 输入/输出系统概述 ●●●●

I/O 系统是计算机系统的重要组成部分,实现计算机系统中各部件之间的数据交换。由于 I/O 设备种类繁多、功能结构各异,与主机进行连接及数据交换的方式各不相同,使得 I/O 系统结构形态丰富、工作运行状态复杂多变。

从实现连接的角度看,由于功能和工作环境的不同,I/O 设备有机械式、电子式等形态,其处理的数据可以是模拟量或数字量;从工作速度的角度看,不同 I/O 设备数据传输速率相差悬殊,例如人们在使用键盘手动输入信息时,字符与字符之间的时间间隔可能是数秒甚至更长的时间;而一些如硬磁盘、图形图像适配器、网络适配器等高速 I/O 设备的一次工作过程却能达到每秒数兆字节的数据传输速率。大体上可将 I/O 设备从工作速度的角度分为三类:第一类是数据极慢或极简单的 I/O 设备,如一些 LED 指示灯、机械按钮或开关等,CPU 能对这些设备做出足够快的响应,可以及时接收这些设备发来的信息,也可以不用检查其当前的状态而将数据发往这些设备;第二类是慢速或中速的 I/O 设备,这类设备的工作速度与 CPU 相比仍较慢,或者其数据的传输过程不规律,与这些设备的信息交换过程需要采用异步方式来进行,即通过主从双方的状态检测与应答过程来进行;第三类是高速的 I/O 设备,这类 I/O 设备工作速度快,数据传输过程较规则,与主机之间可以采用同步方式进行数据交换,即主从双方按照某一相同的基准时钟实现数据交换的过程。

5.1.1 输入/输出系统的功能与组成

1. I/O 系统的功能

I/O 系统的功能即实现主从设备之间的数据输入与输出。CPU 是计算机 I/O 系统中最典型的主设备,很多数据交换过程都由 CPU 引发和控制,因此以 CPU 为主设备来讨论 I/O 系统的工作过程。

CPU 从 I/O 设备读数据或向 I/O 设备写数据的过程与内存的读/写过程有相似之处。CPU 从某 I/O 设备读取数据(I/O 系统的输入过程)的典型过程为:①CPU 将需要访问的目标设备的地址放在地址总线上,实现选中某一 I/O 设备;②I/O 设备进入准备阶段,CPU 等待 I/O 设备数据有效;③CPU 读取有效数据并将其放入某寄存器中。CPU 向某 I/O 设备写入数据(I/O 系统的输出过程)的典型过程为:①CPU 将需要访问的目标设备的地址放在地址总线上,实现选中某一 I/O 设备;②CPU 将数据放在数据总线上;③目标设备从数据总线上将有效数据取走。

I/O 系统的基本功能和典型工作过程要靠 I/O 系统的软硬件组成结构来实现。

2. I/O 系统的组成

I/O 系统由 I/O 软件部分和 I/O 硬件部分组成。

(1)I/O 软件

I/O 软件实现主从设备间数据的输入/输出及过程控制,软件功能借助相应的 I/O 指令编程实现。不同功能类型的 I/O 设备所使用的 I/O 指令也不相同,大体上可将 I/O 指令分为通用型 I/O 指令和专用型 I/O 指令两类。

通用型 I/O 指令指 CPU 指令系统中提供的涉及 I/O 功能的指令,其一般格式如图 5-1

所示。I/O 指令的格式与普通机器指令相似,不同之处在于 I/O 指令中要提供 CPU 与 I/O 设备进行数据交换过程中的相应参数。操作码表示当前指令为 I/O 指令,命令码表示当前要做的是读或写操作,设备码及设备地址实现从多种 I/O 设备中选择目标设备。

图 5-1　通用型 I/O 指令的一般格式

专用型 I/O 指令是指当有专门的设备负责管理 I/O 系统的工作过程时所使用的指令。这些专门的设备具有指令执行功能、可执行小规模的程序,如通道、I/O 处理机等。专用型 I/O 指令用于完成较大规模数据交换,指令中要指出目标设备的设备地址、操作类型、需要读或写的数据所在存储空间中的首地址、需要传送的数据量等信息。例如,通道中的 I/O 指令也称为通道指令,完成相应的 I/O 操作,如磁盘的读/写、磁盘寻道及磁带机走带等。

(2) I/O 硬件

I/O 系统中的硬件部分主要由 I/O 接口和 I/O 设备两大部分组成,其中 I/O 接口除了实现 I/O 设备(即外设)与主机之间的数据通道之外,还要实现如数据格式与数据传输速率的匹配、电平转换、接插件连接等功能。

5.1.2　输入/输出系统与主机的联系

I/O 系统与主机的联系包含两个层面:一是 I/O 系统与主机的连接,包括 I/O 设备的编址方式、寻址方式、传送方式、与主机的联络方式等;二是 I/O 设备与主机的数据传输过程的控制,典型的过程控制方式包括程序查询方式、程序中断方式、DMA 方式、通道方式及 I/O 处理机方式等。

1. I/O 系统与主机的连接

主机通过给定设备地址在多个 I/O 设备中选中目标设备,并通过某种联络方式实现数据信息的传送。

(1) I/O 设备的编址与寻址

I/O 设备的地址也称 I/O 设备编码,在访问某 I/O 设备前首先要确定设备地址。当 I/O 设备通过 I/O 接口与主机进行连接时,I/O 设备地址即为相应的 I/O 接口地址。对 I/O 设备的编址方式有两种:统一编址与独立编址。统一与独立是相对于计算机系统对于内存的编址而言的。

统一编址是将 I/O 设备的地址看作内存地址的一部分,在内存的寻址空间分出一部分地址空间用于对 I/O 设备进行编址(也称为内存映射 I/O 技术)。统一编址带来的好处是 CPU 可以使用与访问内存相同的指令访问 I/O 设备,在指令系统中不需要添加专门的访问 I/O 设备的指令。但统一编址占用了部分内存空间,实际上是减少了主存容量。单片机系统中多采用统一编址方式。图 5-2 所示为 Freescale 公司 MC9S12XS128 单片机的存储空间分配图,其 0x0000~0x07FF 地址空间即是用于 I/O 设备编址,

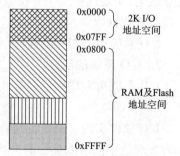

图 5-2　MC9S12XS128 单片机存储空间分配图

则 2K 个地址与此单片机系统中的其他 RAM 及 ROM 存储器属于统一的编址空间。

独立编址是指 I/O 设备编址空间与内存编址空间是相互独立的,这种编址方式不会影响内存地址空间,但是访问这些 I/O 地址时需要使用专门的指令。图 5-3 所示为通过 Windows 10 操作系统中的设备管理器查看到的 Realtek 网卡的设备属性页,其中显示的该网卡的 I/O 地址范围为 3 000～30FF。

图 5-3　Realtek 网卡的设备属性页

对于某一计算机系统,具体采用统一编址还是独立编址,取决于其 CPU 的体系结构。例如,PowerPC、M68K 等采用统一编址,而 x86 等则采用独立编址。

系统中每个 I/O 设备或每个 I/O 接口都获得相应地址后,主机便可通过这些地址对 I/O 设备进行访问。当需要访问某一设备时,在 I/O 指令的设备码字段给出该设备的地址,通过设备选择电路即可选中相应的目标设备。

（2）并行与串行传送方式

计算机在处理数据时可以字节为单位进行处理,也可以单独处理二进制位,在进行数据传输时可以一次传送多位,也可以一次传送一位,即并行传送和串行传送,如图 5-4 所示。

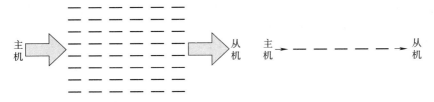

图 5-4　并行传送与串行传送

并行传送方式是指在某一时刻,多位信息同时从主设备输出至从设备或由从设备输入至主设备。并行传送方式的优点在于数据传输速率高,但因为每一位需要占用一条数据通道,所以要求的数据线路较多,硬件成本较高。

串行传送方式是指在某一时刻只传送一位信息,连续逐位地实现多位信息的传送。串行传送方式传送数据较慢,但只需一条数据线路,硬件成本较低。随着单线总线数据传输速率的提高、差分技术的应用,串行传送技术得到快速发展,如 USB 总线、CAN 总线由于传输速率高、硬件成本低而被广泛使用。

(3)主机与 I/O 设备的联络方式

主机与 I/O 设备的联络方式是指在数据交换的过程中,双方获知彼此所处的状态(包括是否准备好发送数据、数据接收是否完毕、数据是否出错等)的方式。这些联络方式大体可以分为立即响应方式、异步应答方式和同步时标方式 3 种。

立即响应方式指当接收到 I/O 指令后,相应 I/O 设备立即响应而无须做任何联络过程。这种方式适用于工作速度极慢的 I/O 设备,如 LED 指示灯的亮灭、开关的通断等。

异步应答方式适用于当 I/O 设备与主机之间工作速度不匹配时或数据传送过程不规律时,在实现数据交换之前要通过应答方式的联络信号告知及获取对方的状态信号,以实现具体的数据交换工程。如图 5-5 所示,当 CPU 将输出数据送至 I/O 接口,I/O 接口向 I/O 设备发出一个 Ready 信号,告知 I/O 设备数据已准备好,可将数

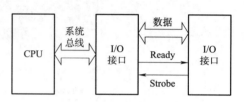

图 5-5　异步应答联络方式

据取走。I/O 设备将数据取走后向 I/O 接口返回一个 Strobe 信号(Strobe 为频闪之意,此处意为回答、答复),I/O 接口接到 Strobe 信号后立即转告 CPU 数据已被取走,可以开始下一次传送过程。

主从设备间还可以通过一系列特殊的信号标记实现异步通信过程的联络,图 1-33 所示的异步串行通信过程中,采用一定时长的低电平作为起始位,采用一定时长的高电平作为停止位实现了传送过程开始与结束的联络。

同步时标方式是指主从设备在进行数据交换过程中工作速度完全同步,图 5-6 所示为同步时标联络方式,其中 SPI 同步接口可查阅关于 SPI 的相关知识。在同步时标方式下主设备向从设备发送数据时,主设备若以 9 600 bit/s 的速率发送,从设备也必须以 9 600 bit/s 的速率接收才可以接收到正确的数据。要实现同步时标方式,主从双方之间必须具有联络双方工作速率的专用线路,有了同步时标,主从双方之间就可以进行高速的同步数据交换。

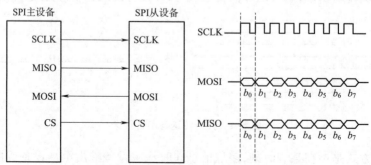

图 5-6　同步时标联络方式

2. I/O 设备与主机传递消息的控制方式

I/O 设备与主机之间的数据交换过程有简有繁、有快有慢,交换过程的控制方式也各不相同,其中主要包括程序查询方式、程序中断方式、DMA 方式、通道方式和 I/O 处理机方式,如图 5-7 所示。程序查询方式和程序中断方式主要适用于数据传输速率较低的 I/O 设备,而 DMA 方式、通道方式和 I/O 处理机方式适用于数据传输速率较高的 I/O 设备。程序查询方式、程序中断方式和 DMA 方式常用于微型计算机中,通道方式和 I/O 处理机方式多用于大型计算机。本书中主要讨论前 3 种方式,通道方式和 I/O 处理机方式在后续相关课程中会学到。

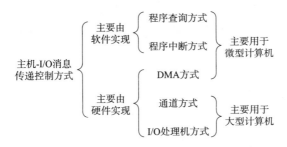

图 5-7　I/O 设备与主机传递消息的控制方式

(1)程序查询方式

程序查询方式是指 CPU 定时地或循环地执行查询程序获取 I/O 设备状态信息,以实现信息交换的过程。显然,在 CPU 执行查询程序的过程中无法再执行其他程序而仅能为当前 I/O 设备服务。采用此种方式的 I/O 设备通常工作速度较慢,查询过程百分之百地占用 CPU 的工作时间,导致计算机系统工作效率不高。在 I/O 设备功能简单、系统效率要求不高的场合适用此方式。

用一个例子来说明此种控制方式。例如,老师要分给 10 位学生每人吃 5 个苹果,如果采用程序查询方式来完成此任务,则老师先拿出一个苹果给 1 号学生吃,1 号学生在吃苹果的过程中老师一直在询问"你吃完了吗?",其他什么也不做。直到老师得到学生的答复"我吃完了"则给其第二个苹果,接着继续询问,依此类推,直到 1 号学生吃完了 5 个苹果。接着采用同样的方式完成后续学生每人吃 5 个苹果的任务。显然此种方式效率很低,老师在查询过程中只能为一位学生服务,每位学生吃苹果的过程串行进行。此例中,老师相当于 CPU,学生相当于 I/O 设备,老师分发苹果相当于 CPU 与 I/O 设备之间的数据交换。

(2)程序中断方式

程序中断方式中,I/O 设备主动发出请求通知 CPU 其已准备好进行数据交换,CPU 接到请求后停止当前主程序的运行,转入中断服务子程序运行以实现与 I/O 设备的数据交换,中断服务子程序运行结束后 CPU 返回原主程序继续运行。程序中断方式适用于数据交换请求随机出现的场景中,一旦有设备提出请求,CPU 立即响应并执行中断服务程序,无请求的情况下 CPU 再运行主程序。从整体过程看,CPU 运行主程序的过程与 CPU 与 I/O 设备交换数据的过程在时间上存在一定的并行性,系统效率较高,但需要有更加复杂的软件和部分硬件支持。

沿用前面分发苹果的例子来说明程序中断方式。在程序中断方式下,老师先向每位学生分发 1 个苹果,学生吃苹果的过程中,老师同时在批改作业。当某一时刻某学生吃完了第一个苹果时,他便举手报告老师,老师发现有学生举手发出请求,则停止批改作业为该学生分发第二个苹果,依此类推。此种方式下,老师既能实现为学生分发苹果的任务,又兼顾了批改作业的任务,效率得到提高;因为学生吃苹果的速度各不相同,请求下一个苹果的时间存在偶然性,所以采用程序中断方式实现了对突发事件的处理。这其中还有一些具体问题需要解决,例如老师看到学生举手时如何记录他批改作业的位置,若同时有两个或更多的学生举手如何处理等,这些问题将在 5.4 节中讨论。

(3) DMA 方式

DMA 方式即直接内存访问方式,是一种完全由硬件控制完成数据交换的方式。在此方式下,DMA 控制器从 CPU 接管总线控制权,在 DMA 控制器的控制下 I/O 设备不经过 CPU 直接实现与内存的数据交换。此时,CPU 工作与 I/O 设备工作的并行性更高,仅在 I/O 设备向 CPU 请求并获取总线控制权的过程中 CPU 需要停下主程序,而其他时间两者均可并行工作。此种方式适用于 I/O 设备需要与内存进行高速、大规模数据交换的场合,如辅存、显示适配器与主存交换数据的过程。

继续前面分发苹果的例子,在 10 位学生中,有些学生吃苹果的速度较快,在提出申请并得到老师的授权后,这些学生可以自行到苹果箱中取得苹果,使得整体上任务完成的效率更高。

(4) 通道方式与 I/O 处理机方式

通道是具有一定的程序执行功能的处理器,可以控制局部的数据交换过程;而 I/O 处理机功能更加强大,能够完成更加复杂、高速的数据交换控制任务。在这两种方式下,CPU 将控制权下放到通道及 I/O 处理机中,由它们完成相关主从设备的数据交换过程,CPU 自身可以集中精力高速执行主程序,CPU 的工作效率得到很大提高。但为了实现通道和 I/O 处理机,需要付出更多的硬件成本。

类比前面分发苹果的例子,老师有更重要的工作需要处理,则将学生分组,每组选出组长,由组长负责完成分发苹果的任务。

5.1.3 输入/输出设备举例

I/O 设备也称外围设备,在计算机系统中除 CPU 与内存外其他设备都可以称为 I/O 设备,其功能是实现计算机系统之间,或计算机与用户之间的信息沟通。I/O 设备就像人的五官和四肢,有了它计算机才能从外界接收信息,才能对处理的结果进行表达和反馈。随着计算机技术发展、计算机应用领域的扩展,I/O 设备的类型越来越多、使用方法越来越人性化、智能化程度越来越高。典型的 I/O 设备包括辅助存储设备、图形图像显示设备、数据输入设备、打印设备、音频/视频设备等。下面以触摸屏显示器、OLED 显示屏和 3D 打印机为例进行简要说明。

1. 触摸屏显示器

触摸屏显示器不仅可以替代鼠标、键盘实现信息输入,还具有显示器功能,可以实现信息输出。触摸屏技术的出现极大地改善了手机、平板计算机等可移动、便携式计算机系统的使用体验,使得原来只能在 PC 上实现的功能快速转移到移动平台上面。根据触摸屏的工作原理和传输信息的介质的不同,常见的两种触摸屏为电阻式触摸屏、电容式触摸屏。每一类触摸屏都有其各自的优缺点,适用于不同场合。

使用触摸屏时可以用手指或其他物体触摸安装在显示器前端的触摸屏,然后系统根据手指触摸的图标或菜单位置定位选择信息输入。触摸屏由触摸检测部件和触摸屏控制器组成;触摸检测部件安装在显示器屏幕前面,用于检测用户触摸位置,接收后送触摸屏控制器;而触摸屏控制器的主要作用是从触摸点检测装置上接收触摸信息,并将其转换成触点坐标,再送给CPU,它同时能接收CPU发来的命令并加以执行。之后CPU将处理结果以字符、图形、图像等形式显示在触摸屏的液晶显示器上。

(1) 电阻式触摸屏

电阻式触摸屏的主要部分是一块贴合在液晶屏表面的电阻薄膜屏,这是一种多层的复合薄膜,如图5-8所示。电阻式触摸屏的内层以一层玻璃或硬塑料平板作为基层,表面涂有一层透明氧化金属(ITO氧化铟,透明的导电电阻)导电层;电阻式触摸屏的外层外表面是经硬化处理且光滑防擦的塑料层,内表面也涂有一层ITO涂层;在电阻式触摸屏的内层与外层之间有许多细小的(小于1/1 000英寸)的透明隔离点把两层导电层隔开绝缘。当手指触摸屏幕时,两层导电层在触摸点位置就有了接触,控制器侦测到这一接触并计算出(x,y)的位置,再根据模拟鼠标的方式运作。这就是电阻技术触摸屏的最基本原理。

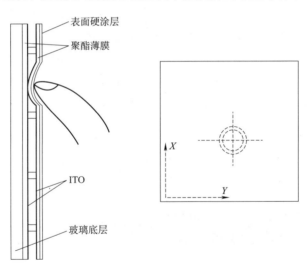

图5-8 电阻式触摸屏

电阻式触摸屏成本较低,反应灵敏度较高,由于工作环境与外界完全隔离,不怕灰尘和水汽,能适应各种恶劣的环境。它可以用任何物体来触摸,稳定性能较好,使用寿命相对较长。电阻式触摸屏的缺点在于在使用时需要一定的压力,长时间使用容易造成表面材料的磨损;灵敏度不容易调整,容易出现灵敏度的不均衡;受到干扰外力作用时容易引起误操作。

(2) 电容式触摸屏

利用人体的电流感应进行工作。用户触摸屏幕时,由于人体电场,用户和触摸屏表面形成一个耦合电容,对于高频电流来说,电容是直接导体,于是手指从接触点吸走一个很小的电流。这个电流分别从触摸屏的四角上的电极中流出,并且流经这4个电极的电流与手指到四角的距离成正比,控制器通过对这4个电流比例的精确计算,得出触摸点的位置。

电容式触摸屏耦合电容的方式直接受温度、湿度、手指湿润程度、人体体重、地面干燥程度影响,受外界大面积物体的干扰也非常大,带来了不稳定的结果。但电容式触摸屏的透光率和清晰度均优于电阻屏,所以目前各类带有触摸屏的消费电子产品多采用电容式触摸屏。

随着触摸屏应用水平的不断提高,又出现了多点触控技术,其特点是可以两只手、多个手指、甚至多个人同时操作触摸屏上的触控内容,使用户的使用过程更加灵活和人性化,尤其是在便携式的消费电子产品中。例如,当前大多数触摸屏手机均可实现用两个手指在屏幕上的捏合动作对图片进行放大和缩小,通过多个手指的划动或捏合实现屏幕的旋转或切换等。

2. OLED 显示屏

OLED(organic light-emitting diode)显示屏即有机发光二极管显示屏,其基本工作原理为有机半导体材料和发光材料在电场驱动下,通过载流子的注入和复合实现发光。由于其相比 LCD 显示屏具有功耗低、亮度高、响应快、清晰度高、发光效率高、更轻薄等诸多优势,近年来被广泛地应用于 PC、家庭多媒体显示器及手机等各类移动终端。

图 5-9 所示为 OLED 显示屏结构示意图,从下到上依次为基板、阳极、导电层、发射层和阴极。基板可为透明塑料、玻璃、金属箔等材料,用来支撑整个 OLED 显示屏。阳极在电流流过设备时增加空穴消除电子,透明。导电层由有机塑料分子构成,这些分子传输由阳极而来的空穴。发射层由有机塑料分子(不同于导电层)构成,这些分子传输从阴极而来的电子,发光过程即在此层进行。当设备内有电流流通时,阴极会将电子注入电路。阴极可以是透明的,也可以不透明,视 OLED 用途类型而定。OLED 发光的过程包括 4 个步骤,分别为电子和空穴的注入、电子和空穴的传输、电子和空穴的再结合、激子的退激发光。

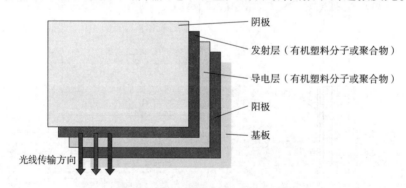

图 5-9 OLED 显示屏结构示意图

OLED 显示屏有多种分类方式。按驱动方式分,可分为主动式和被动式。主动式一般为有源驱动,被动式为无源驱动。在实际应用过程中,有源驱动主要是用于高分辨率的产品,而无源驱动主要应用在显示器尺寸比较小的显示器中。按构成 OLED 材料的有机物类型分,可分为小分子 OLED 和高分子 OLED。这种分类方法主要体现在制作工艺上,小分子 OLED 主要采用真空热蒸发工艺,高分子 OLED 主要采用旋转涂覆或者喷涂印刷工艺。

3. 3D 打印机

3D 打印是一种以数字模型文件为基础,运用粉末状金属或塑料等可黏合材料,通过逐层打印的方式来构造物体的技术。3D 打印的过程很类似于喷墨打印机的过程,所以称为3D 打印机。3D 打印机可以"打印"出真实 3D 物体,功能上与激光成型技术一样,采用分层加工、叠加成形,即通过逐层增加材料来生成 3D 实体,与传统的去除材料加工技术完全不同。3D 打印技术具有速度快、价格便宜、使用方便等优点,是当前计算机技术和制造技术领域的热点。图 5-10 所示为 3D 打印技术原理。

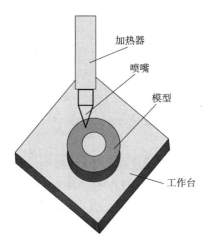

图 5-10　3D 打印技术原理

3D 打印技术在制造业、航空航天、医疗、建筑业等众多领域被广泛应用,并给某些领域带来颠覆性的技术革新。同时 3D 打印技术也正在逐步进入普通家庭,给人们的日常生活带来更多便利与乐趣。

5.2　输入/输出接口

在学习程序设计过程中,通常将函数或子程序的声明称为软件接口,它们连接了不同的程序执行场景。计算机硬件概念中的接口是指两个系统或系统中两个部件之间的交接部分,即实现两种硬件设备数据交换的电路,如图 5-11 所示。

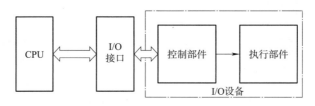

图 5-11　输入/输出接口

5.2.1　输入/输出接口的功能

各类 I/O 设备的功能和工作方式各不相同,这时也需要 I/O 接口的功能能够满足相应 I/O 设备工作过程的需求,如设备寻址、速率匹配、并串转换、电平匹配、操作控制、状态反馈等。这些功能都是通过 I/O 接口电路中不同功能的寄存器来实现的,例如用于存放数据需要数据寄存器,称为数据端口;发送命令需要控制寄存器,称为控制端口;查询状态需要状态寄存器,称为状态端口,等等。可见,I/O 接口的功能就是由一系列 I/O 端口来实现的,I/O 接口的地址本质上即是 I/O 端口的地址(计算机网络领域也有端口地址的概念,但含义与此处不同)。

经过归纳,I/O 接口通常应具备设备寻址、数据传送、命令传送、状态反馈等功能。

1. 设备寻址功能

在计算机系统中,多个 I/O 设备通过 I/O 接口连接在系统总线上,此时 CPU 发出目标设备的设备编码(或称设备地址)进行设备寻址。设备编码通过设备选择电路送至各个 I/O 接口,I/O 接口具备设备选址功能,即每个 I/O 接口会将接收到的设备编码与自身进行匹配,若匹配相符则该设备被选中,I/O 接口向 I/O 设备发出选中信号 SEL,通知 I/O 设备开始做数据交换前的准备工作,如图 5-12 所示。

2. 数据传送功能

I/O 设备通过 I/O 接口与系统总线连接,主从设备间的数据交换必须经过 I/O 接口,所以数据传送功能是 I/O 接口应具备的最基本的功能。通常在 I/O 接口中设置数据缓冲器(data buffer register,DBR)来实现数据的传送、缓冲和暂存功能。数据缓冲器的位数依据 I/O 设备传送数据的位数而定。有些 I/O 设备需要采用串行总线进行数据传输,所以需要数据缓冲器具有并-串转换功能。

3. 命令传送功能

CPU 与 I/O 设备进行数据交换的过程中需要向 I/O 设备发送读、写、停止、等待等命令,也称为命令码。在 I/O 接口中需要设置命令寄存器实现操作命令的接收,并设置命令译码器实现命令的解析,然后 I/O 设备便可以根据命令的内容做出相应的操作。命令码的接收是在设备寻址过程之后才能进行的,命令码只对 CPU 选中的设备有效,如图 5-13 所示。

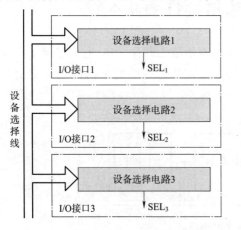

图 5-12　I/O 接口的设备寻址功能

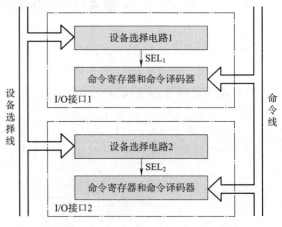

图 5-13　I/O 接口的命令传送功能

4. 状态反馈功能

CPU 在执行程序的过程中需要随时了解当前 I/O 设备所处的状态,以判断是否执行某项操作。在 I/O 接口中设置多位触发器来反应 I/O 设备的工作状态。例如,I/O 设备处于准备阶段时置工作触发器 B 为 1,当 CPU 查询 B 触发器状态为 1 时判断当前 I/O 设备处于准备状态或称忙状态;再如,当 I/O 设备准备工作完成时置完成触发器 D 为 1,当 CPU 查询 D 触发器状态为 1 时判断当前 I/O 设备准备工作已完成,可以进行后续的数据传送过程。显然这两位触发器在某一时刻不能同时为 1,当这两位同时为 0 时表明当前 I/O 设备处于停止状态。

5.2.2 输入/输出接口的组成

通常将 I/O 接口的各项功能所涉及的电路封装在一个芯片中,称为 I/O 接口芯片,其结构如图 5-14 所示。I/O 接口的基本结构中,设备选择电路实现设备寻址功能;数据缓冲器实现数据传送功能;命令寄存器和命令译码器实现命令传送功能;设备状态标记实现状态反馈功能。

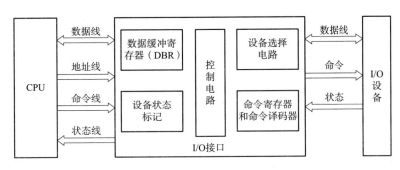

图 5-14　I/O 接口的结构

图 5-14 中地址线用于传送设备编码,其宽度取决于 I/O 指令中设备码的位数。数据线完成 I/O 设备与主机之间的数据交换,它的宽度通常设计为与存储字长一致。对于不同的 I/O 设备,数据线方向可能不同,例如,对于辅助存储设备来说数据线为双向的,对于键盘或打印机来说数据线就为单向的。命令线传输 CPU 发出的各类命令,其位数与 I/O 系统中命令信号的总数有关。状态线用于 I/O 设备向主机反馈各类状态信号,向主机告知其当前状态。

5.2.3 输入/输出接口的类型

I/O 设备的功能和工作特点的不同使得 I/O 接口也有不同的类型,可以从不同角度对 I/O 接口进行分类。

1. 按数据传送的方式分类

按数据传送的方式分类,可将 I/O 接口分为并行接口和串行接口。CPU 与 I/O 设备进行数据交换时有并行方式和串行方式两种,若是并行设备则需要通过并行接口连接和管理该设备实现与 CPU 的数据交换,并行接口芯片如 Intel 8255;反之,若为串行传送方式,则采用串行接口连接和管理该设备实现与 CPU 的数据交换,串行接口芯片如 Intel 8251。

2. 按通用性分类

按通用性分类,可将 I/O 接口分为通用型接口和专用型接口。通用型接口指可以为多种 I/O 设备所用,是实现普通数据传送功能的接口,如 Intel 8255 和 Intel 8251 可称为通用型并行接口和串行接口。专用型接口是指专门用于实现某种用途或某类 I/O 设备的接口,例如,Intel 8259 芯片专门用于中断过程的控制,Intel 8237 专门用于 DMA 过程的控制。

3. 按可编程性分类

按可编程性分类,可将接口分为可编程接口和不可编程接口。某些 I/O 设备工作过程比较简单,所对应的 I/O 接口的实现过程也比较简单,此时使用无须编程的接口芯片就可完成功能。对于控制过程较复杂的 I/O 设备,为了提高控制过程的灵活性,使用可编程的接口芯片来完成接口功能,如 Intel 8255、Intel 8251、Intel 8259 等均为可编程接口芯片。

5.3 程序查询方式

程序查询方式也称为程序直接控制方式,是主机与 I/O 设备之间实现数据交换时最基本、最简单的方式,通常应用于工作效率要求不高、I/O 设备运行速度较慢的场合。

5.3.1 程序查询方式的工作原理

1. 程序查询方式简介

采用程序查询方式时,CPU 直接利用 I/O 指令编程实现与 I/O 设备之间的数据输入及输出,其工作原理即通过对相关状态位的查询判断 I/O 设备是否准备就绪,进而实现数据交换。图 5-15 所示为程序查询方式的基本工作流程。

程序查询过程中,用测试指令(如位操作指令、条件跳转指令等)检测 I/O 设备相关状态的值以判断当前 I/O 设备是否处于就绪状态,使用数据传送指令(如 IN、OUT 指令及 MOV 指令)完成数据交换,用跳转指令或条件跳转指令实现当 I/O 设备准备未就绪时转到检测状态部分继续查询。图 5-15 中展示的是某一 I/O 设备在程序查询方式下的工作过程,当系统中有多个 I/O 设备工作在程序查询方式下时,需要按照一定的顺序

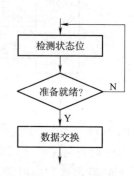

图 5-15 程序查询方式的基本工作流程

轮询每一个 I/O 设备的状态位,以判断当前哪一个 I/O 设备处于准备就绪状态,进而实现与其的数据交换过程。轮询各个 I/O 设备状态位的顺序也体现了在 I/O 设备中工作优先级的顺序,先被查询的 I/O 设备优先级要高于后被查询的设备,如图 5-16 所示。

2. 程序查询方式的程序流程

程序查询方式的工作过程中,CPU 停下原来的工作而百分之百地转入 I/O 的状态查询和数据交换过程中,其流程如图 5-17 所示。在开始查询工作之前 CPU 需要保存当前 CPU 内部寄存器的内容,使得在为 I/O 设备服务的过程中不对 CPU 原有状态产生破坏,在结束了与 I/O 设备的数据交换后能正常地继续执行 CPU 主程序。因为待交换的数据往往是一批数据,因此在开始实际的数据交换之前要先准备好需要交换数据的数量(设置相关计数器)以及数据在内存中的首地址。查询过程中 CPU 通过测试指令查询 I/O 设备的相关状态位(如发送缓冲区空标志位、接收缓冲区满标志位等),若未得到预期状态则等待并再次查询,直到 I/O 设备准备好接收或发送数据,CPU 通过数据传送指令实现数据交换。完成一次数据交换后要将 I/O 接口中的状态位复位,以便进行下一次查询过程。为完成所有数据的传输并使得本次数据交换过程能够结束,在完成了一次数据交换后还要修改待交换数据数量及待交换的内存数据指针。最终通过判断待交换数据计数器值是否为 0 决定本次查询方式的数据交换过程是否全部结束。

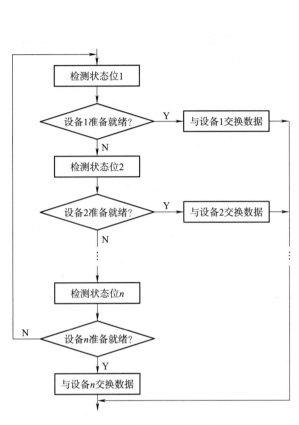

图 5-16 多个 I/O 设备程序查询方式工作流程

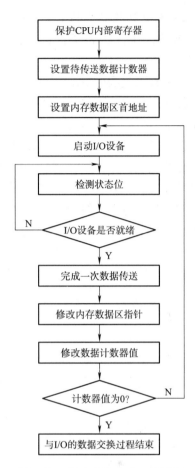

图 5-17 程序查询方式工作流程

5.3.2 程序查询方式的接口电路

程序查询方式的控制过程虽然主要以软件为主,但也需要少量硬件接口电路的配合。程序查询方式的接口电路主要由数据缓冲寄存器、设备选择电路、标志触发器等部分组成,如图 5-18 所示。

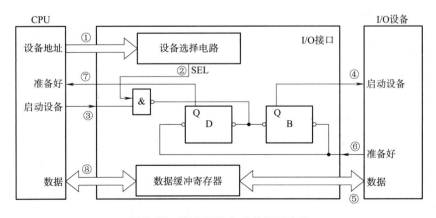

图 5-18 程序查询方式的接口电路

图 5-18 中 D 和 B 为两个基本触发器,D 为完成触发器,D 为 1 时表示 I/O 设备已准备好数据;B 为工作触发器,或称忙标志触发器,B 为 1 时表示 I/O 正在执行准备工作,处于忙状态。

以一个输入过程(数据由 I/O 设备输入到 CPU 内部寄存器)为例,图中①~⑧信号序列标出了程序查询方式下输入操作的执行过程。其中:①为 CPU 在访问 I/O 设备之前首先给出设备地址,送往 I/O 接口中的设备选择电路;②为经过设备选择电路的匹配,CPU 选中某 I/O 设备,并发出 SEL 信号;③为设备选中信号 SEL 和 CPU 发出的启动设备信号共同通过与非门电路,所输出的低电平信号分别送往 D 的置 0 端和 B 的置 1 端;④为 B 被置 1,B 的输出信号发往 I/O 设备并将其启动;⑤经过一段时间的准备,I/O 设备完成了准备工作,将准备好的数据通过数据线发往 I/O 接口的数据缓冲寄存器;⑥为 I/O 设备发出准备好信号,分别送往 D 的置 1 端和 B 的置 0 端;⑦为 D 被置 1,D 的状态被读入 CPU,CPU 知道 I/O 设备已准备好数据;⑧为 CPU 从 I/O 接口的数据缓冲寄存器中将数据取走,完成本次输入操作过程。

5.3.3 程序查询工作方式举例

程序查询方式在单片机、嵌入式系统工程编程过程中十分常见,通常采用汇编语言或 C 语言实现查询方式下的数据传输。下面是使用汇编语言编写的一段代码,各条汇编指令的功能可以查看指令系统章节或汇编语言相关材料。此段代码实现了在查询方式下向数据输出端口(一般为显示器或打印机)输出 0~9 共 10 个字符的功能。

```
2020:MVRD R2,000A     ;送入输出字符个数
2022:MVRD R0,0030     ;"0"字符的 ASCII 码送寄存器 R0
2024:OUT 80           ;输出保存在 R0 低位字节的字符
2025:DEC R2           ;输出字符个数减 1
2026:JRZ 202E         ;判 10 个字符输出完成否,若已完成,则转到程序结
                     ;束处
2027:PUSH R0          ;未完,保存 R0 的值到堆栈中
2028:IN   81          ;查询接口状态,判字符串行输出完成否,
2029:SHR R0           ;R0 右移 1 位,最后 1 位进入标志位 CF
202A:JRNC 2028        ;未完成,则循环等待
202B:POP R0           ;已完成,准备输出下一字符并从堆栈恢复 R0 的值
202C:INC R0           ;得到下一个要输出的字符
202D:JR   2024        ;转去输出字符
202E:RET
```

此段代码从 2020 地址开始,执行流程同图 5-16 中展示的过程相似。其中有**灰色底纹**的部分为程序查询的关键语句。I/O 指令 IN 81 实现从 81 端口(串口的状态端口,其右面 1 位为发送缓冲区空标志位)读入 1 个字节的数据放入累加寄存器 R0 中;右移指令 SHR R0 对 R0 的内容进行右移,R0 中的最低位被移入进位标志位 CF 中。此位即是当前要查询的来自串口状态端口中的发送缓冲区空标志位,当此位为 1 时表明本次发送过程已经完成;条件跳转指令 JRNC 2028 即是判断 CF 位是否不为 1,若不为 1,则表明本次发送过程还未结

束,程序将跳转到 2028 地址继续查询,直到发送缓冲区空标志位为 1,JRNC 条件不成立不发生跳转,程序继续执行后续指令。

下面通过一道例题对程序查询工作方式的传输效率进行分析。

例 5-1 某 I/O 系统以程序查询方式工作,系统中当前有两种 I/O 设备:鼠标和硬盘。要求每秒对鼠标进行 40 次查询,硬盘以 8 MB/s 的数据传输速率工作,每次硬盘访问实现 32 位字长数据的读/写,即每读/写 32 位数据需要查询 1 次。CPU 每次查询操作需要 50 个时钟周期,时钟频率为 100 MHz。问 CPU 每秒需要用多少比例的时间完成这两种设备的查询工作。

解:已知 CPU 时钟频率为 100 MHz,即 1 s 内包含 100×10^6 个时钟周期。

① 对于鼠标来说,每秒需要对其查询 40 次,即共需 $40 \times 50 = 2\ 000$ 个时钟周期,则每秒内 CPU 用于进行鼠标查询的时间比例为

$$\frac{2\ 000}{100 \times 10^6} \times 100\% = 0.002\%$$

这说明 CPU 对鼠标的查询占用 CPU 工作时间的比例极低,完全不影响 CPU 的性能。

② 对于硬盘来说,每 32 位数据就要查询 1 次,每秒需要完成 8 MB 数据的传输,每秒需要查询 8 MB/4 B = 2 M 次的查询,共需 $2\ M \times 50 = 1.00 \times 10^8$ 个时钟周期,则每秒 CPU 查询硬盘的时间比例为

$$\frac{1.00 \times 10^8}{100 \times 10^6} \times 100\% = 100\%$$

这意味着如果采用程序查询工作方式实现 CPU 对硬盘的访问,即使将 CPU 的全部时间均用于为硬盘服务,才勉强达到硬盘所要求的 8 MB/s 的数据传输速率。可见,程序查询方式只适用于数据传输速率较低的 I/O 设备,对于需要进行高速大规模数据传输的设备不适用。

5.4 程序中断方式

中断在计算机技术领域非常重要,它应用于计算机软硬件的各个环节。前面章节中已经提到,中断的工作方式适用于随机出现的任务,或者处理一些突发事件、错误、故障等,中断方式的应用使得 CPU 与 I/O 设备的工作过程出现并行性,提高了系统效率。之所以称为程序中断方式是因为中断过程中要靠执行相应中断服务程序来实现 CPU 与 I/O 设备之间的数据交换或其他操作。

5.4.1 中断的工作原理

中断是由 I/O 在准备好数据后主动向 CPU 发出中断请求信号;CPU 接受请求后暂停当前程序的执行,转而执行中断服务程序(interrupt service routine,ISR),与该设备实现数据交换;当中断服务程序执行完毕后,CPU 返回中断前的状态继续执行主程序。计算机的工作过程就是周而复始地响应中断、执行中断服务程序、中断返回的过程,如图 5-19 所示。

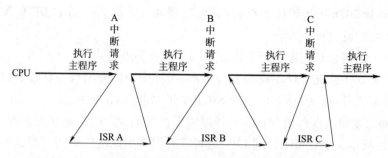

图 5-19　CPU 响应中断的工作过程

5.1.2 节中所举的吃苹果的例子可以很贴切地说明中断工作原理。又如,CPU 与打印机之间并行工作的过程也是典型的程序中断控制方式,如图 5-20 所示。CPU 在执行主程序过程中需要进行打印工作,便发出启动打印机的指令,但由于打印机工作数据较 CPU 慢得多,在接收到 CPU 的启动指令后,打印机仍要一段时间进行准备,这期间 CPU 继续执行其主程序;当某时刻打印机做好了准备,便发出中断请求信号,告知 CPU 准备工作已完成,可以开始传输数据;CPU 接收到打印机的中断请求,停止执行主程序并保存当前状态,然后转入打印机的中断服务程序执行,完成与打印机的数据传输;传输完毕后,CPU 返回中断前状态继续执行主程序,而打印机得到了数据开始进行打印工作,这期间 CPU 与打印机均处于工作状态,直到打印机再次提出中断申请,请求传输数据。

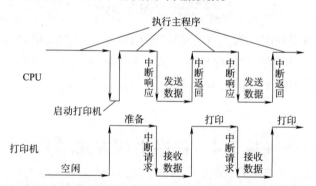

图 5-20　CPU 与打印机在中断方式下并行工作

5.4.2　程序中断方式的工作过程

程序中断控制方式的实现需要一系列软件及硬件的工作过程,主要包含中断请求、中断判优、中断响应、中断服务及中断返回 5 个环节。

1. 中断请求

若 I/O 设备需要以中断方式与 CPU 进行数据交换,该 I/O 设备首先要能够向 CPU 提出中断请求。在 I/O 接口中设置一位中断请求触发器 INTR,其输入是完成触发器 D 的输出,也就意味着当 I/O 设备完成了准备工作需要与 CPU 交换数据时,设置 INTR 为 1,CPU 在某一时间对 INTR 触发器进行查询得知该设备有中断请求。为了实现 CPU 对 I/O 设备的中断请求进行管理,还需要设置一个中断屏蔽触发器 MASK,该位的值由 CPU 编程控制,当其为 1 时表明这个 I/O 设备的中断请求被屏蔽,也就无法得到 CPU 的响应。中断请求触发器和中断屏蔽触发器成对地出现在 I/O 设备的接口中,其结构如图 5-21 所示。

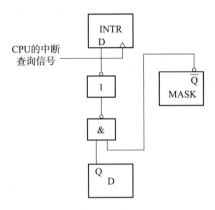

图 5-21　中断请求触发器和中断屏蔽触发器结构

计算机系统中多种 I/O 设备都需要以中断方式工作,将这些 I/O 设备的 INTR 触发器和 MASK 触发器集中在一起构成了中断请求寄存器和中断屏蔽寄存器。在计算机系统中能引发中断的不仅仅是 I/O 设备,在实现一些异常处理或系统功能调用时也需要采用中断的方式,将反映这些情况的中断请求触发器也放置在中断请求寄存器中,以备 CPU 集中查询,如图 5-22 所示。中断请求寄存器位数越多,表明该 CPU 中断处理能力越强。将 I/O 设备请求、异常处理、错误处理、系统功能调用等所有能向 CPU 提出中断请求的因素称为中断源。

1	2	3	4	…	$n-3$	$n-2$	$n-1$	n
掉电	主板校验错	除零错	浮点数溢出		鼠标输入	打印机输出	键盘输入	串口输入

图 5-22　中断请求寄存器

2. 中断判优

在某一时刻 CPU 只能响应某一中断源的请求,当有多个中断源同时发出请求时,必须对这些中断源进行优先级排序,选出优先级最高的中断源,这个过程称为中断判优。中断判优可通过硬件方式或软件方式来实现。在确定各个设备的中断优先级时要考虑设备的重要性、实时性等因素,合理地设置优先级顺序。

(1)硬件式中断判优

在接口电路中设计逻辑电路实现对于各个中断源中断申请的优先级排序,将这种逻辑电路称为硬件排队器或链式排队器,其结构如图 5-23 所示。

图 5-23 中展示了 3 个设备的中断请求 $\overline{INTR_1}$、$\overline{INTR_2}$、$\overline{INTR_3}$ 通过硬件排队器进行排队判优的过程。每个点画线框是一位排队器节点,每个节点内由一个非门和一个与非门组成。当 3 个设备均无中断请求时,$\overline{INTR_1}$、$\overline{INTR_2}$、$\overline{INTR_3}$ 均为高电平,$INTP_1$、$INTP_2$、$INTP_3$ 均为低电平。当某一设备有中断请求时,$\overline{INTR_i}$ 为低电平,$INTP_i$ 为高电平,同时使得后续节点的 $INTP'_{i+1}$、$INTP'_{i+2}$……均为低电平,也就使得后续节点的 $INTP_{i+1}$、$INTP_{i+2}$……均为低电平,

不论后续节点有无中断请求,由于它们在排队器中所处的位置靠后,它们的中断请求都无法送至 CPU。按照这样的硬件排队方式,图 5-23 中就构成了从设备 1 到设备 3 中断优先级递降的排队顺序,由于最左侧的反相器输入恒为低电平,所以设备 1 的优先级最高,向右优先级逐次降低。

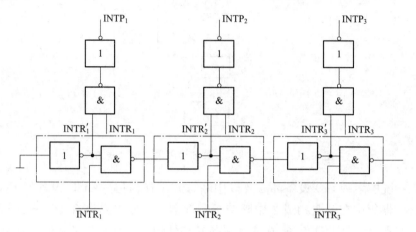

图 5-23 硬件排队器实现中断优先级排序

这样的排队器导致的结果是,某一时刻有一个或多个设备有中断请求时,在 $INTP_1$、$INTP_2$、$INTP_3$ ……中最多只有一位为高电平,该位的中断请求将被送至 CPU。例如,设备 2 与设备 3 同时提出中断请求,即 $INTR_2$、$INTR_3$ 均为高电平,因为设备 1 无请求,则 $\overline{INTR_1}$ 为高电平,但 $\overline{INTR_2}$ 为低电平,使得 $INTP'_3$ 为低电平,在 $INTP_1$、$INTP_2$、$INTP_3$ 中仅有 $INTP_2$ 为高电平,即设备 2 的中断请求优先级高于设备 3。

(2) 软件排队器

软件排队器是通过查询中断请求触发器状态的顺序来确定多个中断源的优先级关系,先被查询的中断源优先级高于后续中断源,如图 5-24 所示。较高优先级设备在查询过程中被安排的靠前的位置,使得 CPU 可以较早地响应该中断源的申请。

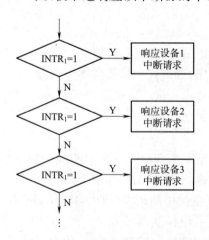

图 5-24 软件排队器实现中断优先级排序

3. 中断响应

当某设备发出中断申请且经过中断判优后优先级为最高,但此时 CPU 不可以马上对此设备的中断请求进行处理,在 CPU 响应中断请求前还要满足一些条件。首先在 CPU 中有一位中断允许触发器 EINT,该位触发器决定 CPU 当前是否可以响应中断请求。EINT 就像 CPU 响应中断的开关,当 EINT 为 1 时允许中断响应,称为开中断;当 EINT 为 0 时不允许中断响应,称为关中断。在指令系统中设有专门的开中断指令和关中断指令。此外,是否可以响应中断还要

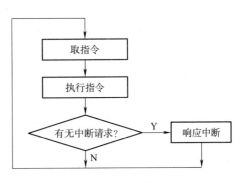

图 5-25　CPU 响应中断的时间条件

看是否满足响应中断的时间条件。若 CPU 执行指令的过程包含取指令和执行指令两个阶段,CPU 响应中断的时间总在一条指令执行阶段结束之后,下一条指令取得之前,如图 5-25 所示。只有在这个时间段,CPU 才会去查询中断请求触发器的状态,也才有可能响应某一中断源的请求。

开中断状态和时间条件均满足后,CPU 开始响应中断,即由排队器的输出结果经过编码器产生中断向量地址(中断向量地址也可以看作中断服务程序入口地址的地址),如图 5-26 所示。每一个中断向量地址指向一个中断向量。通常将所有中断向量连续集中存放在内存的某一段存储空间中(Intel 系列放置在存储空间最低地址段,Motorola 系列放置在存储空间最高地址段),称这段空间为中断向量表,如图 5-27 所示。

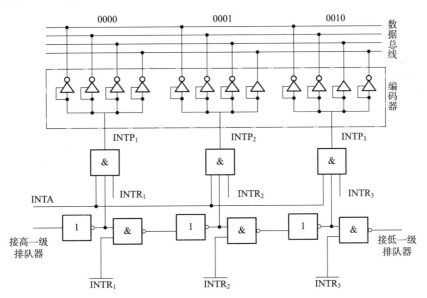

图 5-26　由编码器产生中断向量地址

图 5-26 中点画线框内的即为编码器,只有当某设备的 INTP 输出为 1 时,其所对应的编码器输出才会送至数据总线,此值就是该设备所对应的中断向量地址,根据这个地址可在中断向量表中找到相应的中断服务程序的入口地址。编码器输出值的位数可根据当前系统中

中断源的个数来确定。例如,图 5-26 中编码器输出为 4 位,理论上此中断系统可管理 16 个中断源。假如当前 1、2、3 号设备分别为打印机、显示器、串口设备,若当前打印机无请求,而显示器和串口设备同时有中断请求,则经排队器后 $INTP_2$ 输出为高电平,响应的编码器的输出为 $(0001)_2$,以此值为中断向量的地址,在图 5-27 中的中断向量表中找到其所对应的中断向量为 200H,则在主存 200H 处即为显示器所对应的中断服务程序的首地址。

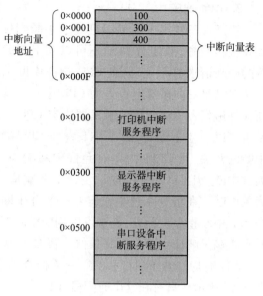

图 5-27　中断向量表

4. 中断服务与中断返回

中断服务是指某中断源的中断请求被 CPU 响应后,CPU 通过执行一段程序来完成与 I/O 设备的数据交换、异常处理或系统调用等工作,这段程序称为中断服务程序 (ISR)。ISR 中一般包含现场保护、中断服务、现场恢复和中断返回 4 个步骤,此外,在某些时候 CPU 还需要响应多重中断。

(1) 现场保护

CPU 为了结束中断服务后能够返回主程序继续执行,在开始中断服务前要对程序现场进行保护。保护现场主要包含两方面:一是程序断点的保护,也就是 CPU 在进入中断服务前执行的最后一条指令的下一条指令的地址;二是 CPU 进入中断服务程序前程序的运行状态,主要包括 CPU 内部通用寄存器和状态寄存器的值。断点的保护由中断隐指令(由硬件完成,不出现在指令系统中,执行过程对于程序员来说是透明的)来实现,CPU 内部各个寄存器值的保护是通过中断服务程序中相关语句来实现的,通常通过堆栈指令将需要保护的寄存器的值压入堆栈。

(2) 中断服务

中断服务是指 CPU 为各类中断源服务的具体过程,包括与 I/O 设备的数据交换、处理异常、完成系统调用等,根据不同中断源的需求编写程序实现相关服务功能。

(3) 现场恢复

在中断服务的后期,CPU 已经完成针对中断源的服务后,要将之前压栈的 CPU 内部寄存器的值对号入座地恢复到原位置,以使得中断返回后 CPU 可以从原位置、原状态继续执行主程序。

(4) 中断返回

中断服务程序中的最后一条指令通常是一条中断返回指令 RTI,RTI 指令将之前保存的程序断点恢复到 PC 寄存器中,使得 CPU 可以返回程序断点位置继续执行主程序。

(5) 多重中断

多重中断意味着在 CPU 正在为某一中断源服务的过程中,又有优先级更高的中断源发出请求,此时就可能会发生多重中断。通常在中断响应后会立即关闭中断,直到中断服务程序执行完毕时才开中断,这就使得中断服务过程不会受到其他中断源的再次中断,称为单重中断,如图 5-28(a)所示。若要使 CPU 可以响应多重中断,就要在中断服务程序刚开始时即开中断,这样,在执行中断服务过程中 CPU 就可以再次中断当前程序而转入优先级更高的中断源的服务过程中,如图 5-28(b)所示。

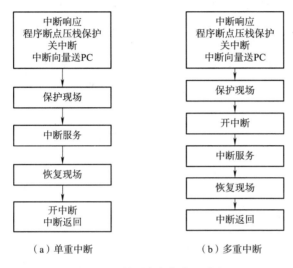

图 5-28 单重中断与多重中断

5.4.3 程序中断方式的接口电路

中断服务过程是靠执行程序来实现的,但是中断请求、中断判优、中断向量的获取都需要由接口电路中相应的硬件设备来完成。图 5-29 所示为中断方式接口电路示意图,图中展示了在中断方式下 CPU 从 I/O 设备获取数据的过程。其中,单线箭头指串行传输一个位,双线箭头表示并行传输多个位。

图 5-29 中步骤①是当 CPU 执行程序过程中,需要从 I/O 设备中获取数据,于是发出启动命令;步骤②启动命令与设备选择信号功能将工作触发器 B 置为 1,I/O 接口向设备发出启动命令;步骤③中 I/O 设备经过准备工作后将数据放置在数据缓冲寄存器中;步骤④为 I/O 设备发出准备好信号,将完成触发器 D 置为 1,在未被屏蔽的情况下 D 的输出送至中断请求触发器 INTR;步骤⑤为 CPU 发出中断查询信号;步骤⑥为 INTR 一方面向 CPU 发出中断请求信号,一方面将中断请求信号送至硬件排队器进行判优;步骤⑦为当该设备判优成功时,得到 CPU 的响应,判优结果及 CPU 响应信号共同送至编码器;步骤⑧为经编码器编码后获得中断向量地址送入 CPU;步骤⑨为 CPU 执行中断服务程序,从数据缓冲寄存器中取走数据。

Intel 8259A(以下简称 8259)是一种可编程中断控制器,图 5-30 所示为 Intel 8259 的引脚图。8259 的 $IR_7 \sim IR_0$ 为外部中断源输入引脚,可管理 8 个中断请求,并把当前优先级最高的中断请求送到 CPU 的 INTR 端。当 CPU 响应中断时,为 CPU 提供中断类型码。8 个外部中断的优先级排列方式,可以通过对 8259 编程进行指定。也可以通过编程屏蔽某些中断请求,或者通过编程改变中断类型码。$D_7 \sim D_0$ 为 8 位数据线,通过它传送命令、接收状态和读取中断向量。$\overline{INTA}$ 为中断响应输入引脚,接 CPU 的 $\overline{INTA}$。INT 为 8259 的中断申请线,当

8259 接到从外设经 IR 引脚送来的中断请求时,由它输出高电平,连接到 CPU 的 INTR 引脚,对 CPU 提出中断申请。$CAS_0 \sim CAS_2$ 为级联选择线,允许 9 片 8259 级联,构成 64 级中断系统。在早期微机中,使用两片 8259 级联,构成 15 级中断。

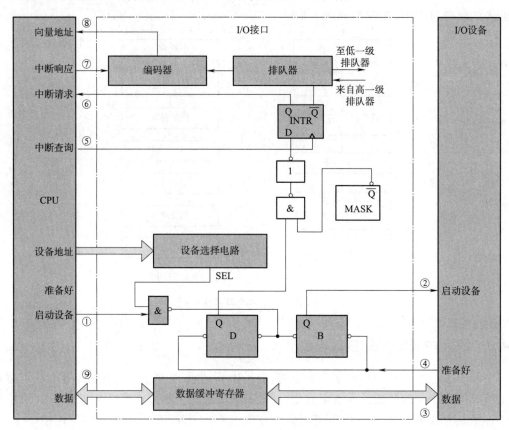

图 5-29 中断方式接口电路示意图

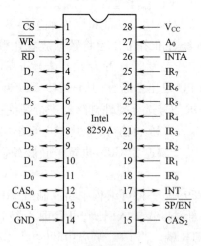

图 5-30 Intel 8259A 引脚图

5.5 DMA 方式

直接存储器访问(DMA)技术使得 I/O 设备可以不经过 CPU,而是经过 DMA 控制器实现内存访问。DMA 是一种完全由硬件控制完成的主从设备数据交换方式,特别适合 I/O 设备与主存之间进行高速大规模数据交换时使用,如辅助存储器与主存之间的数据交换。

5.5.1 DMA 的工作原理

DMA 方式下,DMA 控制器从 CPU 处完全接管对总线的控制权,I/O 设备与主存之间的数据交换不经过 CPU 而直接在主存与 I/O 设备之间进行,如图 5-31 所示。由于数据交换过程不再经过 CPU,DMA 工作过程中 CPU 无须暂停现行程序,无须保护现场和恢复现场,所以 DMA 方式的工作效率要高于程序中断方式。

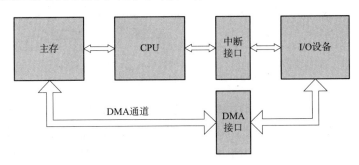

图 5-31 DMA 方式工作原理

1. DMA 与 CPU 共享访存的方式

DMA 工作方式中,DMA 控制器将掌握总线控制权并直接访问主存,这就意味着如果 CPU 与 DMA 同时有访存需求时,它们两者将出现对主存资源的争抢。为了更加合理地安排 CPU 与 DMA 共享主存的工作过程,DMA 与主存之间的数据交换通常采用以下 3 种方式进行。

(1) 停止 CPU 访存

在这种方式中,当 DMA 需要与主存交换一批数据时,DMA 控制器向 CPU 发送一个请求信号,要求 CPU 放开对系统总线的控制权并交由 DMA 进行管理。随后 DMA 获取总线控制权并完成数据交换,之后 DMA 通知 CPU 数据交换工作已结束,CPU 可以收回总线控制权。此过程如图 5-32 所示。此种交换数据的方式控制简单,适合数据传输速率较高的设备与主存之间的批量数据传输。但是,由于 I/O 设备的数据传输和处理的数据总是和主存的存取周期之间有一定的差距,所以主存的工作性能并不能得到充分体现。

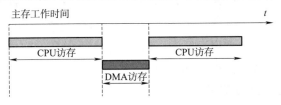

图 5-32 停止 CPU 访存执行 DMA 过程

(2) 周期挪用

通过分析可以发现,CPU 与 DMA 共享访问主存共有 3 种可能的情况。第一种情况是 CPU 此时不需要访存,例如,CPU 正在做一次复杂运算,运算时间较长,这期间是不需要访存的,此时 DMA 便可占用总线资源实现访存,且不与 CPU 的访存发生冲突。第二种情况是当 DMA 申请访存时,CPU 正在访存,为了保证 CPU 指令执行过程中存取周期的完整性,必须等到 CPU 当前读/写周期结束后才能放开总线控制权。第三种情况是 CPU 与 DMA 同时申请访存,此时为了满足 I/O 设备实时性工作的要求,避免发生数据丢失,应是 DMA 优先于 CPU 进行访存,这意味着在 CPU 执行指令的过程中,插入了若干 DMA 的访存周期,相当于从 CPU 的工作周期中挪用了一部分时间,CPU 暂缓了一到两个周期后才开始访存,如图 5-33 所示。

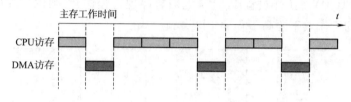

图 5-33 周期挪用的 DMA 访存方式

周期挪用方式比停止 CPU 访问方式更能发挥 CPU 的效率,但完成一次周期挪用方式的 DMA 工作过程需要经历申请、建立、归还总线控制权的过程,这需要多个主存周期才能够完成,所以周期挪用的方式更适用于 I/O 设备的读/写周期大于主存读/写周期的情况。

(3) DMA 与 CPU 交替访存

当 CPU 的工作周期比内存存取周期长时,可将 CPU 工作周期分为两个子周期,分别实现 CPU 访存和 DMA 访存。例如,若 CPU 的工作周期为 1 μs,而主存存取周期小于 0.5 μs,此时将 CPU 工作周期 C 分为 C_1 和 C_2,C_1 专供 CPU 访存,C_2 专供 DMA 访存,这就是 DMA 与 CPU 交替访存的方式,如图 5-34 所示。

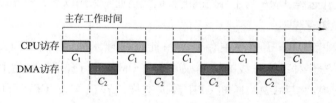

图 5-34 DMA 与 CPU 交替访存

这种交替访存的方式不需要进行总线控制权的申请及归还,而是靠两个子周期的控制实现交替使用总线。DMA 具有独立的访存接口,如数据寄存器、地址寄存器及读/写控制电路。这种方式的优点在于总线控制权的转换由硬件完成,几乎不需要额外的时间,且转换过程对程序员透明,CPU 的工作过程无须停止和延时,DMA 的传输速率得到进一步提高;但交替访存方式需要更复杂的硬件控制电路。

2. DMA 方式下的数据传送过程

一次 DMA 的数据传送过程包含 3 个阶段:预处理、数据传送和后处理。

(1) DMA 的预处理

预处理是指在 DMA 数据传送之前由 CPU 通过执行相关程序完成的准备工作。预处理过程中 CPU 要向 DMA 控制器预置一系列数据传送过程中要用到的关键参数,包括:①进行数据传送的设备号;②数据传送的方向(输入或输出);③待交换数据在内存中的首地址;④待交换的数据的个数。CPU 完成这些参数的设置并启动了 I/O 设备后即实现了 DMA 工作过程的初始化,为进入 DMA 数据传送过程做好了准备,之后继续执行其原来的程序。当 I/O 设备准备好了数据或上次数据传送过程已经结束时,便通过 I/O 接口向 CPU 申请总线控制,待获取总线控制权后在 DMA 控制器的管理下与主存开始数据交换。当然,还会出现多个设备同时申请 DMA 传送的情况,此时由 DMA 控制器对不同设备的申请进行判优排序。

(2) DMA 的数据传送

DMA 的数据传送是指在 CPU 执行程序的同时,DMA 控制器以块为单位控制完成 I/O 设备与主存之间的数据传送过程。传送过程包括 I/O 设备状态查询、数据交换、计数器值修改等,具体流程如图 5-35 所示。

(3) DMA 的后处理

由于 CPU 并不知道 DMA 的数据传送过程什么时间结束,所以 DMA 数据传送的结束信号是通过一次中断申请告知 CPU 的。当此中断申请被 CPU 响应后,CPU 通过执行一段中断服务程序来完成 DMA 的后处理。后处理的内容主要包括传送数据的校验、DMA 过程是否继续、是否需要停止 I/O 设备,以及一些错误的诊断和处理。

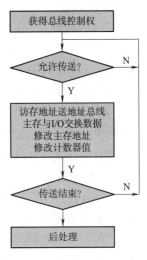

图 5-35 DMA 数据传送流程

【例 5-2】 设硬磁盘采用 DMA 方式与主存交换数据,DMA 控制器的预处理需要 800 个时钟周期,后处理需要 400 个时钟周期,每次 DMA 工作过程完成 4 KB 的数据传输,问若硬磁盘传输速率为 2 MB/s,CPU 主频为 50 MHz,硬盘连续传输,CPU 需要用多少比例的时间用于进行预处理和后处理?

解:DMA 的数据传送过程包含预处理、数据传输和后处理三部分,已知每批次传送 4 KB 容量的数据,则每批次所用的时间为

$$4 \text{ KB}/2 \text{ MB/s} \approx 0.002 \text{ s}$$

则每秒用于 DMA 预处理和后处理的时钟周期数为

$$(800 + 400)/0.002 = 600\,000$$

其占 CPU 工作时间的比率为

$$\frac{600\,000}{50 \times 10^6} \times 100\% = 1.2\%$$

5.5.2 DMA 的接口电路

1. DMA 接口电路的功能

DMA 方式的工作过程主要靠 DMA 控制器来实现。DMA 控制器实现的功能主要包括:①向 CPU 申请总线控制权;②在尽量不影响 CPU 工作的情况下实现总线控制权的转接;③DMA 工作过程中的数据传输和总线管理;④记录和修改内存地址及传送数据的个数;

⑤在数据传送结束时发出 DMA 操作完成信号。

2. DMA 的接口电路

DMA 接口的各项功能依靠接口电路中的不同部件来实现。

(1) 设备地址寄存器

设备地址寄存器(device address register, DAR)用于存放 I/O 设备的设备码,用于实现设备寻址。

(2) 主存地址寄存器

主存地址寄存器(address register, AR)用于存放待交换数据在主存中的地址,在开始 DMA 数据传送前应将该地址放入 AR 中,在传送过程中每传送一次数据需要修改一次 AR 的值,直到此次 DMA 传送过程结束。

(3) 字计数器

字计数器(word counter, WC)用于记录待传送数据的总字数,因为涉及传送过程中对其值的逐次减 1 运算,所以采用待交换数据总字数的补码值预置 WC 的值,直到 WC 的值减为 0(减过程发生溢出)时,表示此次传送过程结束。

(4) 数据缓冲寄存器

数据缓冲寄存器(Buffer Register, BR)用于暂存每次传送的数据,由于可能存在 I/O 设备数据与内存存储字长度不一致的情况,BR 还应具备数据格式的转换功能。

(5) 中断电路

当一批数据传送完毕时,WC 将发出溢出信号送至中断电路,中断电路接收到此信号后向 CPU 发出中断请求,CPU 响应中断后完成此次 DMA 工作过程的后处理。

(6) DMA 控制电路

DMA 控制电路实现 DMA 过程中各种逻辑功能,如命令与状态信息的控制、时序信号的控制等。这其中主要包括接收设备的 DMA 申请信号 DREQ,向 CPU 发出总线控制权的申请信号 HRQ,接收 CPU 发来的总线控制权交付信号 HLDA,向设备发出 DMA 响应信号 DACK,以及数据传送过程中的各类控制信号等。

DMA 的接口电路如图 5-36 所示。

以数据输入(I/O 设备中的数据输入到主存中)为例,DMA 方式下的工作包含的操作序列为:①I/O 设备完成准备工作后,将准备好的数据送至 BR;②设备向 DMA 接口发出 DMA 请求信号 DREQ;③DMA 接口向 CPU 发出 HRQ 信号申请总线控制权;④CPU 向 DMA 接口返回 HLDA 信号,允许将总线控制权交给 DMA 接口;⑤DMA 接口发出访存地址送往主存并发出写命令;⑥通知 I/O 设备已获得总线控制授权,可以开始数据交换;⑦将 BR 中的数据送至系统数据总线;⑧数据被写至指定的主存单元中;⑨修改 AR 及 WC 值;⑩如果一批数据传输完毕,WC 发生溢出,向中断电路发出溢出信号;⑪中断电路向 CPU 发出中断申请信号,告知本次 DMA 工作过程结束,可以进行后处理操作。

3. DMA 控制器 Intel 8237A

Intel 8237A 是早期 PC 中常用的 DMA 控制器芯片。每片 8237 有 4 个 DMA 管理通道,每个通道一次传输的数据量为 64 KB,并且可级联扩展。8237 每个通道有 4 种工作模式,分别为单字节传送方式,即每次只传送 1 字节的数据;数据块传送方式,连续传送数据,直到计数器发生溢出发出停止信号;请求传送方式,类似于数据块传送方式,不同之处在于每传送

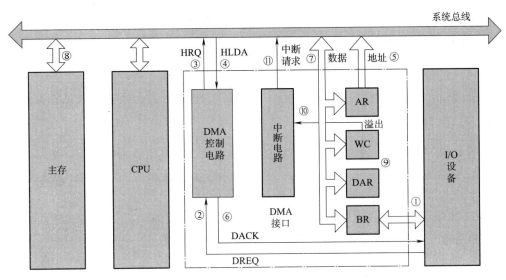

图 5-36 DMA 接口电路示意图

1 字节都要进行设备状态检查;级联方式,多片 8237 构成级联系统,实现更多 DMA 通道的管理。更多 8237 的细节可以查阅相关手册。

5.5.3 DMA 方式与程序中断方式性能比较

DMA 工作方式较中断方式传输速率更高,可以更好地提高系统性能。表 5-1 从各个角度对这两种工作方式进行了比较。

表 5-1 DMA 方式与中断方式比较

—	中断方式	DMA 方式
数据传送控制方式	程序	硬件
响应时间条件	指令执行结束	存取周期结束
处理异常的能力	有	无
中断请求的用途	传送数据	后处理
优先级	低	高

例 5-3 现有一 DMA 接口采用周期窃取方式实现 I/O 设备与主存之间的字符传输,每次传输数据支持的最大批量为 300 B,设存取周期为 100 ns,处理一次中断需要 4 μs,该 I/O 设备的传输速率为 9 600 bit/s,假设传输字符过程中无时间间隙,不计预处理时间。求分别采用 DMA 方式与中断方式,每秒用于该设备传输字符的时间是多少。

解:已知该 I/O 设备数据传输速率为 9 600 bit/s,则每秒传送的数据量为 9 600/8 = 1 200 B。

①若采用 DMA 方式,传输 1 200 B 的数据共需要 1 200 个存取周期,每传输 300 B 的数据需要中断一次做后处理,则每秒内用于该设备数据传输的时间为

$$0.1\ \mu s \times 1\ 200 + 4\ \mu s \times (1\ 200/300) = 136\ \mu s$$

②若采用中断方式,每传输一个字节就要申请一次中断,所以每秒用于该设备传输数据的时间为

$$4\ \mu s \times 1\ 200 = 4\ 800\ \mu s$$

由此可以看出,在进行批量数据传输时采用 DMA 方式数据传输更快、系统工作效率更高。

●●●● 习　　题 ●●●●

一、选择题

1. 当采用_____对设备进行编址情况下,不需要专门的 I/O 指令。
　　A. 统一编址　　　　B. 独立编址　　　　C. 两者都是　　　　D. 两者都不是
2. 主机与 I/O 设备的联络方式不包括_____。
　　A. 立即响应　　　　B. 异步应答　　　　C. 同步时标　　　　D. 异步时标
3. 为了便于实现多重中断,保存现场最有效的方法是采用_____。
　　A. 通用寄存器　　　B. 堆栈　　　　　　C. 存储器　　　　　D. 外存
4. 不能作为中断请求条件的是_____。
　　A. 一条指令执行结束　　　　　　　　　B. 一次 I/O 操作开始
　　C. 机器内部发生故障　　　　　　　　　D. 一次 DMA 操作结束
5. 采用 DMA 方式传送数据时,每传送一个数据就要用一个_____时间。
　　A. 指令周期　　　　B. 机器周期　　　　C. 存取周期　　　　D. 总线周期

二、填空题

1. I/O 设备与主机交换数据的格式有(　　)、(　　)两种。
2. I/O 设备与主机交换数据的控制方式中主要由软件实现的有(　　)、(　　),主要由硬件实现的有(　　)、(　　)、(　　)。
3. 中断现场保护中需要保护的内容包括(　　)和(　　)两部分。
4. DMA 控制器访存采用(　　)、(　　)、(　　)3 种方法实现与 CPU 共享内存。

三、简答题

1. 比较程序查询方式、中断方式及 DMA 方式对 CPU 工作效率的影响。
2. 简述 I/O 的基本功能及其硬件组成。
3. 计算机中可能引发中断的因素有哪些?
4. 以键盘为例,说明其在中断方式下的工作过程。
5. 什么是多重中断? 如何才能实现多重中断?
6. 中断方式与 DMA 方式在响应时间条件上有何不同,这说明什么问题?

四、综合实训

1. 查看 PC 系统或单片机系统,了解其中 I/O 设备的种类、功能及系统资源配置情况(如 I/O 地址空间及中断向量号等)。
2. 查看或编写 C 程序实现 51 系列单片机在查询方式和中断方式下的串口数据传输。
3. 查看 PC 系统中各类 I/O 接口,如硬盘、显卡、声卡、网卡等,检查其有无 DMA 工作模式,是如何工作的。

第 6 章 指令系统

学习目标

知识目标：
- 熟悉指令与指令系统的概念。
- 掌握指令格式。
- 掌握操作数的寻址方式及其有效地址的计算。
- 熟悉指令的类型与功能。
- 了解 CISC 和 RISC 的基本概念。

能力目标：
- 能够根据要求设计指令的格式。
- 能够正确计算每种寻址方式的有效地址。
- 能够描述 CISC 和 RISC 计算机系统的区别。

知识结构导图

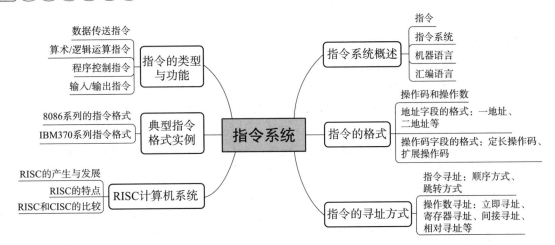

6.1 指令系统概述

计算机中能直接识别和运行的软件程序通常由该计算机的指令代码组成，CPU 的工作主要是执行指令。从用户使用计算机和计算机本身的组成两个角度来理解指令的含义:一方面是用户用高级程序设计语言编制的程序需要经过编译或解释,转换为可由机器硬件直接识别并执行的最终形态,即用机器代码0、1表示的指令序列。每一条指令控制计算机实现一种操作,它也是用户使用计算机的最小功能单位。另一方面是在设计计算机时首先应确定其硬件能直接执行哪些操作,表现为一组指令的集合,称为该计算机的指令系统。指令系统与计算机系统的运行性能、硬件结构是密切关联的,它是设计一台计算机的出发点。

6.1.1 指令与指令系统

指令(Instruction)是要求计算机完成某个基本操作的命令。计算机程序是由一组指令组成的代码序列。这里所说的"基本"是针对具体的 CPU 而言的,不同的 CPU 所指的"基本"二字的意义不同,所能执行的基本操作的数量和种类也不相同。但是,任何 CPU 的指令系统都必须满足最小完备性原则,即它所能执行的基本操作,必须能组成该 CPU 所承担的全部功能。也就是说,有的 CPU 的基本操作多一些、复杂一些,有的 CPU 的基本操作少一些、简单一些,但它们的组合效果应当相同。例如,有的 CPU 将乘法作为基本操作之一;有的没有乘法操作,但可以使用加法和移位操作组成乘法操作。

一个 CPU 所能承担的全部基本操作由一组对应的指令描述。这组完整地描述该 CPU 的指令就称为该 CPU 的指令系统(command system 或 instruction system)。

指令系统是计算机硬件的语言系统,一方面是程序员所能看到的机器的主要属性,另一方面表明计算机具有哪些最基本的硬件功能。也就是说,指令系统既为软件设计者提供最底层的程序设计语言,也为硬件设计者提供最基本的设计依据。因此,可以认为指令系统是软件和硬件的主要分界面。

6.1.2 指令系统的描述语言——机器语言与汇编语言

一个 CPU 的指令系统就是与该 CPU 进行交互的工具,用其可以让该 CPU 完成特定的操作。所以,一个 CPU 的指令系统就可以看成该 CPU 的机器语言。显然,不同的 CPU 具有不同的机器语言。

在表现形式上,机器语言就是用0、1码描述的指令系统。用它编写程序,难读、难记、易出现差错,给程序设计和计算机的推广、应用、发展造成极大困难。面对这一不足,人们最先是采用一些符号来代替0、1码指令,如用 ADD 代替"加"操作码等,这种语言称为符号语言。

符号语言方便了编程,用它编写程序的效率高,写出的程序易读性好,提高了程序的可靠性。但是,符号语言是不能直接执行的,必须将其转换为机器语言才能执行。

符号语言程序转换为机器语言程序的方法是查表,这是非常简单的工作。为了将这种查表工作自动化,除了正常的指令外,还需要添加一些对查表进行说明的指示指令——伪指令。这种查表工作称为汇编。为了进行自动查表,还需要一些指示性指令。用符号语言描述并增加了指示性指令的指令系统称为汇编语言。汇编语言为程序员提供了极大方便,也提高了程序的可靠性。通常在介绍指令系统时,采用的都是汇编语言。

6.1.3 汇编语言的基本语法

下面以 Intel 8086 汇编语言为例,介绍汇编语言中的几个基本概念。

1. 数据类型

Intel 8086 汇编语言中允许使用如下形式的数值数据。

① 二进制数据,后缀为 B,如 11001101B。

② 十进制数据,后缀为 D,如 864D。

③ 八进制数据,后缀为 O,如 325O。

④ 十六进制数据,后缀为 H,如 A9BD6H。

加后缀的目的是便于区分。较多的是采用十六进制。有时也允许用宏命令来定义数据,如用 PI 代表 3.141593 等。

用引号作为起止界符的一串字符称为字符串常量,如'A'(等价于 41H)、'B'(等价于 42H)、'AB'(等价于 4142H)等。

2. 运算符

① 算术运算符:+、-、*、/。

② 关系运算符:EQ(相等)、NE(不相等)、LT(小于)、GT(大于)、LE(小于等于)、GE(大于等于)。

③ 逻辑运算符:AND(与)、OR(或)、NOT(非)。

3. 操作码

可以用算术算符,也可以用英文单词。例如,用 SUB 表示减去,用 ADD 表示相加等。

4. 地址码

指令中的地址码可以用十六进制、十进制表示,也可以用寄存器名或存储器地址名表示。

5. 标号与注释

汇编语言还允许使用标号及注释,以增加可读性,这部分与机器语言没有对应关系,仅用于使人阅读程序时容易理解。

6. 汇编语言指令的一般形式

汇编语言指令的一般形式如下:

```
标号:操作码  地址码(操作数)     ;注释
```

Intel 8086 中有 8 个 8 位的通用寄存器:AL、BL、CL、DL、AH、BH、CH、DH。这 8 个 8 位的通用寄存器也可以并成 4 个 16 位的通用寄存器:AX(AL 与 AH)、BX(BL 与 BH)、CX(CL 与 CH)、DX(DL 与 DH)。它们的结构和习惯用法如图 6-1 所示。

	15 8	7 0	
AX	AH	AL	主累加器
BX	BH	BL	累加器,基址寄存器
CX	CH	CL	累加器,计数器
DX	DH	DL	累加器,地址寄存器

图 6-1 Intel 8086 通用寄存器的结构和习惯用法

下面是一段用 Intel 8086 汇编语言描述的计算 A = 2 + 3 的程序。

```
        ORG    C0H              ;C0H 为程序起始地址
START:  MOV    AX,2             ;2→AX,AX 为累加器,START 为标号
        ADD    AX,3             ;3+(AX)→AX
        HALT                    ;停
        END    START            ;结束汇编
```

由于汇编语言比机器语言有较好的易读性,又与机器语言一一对应,所以机器指令都可按汇编语言符号形式给出。

7. 汇编程序

汇编语言是机器不能直接接收的。用汇编语言写的程序(源程序),必须翻译成机器语言程序(目标程序)后,机器才可以理解,这个翻译过程称为汇编。由于汇编语言指令与机器语言指令有一一对应关系,汇编过程基本上是一种查表方式。下面是几条 8086 汇编指令及其对应的机器指令代码的例子:

```
MOV    AH,01H              ;机器指令代码:B401H
XOR    AH,AH               ;机器指令代码;34E2H
MOV    AL,[SI+0078H]       ;机器指令代码:8A847800H
MOV    BP,[0072H]          ;机器指令代码:8B2E7200H
DEC    DX                  ;机器指令代码:4AH
IN     AL,DX               ;机器指令代码:ECH
```

●●●● 6.2 指令的格式 ●●●●

指令格式即指令结构的形式,是指令字用二进制代码表示的形式,通常由操作码字段和地址码字段组成。操作码字段表示指令的操作特性与功能。地址码字段通常指定参与操作的操作数地址。

一条指令的结构形式如下:

操作码	地址码

假如一个计算机指令系统需要有 N 条指令,操作码的二进制位数为 n,则应满足关系式 $N \leq 2^n$。

早期的计算机指令系统,操作码字段和地址码字段长度是固定的。目前,在小型和微型计算机中,由于指令字较短,为了充分利用指令字长度,操作码字段和地址码是不固定的,即不同类型的指令有不同的划分,以便尽可能用较短的指令字长来表示越来越多的操作类型。

6.2.1 地址码字段的格式

不同的指令使用不同数目、不同来源与去向、不同用法的操作数,必须采用适当方式尽量把它们统一起来,并安排在指令的操作数地址字段。

CPU 通过地址码字段提供的信息就可以取得所需的操作数,操作数包括源操作数或目的操作数。地址码给出的操作数地址信息,可以是寄存器地址、主存地址或输入/输出端口

的地址,以及下一条(后继)指令的地址等。根据一条指令中地址码部分的不同形式,即有几个操作数地址,可将该指令称为几操作数指令或几地址指令。指令的典型结构有三地址指令、二地址指令、一地址指令和零地址指令,下面分别进行介绍。需要说明的是,对于一台计算机,可能只具备下述的一部分指令格式。

1. 三地址指令

三地址指令字中有 3 个操作数地址。其指令格式如下:

| OP | A1 | A2 | A3 |

OP 为操作码,表示操作性质,以下类同。A1 为源操作数 1 的地址,A2 为源操作数 2 的地址,A3 为目的(运算结果)操作数的地址。

该指令的功能是对源操作数地址 A1 和 A2 中的内容进行指定的操作,产生的结果存放到目的操作数地址 A3 中,可表示为:(A1)OP(A2)→A3。

(A)表示内存中地址为 A 的存储单元中的数,或运算器中地址为 A 的通用寄存器中的数;→表示把操作(运算)结果传送到指定的地方。

2. 二地址指令

二地址指令字中有 2 个操作数地址,常称为双操作数指令,是最常用的一种指令格式。其指令格式如下:

| OP | A1 | A2 |

该指令的功能是对源操作数地址 A1 和 A2 中的内容进行指定的操作,产生的结果存放到 A1 或 A2 中(由于指令系统的不同,其存放本次操作结果的目的操作数位置也不同),可表示为:(A1)OP(A2)→A1 或 A2。

例如 8086 微机中,减法指令"SUB AX,BX"执行的操作是将累加器 AX 的内容减寄存器 BX 的内容,结果送入 AX。

二地址指令格式中,从操作数的物理位置来说,又可归结为以下 3 种类型:

(1)存储器-存储器(SS)型指令

操作数都放在内存中,从内存某单元中取操作数,操作结果存放至内存另一单元中,因此机器执行这类指令需要多次访问内存,速度慢。

(2)寄存器-寄存器(RR)型指令

需要多个通用寄存器或个别专用寄存器,从寄存器中取操作数,将操作结果存放到另一寄存器,由于不需要访问内存,机器执行这类指令的速度较快。

(3)寄存器-存储器(RS)型指令

执行此类指令时,既要访问内存单元,又要访问寄存器。

3. 一地址指令

一地址指令的指令格式如下:

| OP | A |

该指令中只给出一个操作数地址 A,可以是存放操作数的寄存器名或存储器地址,一般

有两种情况:一是该地址既是源操作数的地址又是操作结果的地址,例如 8086 的加 1 指令 INC SI 等;二是该地址是源操作数地址,另一个操作数地址是隐含的,运算结果存放在隐含的默认操作数地址中。例如,乘法指令"MUL BL"隐含了操作数地址 AL,执行的是累加器 AL 的内容与寄存器 BL 的内容相乘,结果送入累加器 AX。

4. 零地址指令

零地址指令的指令格式如下:

OP

该指令中只有操作码,而没有地址码,也称为无操作数指令。一般有两种情况:一是不需要操作数,如空操作指令 NOP、停机 HLT 等;二是操作数的地址是默认的,使用约定的某一个或几个操作数,无须再在指令中加以表示。例如,字符串传送指令 MOVSB 默认的操作数地址是源变址寄存器 SI 和目标变址寄存器 DI,十进制调整指令 DAA 默认的操作数地址是累加器 AL。

执行程序时,大多数指令按顺序从主存中取出执行,只有在遇到转移指令时,程序的执行顺序才会改变。为了压缩指令的长度,计算机中通常用一个程序计数器(Program Counter,PC)存放指令地址。每执行一条指令,PC 的值就自动加 1(设该指令只占一个主存单元),指出将要执行的下一条指令的地址。当遇到转移指令时,则用转移地址修改 PC 的内容。由于使用了 PC,指令中就不必明显地给出下一条将要执行指令的地址。以上对几种不同指令格式的分析中,都是以默认用程序计数器(PC)自动计数,形成下一条指令的地址为前提的,所以,指令字中都省去了后继指令的地址字段。

上述几种结构的指令中,零地址、一地址指令执行速度较快,硬件实现简单;二地址、多地址指令功能强,便于编程;指令和数据一般存放在存储器中,指令的地址由 PC 确定,数据的地址由指令确定;指令一般不能在程序执行时修改。

考虑指令字长、存储空间和读取操作数的时间等因素,目前指令系统中二地址指令和一地址指令的使用频率较高。

6.2.2 操作码字段的格式

不同的指令用操作码字段的不同编码来表示。操作码字段的位数一般取决于计算机指令系统的规模。从对指令操作码的组织与编码方案来看,操作码的长度可以是固定的,也可以是变化的,这样就可以区分出如下两种情况。

1. 定长操作码指令格式

定长操作码指令格式规定操作码的位置和位数固定,一般在指令字的高位部分分配固定的若干位(定长),用于表示操作码。例如,分配 8 位,则有 $2^8 = 256$ 个编码状态,故最多可以表示 256 条指令。这种格式有利于简化计算机硬件设计,提高指令译码和识别速度,常用于字长较长的大中型计算机、超级小型机及精简指令系统计算机(RISC)上。例如,VAX-11 和 IBM 370 等计算机就采用此方案,操作码长度均为 8 位。

2. 扩展操作码指令格式

扩展操作码指令,即可变长度操作码指令,采用各指令操作码的位置和位数不固定的方式,根据需要使操作码的位数动态变化。

当计算机的字长与指令长度较短时,例如 16 位或 8 位,如果单独为操作码划分出固定的一些位数,留给表示操作数地址的位数就会显得不足。为此采用扩展操作码技术,使操作码的长度随操作数地址位数的减少而增加,力求在比较短的一个指令字中,既能表示出比较多的指令条数,又能尽量满足给出相应的操作数地址的要求。这种变长操作码指令格式可有效地压缩操作码的平均长度,在不增加指令字长度的情况下可表示更多的指令,但同时也增加了译码和分析难度,使控制器的设计复杂,需更多硬件支持。变长操作码指令格式广泛应用于字长较短的微型计算机中。例如,PDP-11、Intel 8086 等系列机采用变长度操作码的方案。

例 6-1 设某计算机指令系统的指令字长 16 位,包括 4 位基本操作码字段和 3 个 4 位地址字段,4 位基本操作码有 16 种组合,若全部用于表示三地址指令,则只有 16 条。但是,如果三地址指令仅需 15 条,二地址指令需要 15 条,一地址指令需要 15 条,零地址指令需要 16 条,共 61 条指令,应该如何安排操作码?

解:显然,只有 4 位基本操作码是不够的,必须将操作码的长度向地址码字段扩展才行。可采用如下操作码扩展方法:

① 三地址指令仅需要 15 条,由 4 位基本操作码的 0000~1110 组合给出,剩下的一个组合 1111 用于把操作码长度扩展到 A1,即 4 位扩展到 8 位。

② 二地址指令需要 15 条,由 8 位操作码的 11110000~11111110 组合给出,剩下一个 11111111 用于把操作码长度扩展到 A2,即从 8 位扩展到 12 位。

③ 一地址指令需要 15 条,由 12 位操作码的 111111110000~111111111110 组合给出,剩下一个组合 111111111111 用于把操作码长度扩展到 A3,即从 12 位扩展到 16 位。

④ 零地址指令需要 16 条,由 16 位操作码的 1111111111110000~1111111111111111 组合给出。

采用上述指令操作码扩展方法后,三地址指令、二地址指令和一地址指令各 15 条,零地址指令 16 条,共计 61 条指令。

不难看出,除了图 6-2 所示的这种方案之外,尚有其他多种扩展方法可供选择。例如,形成 14 条三地址指令、31 条二地址指令、15 条一地址指令和 16 条零地址指令等。读者可自行尝试设计。

	15~12	11~8	7~4	3~0	
4位操作码	0000 0001 ... 1110	A1 A1 A1	A2 A2 A2	A3 A3 A3	15条三地址指令
8位操作码	1111 1111 1111	0000 0001 ... 1110	A2 A2 A2	A3 A3 A3	15条二地址指令
12位操作码	1111 1111 1111	1111 1111 1111	0000 0001 ... 1110	A3 A3 A3	15条一地址指令
16位操作码	1111 1111 1111	1111 1111 1111	1111 1111 1111	0000 0001 ... 1111	16条零地址指令

图 6-2 一种扩展操作码示意图

6.3 指令的寻址方式

寻址方式是指确定本条指令的数据(操作数)地址及下一条要执行的指令地址的方法。寻址方式可分为指令寻址方式和操作数寻址方式两大类,前者比较简单,后者比较复杂。

6.3.1 指令寻址方式

由于在大多数情况下,程序都是按指令顺序执行的,因此指令地址的寻址方式比较简单。因为现代计算机均利用程序计数器(PC)跟踪程序的执行并指示将要执行的指令地址,所以当程序启动运行时,通常由系统程序直接给出程序的起始地址并送入 PC;程序执行时,可采用顺序方式或跳跃方式改变 PC 的值,完成下一条要执行的指令的寻址。

1. 顺序方式

顺序方式就是采用 PC 增量的方式形成下一条指令地址。因为程序中的指令在内存中通常是顺序存放的,所以当程序顺序执行时,将 PC 的内容按一定的规则增量,即可形成下一条指令地址。增量的多少取决于一条指令所占的存储单元数。采用顺序方式进行指令地址寻址时,CPU 可按照 PC 的内容依次从内存中读取指令。

2. 跳跃方式

跳跃方式就是当程序发生转移时,根据指令的转移目标地址修改 PC 的内容。当程序需要转移时,由转移类指令产生转移目标地址并送入 PC,即可实现程序的转移(也称程序跳转)。转移目标地址的形成有多种方法,大多与操作数的寻址方式相似。

6.3.2 操作数寻址方式

操作数寻址方式是指寻找操作数地址的方式,操作数的来源、去向及其在指令字中的地址安排有多种情况。这里所说的操作数的来源(称作源操作数)、去向(称作目的操作数),是指指令中的操作数要从哪里读来、写向哪里。不同的指令使用不同数目、不同来源、不同用法的操作数,因此,地址码字段的编码是灵活多样的,这就要求寻址时遵照编码原则,采用不同的寻址方式。通常源操作数和目的操作数可以是 CPU 内部的通用寄存器、内存储器的某个存储单元、输入/输出设备(接口)中的某个寄存器等。

计算机中的寻址方式有多种,不同类型的指令系统其寻址方式的分类和名称也不尽统一。下面选取几种基本寻址方式,并主要以 Intel 8086/8088 指令系统为例加以说明。

1. 立即寻址

立即寻址方式是指指令的地址码部分给出的不是操作数的地址而是操作数本身,即指令所需的操作数由指令的形式地址 A 直接给出。如图 6-3 所示,使用该寻址方式,在取出指令的同时也取出了操作数,所以称其为立即寻址。

操作码	寻址方式	形式地址
OP	立即寻址	A

图 6-3 立即寻址方式

立即寻址方式的优点是只要取出指令,便可立即得到操作数,不必再次访问存储器或寄存器,提高了指令的执行速度。其缺点是由于指令的字长有限,A 的位数限制了立即数所能表示的数据范围,并且操作数是指令的一部分,不便修改,只适用于操作数固定的情况。因此,立即寻址方式通常用于给某一寄存器或存储器单元赋予初值或提供一个常数。

例6-2 写出 Intel 8086 中的立即寻址指令。

解: MOV AX,2020H ;将立即数 2020H 存入累加器 AX 中

2. 直接寻址

直接寻址方式中,在指令的地址码字段中直接指出操作数在内存中的有效地址 EA,即 EA = A。根据给出的形式地址 A 就可以从内存中读出所需要的操作数,如图 6-4 所示。

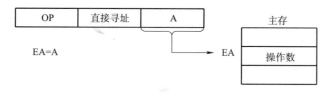

图 6-4 直接寻址方式

直接寻址简单直观,不需要另外计算操作数地址,在指令执行阶段只需要访问一次主存,即可得到操作数,便于硬件实现。但操作数的地址 A 是指令的一部分,不便于修改,只能用来访问固定的存储器单元,同时 A 的位数限制了操作数的寻址范围。

例6-3 写出 Intel 8086 中的直接寻址指令。

解: MOV AX,[2020H] ;将有效地址为 2020H 的内存单元的内容读入累加器 AX 中

3. 间接寻址

间接寻址方式是指指令的地址码部分给出的是操作数的有效地址 EA 所在的存储单元的地址,即有效地址 EA 是由形式地址 A 间接提供的,因而称为间接寻址。

间接寻址可分为一级间址和多级间址。一级间址是指指令的形式地址 A 给出的是 EA 所在的存储单元的地址,即 EA = (A)。图 6-5(a)所示为一级间址的寻址过程。多级间址是指指令的地址码部分给出的是操作数地址的地址。图 6-1(b)所示为二级间址的寻址过程,其中地址指示字的高位为 1,表示该单元内容仍为地址指示字,需继续访存寻址;地址指示字的高位为 0,表示该单元内容即为操作数所在单元的有效地址 EA。

例6-4 设某计算机的一级间接寻址指令格式如下:

MOV AX,@2000H ;@ 为间接寻址标志

设主存 2000H 单元的内容为 3000H,主存 3000H 单元的内容为 5000H,则该指令的操作数是什么?

解: 指令源操作数的有效地址是主存 2000H 单元的内容,即 EA = (A) = (2000H) = 3000H。该指令所需的实际源操作数在主存的地址为 3000H。该指令所需的实际源操作数是主存 3000H 单元的内容,即 Data = 5000H。

4. 寄存器寻址

寄存器寻址是指在指令地址码中给出的是某一通用寄存器的编号(也称寄存器地址),该寄存器的内容即为指令所需的操作数。即采用寄存器寻址方式时,有效地址 EA 是寄存

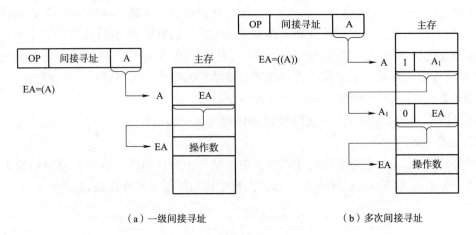

(a) 一级间接寻址　　　　　　　(b) 多次间接寻址

图 6-5　间接寻址方式

器的编号，EA = R_i，如图 6-6 所示。

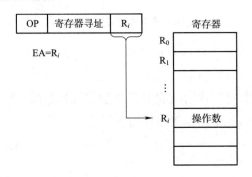

图 6-6　寄存器寻址方式

因为采用寄存器寻址方式时,操作数位于寄存器中,所以在指令需要访问操作数时,无须访存,减少了指令的执行时间;另外,由于寄存器寻址所需的地址短,所以可以压缩指令长度,节省了指令的存储空间,也有利于加快指令的执行速度,因此寄存器寻址在计算机中得到了广泛应用。但寄存器的数量有限,不能为操作数提供大量的存储空间。

5. 寄存器间接寻址

寄存器间接寻址方式是指指令中地址码部分所指定的寄存器中的内容是操作数的有效地址。与前面所讲的存储器的间接寻址类似,采用寄存器间接寻址时,指令地址码部分给出的寄存器中内容不是操作数,而是操作数的有效地址 EA,因此称为寄存器间接寻址,如图 6-7 所示。

由于采用寄存器间接寻址方式时,有效地址存放在寄存器中,因此指令在访问操作数时,只需要访问一次存储器,比间接寻址少一次访存,而且由于寄存器可以给出全字长的地址,可寻址较大的存储空间。

【例 6-5】 Intel 8086 的寄存器间接寻址指令为

MOV　AL,[BX]

设寄存器 BX 的内容为 BX = 2000H,主存 2000H 单元的内容为(2000H) = 80H,则该指令的源操作数是什么？

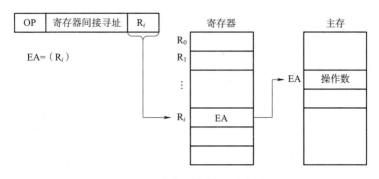

图 6-7 寄存器间接寻址方式

解:有效地址 EA = 2000H,指令执行的结果是将操作数 80H 传送到寄存器 AL 中。

6. 基址寄存器寻址

基址寄存器寻址方式简称基址寻址方式,其概念如下:指令中被引用的寄存器称为基址寄存器(BR)。BR 既可在 CPU 中专设,也可由指令指定某个通用寄存器担任。使用基址寻址时,先将指令地址码给出的地址 A 和基址寄存器 BR 的内容通过加法器相加,所得的和作为有效地址,即 EA = (BR) + A,再从存储器中读出所需的操作数。地址码 A 在这种方式下通常称为位移量(Disp)。基址寻址的寻址过程如图 6-8 所示。

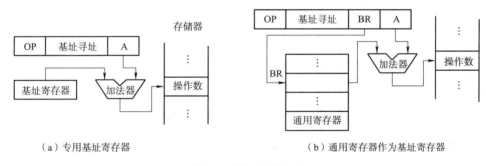

(a)专用基址寄存器　　　　　　　　(b)通用寄存器作为基址寄存器

图 6-8 基址寻址方式

在 8086 中,BX 与 BP 称为两个基址指针。采用基址寻址时,在指令中要给出基址寄存器的代码和位移量的值,例如:

MOV　AL,[BX + 10H]

其中,BX 为基址指针,10H 为逻辑地址。

基址寻址是面向系统的,主要用于将用户程序的逻辑地址(用户编写程序时所使用的地址)转换成主存的物理地址(程序在主存中的实际地址),以便实现程序的再定位。例如,在多道程序运行时,需要由系统的管理程序将多道程序装入主存。由于用户在编写程序时,不知道自己的程序应该放在主存的哪一个实际物理地址中,只能按相对位置使用逻辑地址编写程序。当用户程序装入主存时,为了实现用户程序的再定位,系统程序给每个用户程序分配一个基准地址。程序运行时,该基准地址装入基址寄存器,通过基址寻址,可以实现逻辑地址到物理地址的转换。由于系统程序需要通过设置基址寄存器为程序或数据分配存储空间,所以基址寄存器的内容通常由操作系统或管理程序通过特权指令设置,对用户是透明的。用户可以通过改变指令字中的形式地址 A 来实现指令或操作数的寻址。另外,基址寄存器的内容一般不进行自动增量或减量。

另外，当存储器的容量较大，由指令的地址码部分直接给出的地址不能直接访问到存储器的所有单元时，通常把整个存储空间分成若干个段，段的首地址存放于基址寄存器，段内位移量由指令给出。存储器的实际地址就等于基址寄存器的内容（即段首地址）与段内位移量之和，这样通过修改基址寄存器的内容就可以访问存储器的任一单元。

7. 变址寻址

变址寻址方式是指操作数的有效地址是由指令中指定的变址寄存器的内容与指令字中的形式地址相加形成的。变址寻址的寻址过程如图6-9所示。其中，变址寄存器IX可以是专用寄存器，也可以是通用寄存器中的某一个，EA=(IX)+A。

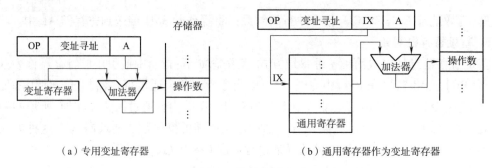

(a) 专用变址寄存器　　　　　　　　(b) 通用寄存器作为变址寄存器

图6-9　变址寻址方式

在8086中，通常用SI和DI作为变址寄存器。SI常作为源变址寄存器，DI常作为目标变址寄存器。

例6-6　Intel 8086 的变址寻址指令为

MOV　AL,[SI+4]

设变址寄存器的内容为SI=2004H，主存2004H单元的内容为(2004H)=82H，则该指令的功能是什么？

解： 由于形式地址A的内容为4，所以有效地址EA=(SI)+4=2004，指令执行的结果是将操作数82H传送到寄存器AL中。

变址寻址是面向用户的，主要用于访问数组、向量、字符串等成批数据，用以解决程序的循环控制问题，因此变址寄存器的内容是由用户设置的。在程序执行过程中，用户通过改变变址寄存器的内容实现指令或操作数的寻址，而指令字中的形式地址A是不变的。变址寄存器的内容可以进行自动增量和减量。

基址寻址和变址寻址两种寻址方式的组合称为基址变址寻址，如指令

MOV　AX,[BX+SI+3BH]

其中给出的是基址寄存器的代码BX、变址寄存器的代码SI和偏移量3BH。

8. 相对寻址

把程序计数器(PC)的内容与指令的地址码部分A之和作为操作数的地址或转移地址，称为相对寻址。相对寻址主要用于转移指令，执行本条指令后，将转移到(PC)+A，(PC)为程序计数器的内容。相对寻址有两个特点。

(1) 转移地址不是固定的，它随着PC值的变化而变化，并且总是与PC相差一个固定值

A,因此无论程序装入存储器的任何地方,均能正确运行,对浮动程序很适用。

（2）有效地址 EA = (PC) + A,位移量可正、可负,通常用补码表示。相对寻址的寻址过程如图 6-10 所示。

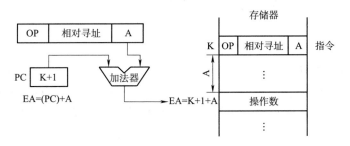

图 6-10　相对寻址方式

9. 堆栈寻址

计算机中,堆栈是一种特殊的数据寻址方式,是按照"后进先出"(LIFO)原则进行存取的存储结构。按结构不同,堆栈分为寄存器堆栈和存储器堆栈。目前,广泛应用的是存储器堆栈方式。

（1）寄存器堆栈

一些计算机的 CPU 中有一组专门的寄存器,称为寄存器堆栈或硬堆栈,其中每一个寄存器能保存一个字的数据。数据的入栈或出栈遵循"后进先出"的原则。

（2）存储器堆栈

利用主存储器的一部分空间作为堆栈,称为存储器堆栈或软堆栈。这种堆栈能够具有程序员要求的任意长度,可用一个特定的寄存器给出堆栈区中被读/写单元(称为栈顶)的地址,该寄存器称为地址指针(stack pointer, SP)。

堆栈寻址方式是专门用于访问堆栈的寻址方式,操作数在堆栈中,指令隐含约定由堆栈指针 SP 提供栈顶单元地址,进行写入或读出。

堆栈主要用来暂存中断和子程序调用时的现场数据及返回地址。通过堆栈指针(SP)访问堆栈的指令有压入(即入栈)和弹出(即出栈)两种,它们实际上是一种特殊的数据传送指令:

①压入指令(PUSH)是把指定的操作数送入堆栈的栈顶。

②弹出指令(POP)的操作与压入指令刚好相反,是把栈顶的数据取出,送到指令所指定的目的地。

随着向堆栈压入数据,堆栈的存储内容增多,称为堆栈生长。一般的计算机中,堆栈从高地址(称作栈底)向低地址(栈顶)扩展,即栈底的地址码值总是大于或等于栈顶的地址码值,称为"自底向上"生长方式。也有少数计算机采用刚好相反的"自顶向下"生长方式。SP 的内容就是栈顶单元地址,随着数据的压入或弹出,SP 的内容将自动修改。在"自底向上"生长方式中,当执行压入操作时,首先把 SP 减量(减量的多少取决于压入数据的字节数,若压入一个字节,则减1;若压入两个字节,则减2,依此类推),然后把数据送入 SP 所指定的单元;当执行弹出操作时,首先把 SP 所指定的单元(即栈顶)的数据取出,然后根据数据的大小(即所占的字节数)对 SP 增量。这种存储器堆栈中,进栈时先存入数据,后修改堆栈指示器;出栈时,先修改堆栈指示器,然后取出数据。

10. 隐含寻址方式

为缩短指令字长度,有些指令采用隐含地址码方式。即在指令中不明显给出操作数地址或变址寄存器和基址寄存器编号,而是由操作码隐含指出。例如,单地址指令中只给出一个操作数地址,另一个操作数隐含规定为累加器内容;此外,还有堆栈操作指令,其操作数隐含为栈顶元素,指令中无须明确指出操作数地址。

11. 复合型寻址方式

上面介绍的几种寻址方式,在计算机中可以组合使用。例如,把间接寻址方式同相对寻址方式或变址寻址方式相结合而形成复合型寻址方式。复合型寻址方式有如下几种类型:

(1) 相对间接寻址

这种寻址方式先把 PC 的内容和形式地址 A 相加得(PC)+A,然后再间接寻址求得操作数的有效地址,即先相对寻址再间接寻址。

操作数的有效地址 EA 数学公式为 $EA = ((PC) + A)$。

(2) 间接相对寻址

这种寻址方式先将形式地址 A 作间接变换为(A),然后将间接变换值和 PC 的内容相加得到操作数的有效地址,即先间接寻址,再相对寻址。

操作数的有效地址 EA 数学公式为 $EA = (PC) + (A)$。

(3) 变址间接寻址

这种寻址方式,先把变址寄存器 IX 的内容和形式地址 A 相加得(IX)+A,然后再间接寻址求得操作数的有效地址,即先变址再间址。

操作数的有效地址 EA 数学公式为 $EA = ((IX) + A)$。

(4) 间接变址寻址

这种寻址方式先将形式地址 A 作间接变换为(A),然后将间接变换值和变址寄存器(RI)的内容相加得到操作数的有效地址,即先间址再变址。

操作数的有效地址 EA 数学公式为 $EA = (IX) + (A)$。

除了上述这些复合寻址方式外,还可以组合形成更复杂的寻址方式。例如,在一条指令中可以同时实现基址寻址与变址寻址,其有效地址为基址寄存器内容 + 变址寄存器内容 + 指令地址码。

不同计算机采用的寻址方式是不同的,即使是同一种寻址方式,在不同的计算机中也有不同的表达方式或含义。因此,用汇编语言编程时,必须详细了解所使用计算机的指令系统,才能编出正确而高效的程序。若用高级语言编程,则由编译程序解决有关寻址问题,用户不必考虑寻址方式。

6.4 指令的类型与功能

指令系统的性能决定了计算机的基本功能,其设计直接关系到计算机硬件结构的复杂程度和用户需要。一个完善的指令系统应满足如下四方面的要求:

①完备性:指令系统的完备性是指任何运算都可以用指令编程实现。也就是要求指令系统的指令丰富、功能齐全、使用方便。

②高效性:指令系统的高效性是指用指令系统中的指令编写的程序能高效率运行,占用空间小,执行速度快。

③规整性:指令系统的规整性是指指令系统应具有对称性、匀齐性、指令与数据格式的一致性。其中,对称性要求指令要将所有寄存器和存储器单元均同等对待,使任何指令都可以使用所有的寻址方式,减少特殊操作的例外情况;匀齐性要求一种操作可支持各种数据类型,如算术运算指令应能够支持字节、字、双字、十进制数、浮点单精度数、浮点双精度数等各种数据类型的数据。指令与数据格式的一致性要求指令长度与机器字长和数据长度有一定的关系,以便于指令和数据的存取及处理。

④兼容性:为了满足软件兼容的要求,系列机的各机种之间应该具有基本相同的指令集,即指令系统应具有一定的兼容性,至少要做到向后兼容,即先推出的机器上的程序可以在后推出的机器上运行。

不同的计算机指令系统也不同,但不管指令系统的繁简如何,所包含的指令的基本类型和功能都是相似的。一般来说,一个完善的指令系统应包括的基本指令有数据传送指令、算术逻辑运算指令、移位操作指令、程序控制指令、输入/输出指令等。复杂指令的功能往往是一些基本指令功能的组合。

6.4.1 数据传送类指令

数据传送指令是计算机中最基本的指令,用来实现数据传送操作,典型的应用有寄存器与寄存器之间、寄存器与存储单元之间、存储单元与存储单元之间的数据传送。数据传送指令一次可以传送一个数据或一批数据。需要注意一点,数据从源地址传送到目的地址,而源地址中的数据保持不变,因此数据传送指令实际上是数据复制。

堆栈操作也属于数据传送,但是从堆栈中弹出(读取)数据后,由于堆栈指针向下移动(一般是增量调整),指向了新的栈顶,因此源操作数虽然并未改变,但该操作数被视为不再存在,这与一般的传送有所区别。

6.4.2 算术/逻辑运算指令

计算机的基本任务是对数据进行运算,可分为算术运算和逻辑运算两大类,其中还包含移位操作。

1. 算术运算指令

几乎所有计算机都设置了一些最基本的算术运算指令:定点数的加、减、比较、加1、减1和求补等。通常根据算术运算的结果设置(或影响)标志寄存器的状态位,其中常用的相关状态位有 C(结果是否有进位或借位)、V(结果是否溢出)、Z(结果是否为0)、N(结果是否为负)等。每次运算的单位可以是字节、字或双字等,对更高精度的多位字长运算则多数是通过软件子程序来实现的。

现在的主流微型计算机中还设置了定点数乘、除、十进制运算,浮点加、减、乘、除等运算指令。巨型机中还可能设有向量运算指令,可以对整个向量或矩阵进行求和、求积等运算。

2. 逻辑运算指令

与、或和非是3种最基本的逻辑运算,逻辑函数可以变化无穷,但都是由这3种逻辑运算组合实现的。而异或逻辑则是一种很常用的逻辑函数,所以计算机通常都设置4种最基本的逻辑运算指令:与、或、非和异或,它们都是按位进行逻辑运算的,各位之间没有进位、借位关系,因此又称为位操作指令。通常,逻辑运算指令的操作结果也会相应地影响标志寄存器的状态标志位。

有些计算机按位操作功能设置了专门的位操作指令,如位测试(测试指定位的值是否为1)、位清除(将指定位清0)和位求反(对指定位)等指令。

3. 移位操作指令

移位也是一种常用的操作,例如在乘法中需要右移,在除法中需要左移,在代码处理中也经常需要移位操作。在一些计算机中,将移位指令归入算术/逻辑运算类指令。移位可分为算术移位和逻辑移位,又有左移和右移之分。可以对寄存器或存储单元中的数据进行移位,一次可以只移一位,也可以按指令中规定的次数移若干位。

6.4.3 程序控制类指令

在一般情况下,CPU按照顺序逐条执行程序中的指令,但有时需要改变这种顺序,程序控制类指令就是用来控制程序的执行流程的,即选择程序的执行方向,并使程序具有测试、分析与判断的能力。例如,在什么情况下程序要进行转移、往何处转移等。按控制转移的性质不同,程序控制类指令分为无条件转移、条件转移、过程调用、返回以及陷阱等几种。

6.4.4 输入/输出类指令

输入/输出也可以看作是一种数据传送,其功能是完成中央处理器和外围设备之间的数据传送。数据由外围设备传送到中央处理器称为输入(input),数据由中央处理器传送给外围设备称为输出(output)。

有些计算机将外围设备的I/O端口和存储器分别独立编址,用专门的输入/输出指令(简称I/O指令)访问外设的I/O端口。这种独立编址的优点是I/O端口的地址长度比较短,译码速度快。其缺点是I/O指令的种类和寻址方式不如访问存储器的指令丰富,程序设计的灵活性稍差。

6.4.5 其他指令

除上述几种比较典型的指令外,还有其他指令,如控制处理机的某些功能的指令(停机指令、等待指令、空操作指令、设置或清除CPU状态字的标志位的指令等)、面向操作系统的特权指令和存储管理的指令等。

总之,CPU种类繁多,指令系统也不尽相同,指令的助记符和指令的功能、数目也有差别。要使用某种CPU的指令编写程序,可参考其指令系统手册。

6.5 典型指令格式实例

为了增强对指令格式的认识,下面举出两种典型的计算机指令格式,这两种计算机是Intel公司的16位微型机Intel 8086/8088(CISC)、IBM公司的32位大型机IBM370系列(CISC)。

1. 微型机 Intel 8086/8088 指令格式

Intel 8086 是 Intel 公司于 1978 年推出的 16 位的微型机,字长 16 位。Intel 8088 是在 8086 基础之上推出的扩展型准 16 位微型机,字长 16 位,但其外部数据总线 8 位,这样便于与众多的 8 位外围设备连接。由于 Intel 8086/8088 指令字较短,所以指令采用变长指令字结构。指令格式包含单字长指令、双字长指令、三字长指令等多种。指令长度为 1~6 字节不等,即有 8 位、16 位、24 位、32 位、40 位和 48 位 6 种,其中第 1 个字节为操作码;第 2 个字节指出寻址方式;第 3 个至第 6 个字节则给出操作数地址等。基本指令格式如图 6-11 所示。

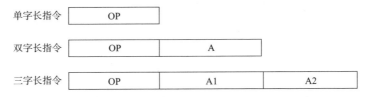

图 6-11　Intel 8086/8088 基本指令格式

单字长指令只有操作码,没有操作数地址。双字长或三字长指令包含操作码和地址码。由于内存按字节编址,所以单字长指令每执行一条指令后,指令地址就加 1。双字长指令或三字长指令每执行一条指令后,指令地址加 2 或加 3。

2. 大型机 IBM370 系列指令格式

IBM370 系统是 IBM 公司于 1970 年推出的 32 位大型机,1983 年 IBM 又推出了 370 的扩充结构:IBM370-XA(eXtended architecture),首次在 3038 系列上实现,后来又有扩充结构 ESA/370,于 1986 年推出 3090 系列。ESA/370 增加了指令格式,称为扩充格式,有 16 位操作码,包括向量运算与 128 位长度的浮点运算指令。

IBM370 系列计算机的指令格式分为 RR 型指令、RRE 型指令、RX 型指令、RS 型指令、SI 型指令、S 型指令、SS 型(两种)及 SSE 型指令 9 类。其中,RR 型指令字长度为半个字长,SS 型指令和 SSE 型指令的指令字长度为一个半字长,其余 5 种类型的指令均为单字长指令。除 RRE 型、S 型、SSE 型指令操作码为 16 位外,其余几种类型指令的操作码均为 8 位。IBM370 系列计算机的指令格式如图 6-12 所示。

操作码的第 0 位和第 1 位组成 4 种不同编码,代表不同类型的指令:

①00 表示 RR 型指令。

②01 表示 RX 型指令。

③10 表示 RRE 型、RS 型、S 型及 SI 型指令。

④11 表示 SS 型和 SSE 型指令。

RR 型指令与 RRE 型指令是寄存器-寄存器型指令,参加运算的操作数都在通用寄存器中。

RX 型指令和 RS 型指令是寄存器-存储器型指令。其中,RX 是二地址指令:第一个源操作数与结果放在同一寄存器 R1 中;第二个源操作数在存储器中,其地址 =(X2)+(B2)+ D2。RS 是三地址指令:R1 存放结果;R2 存放源操作数;另一个源操作数在主存中,其地址 =(B2)+ D2。

	第一个半字		第二个半字		第三个半字	
	第1个字节	第2个字节	第3个字节	第4个字节	第5个字节	第6个字节

RR型	OP | R1 | R2
RRE型	OP | | R1 | R2
RX型	OP | R1 | X2 | B2 | D2
RS型	OP | R1 | R2 | B2 | D2
SI型	OP | I2 | B1 | D1
S型	OP | B2 | D2
SS型	OP | L | B1 | D1 | B2 | D2
SS型	OP | L1 | L2 | B1 | D1 | B2 | D2
SSE型	OP | B1 | D1 | B2 | D2

图 6-12　IBM370 系列计算机的指令格式

SI 型指令是存储器-立即数型指令，该指令将立即数 imm 送到地址 =（B1）+ D1 的存储器中。

SS 和 SSE 型指令是存储器-存储器指令，两个操作数都在存储器中，其地址分别为（B1）+ D1 和（B2）+ D2，同时（B1）+ D1 也是目的地址。SS 和 SSE 型指令是可变字长的指令，用于十进制运算及字符串的运算和处理。

S 型指令是单地址存储器指令。

例 6-7 某模型机共有 64 种操作，操作码位数固定，且具有以下特点：

①采用一地址或二地址格式。

②有寄存器寻址、直接寻址和相对寻址（位移量为 –128 ~ +127）3 种寻址方式。

③有 16 个通用寄存器，算术运算和逻辑运算的操作数均在寄存器中，结果也在寄存器中。

④取数/存数指令在通用寄存器和存储器之间传送数据。

⑤存储器容量为 1MB，按字节编址。

要求设计算术逻辑指令、取数/存数指令和相对转移指令的格式，并简述理由。

解：①算术逻辑指令格式为"寄存器-寄存器"型，取单字长 16 位。

6	2	4	4
OP	M	R_i	R_j

其中，OP 为操作码，6 位，可实现 64 种操作；M 为寻址模式，2 位，可反映寄存器寻址、直接寻址、相对寻址；R_i 和 R_j 各取 4 位，指出源操作数和目的操作数的存储器编号。

②取数/存数指令格式为"寄存器-存储器"型，取双字长 32 位，格式如下：

6	2	4	4
OP	M	R_i	A_1
A_2			

其中,OP 为操作码,6 位不变;M 为寻址模式,2 位不变;R_i 为 4 位,源操作数地址(存数指令)或目的操作数地址(取数指令);A_1 和 A_2 共 20 位,存储器地址,可直接访问按字节编址的 1 MB 存储器。

③相对转移指令为一地址格式,取单字长 16 位,格式如下:

6	2	8
P	M	A

其中,OP 为操作码,6 位不变;M 为寻址模式,2 位不变;A 为位移量 8 位,对应 −128 ~ +127。

6.6　RISC 计算机系统

RISC(reduced instruction set computer,精简指令集计算机)与其对应的是 CISC(complex instruction set computer,复杂指令集统计算机)。

6.6.1　RISC 的产生和发展

1. RISC 的产生

长期以来,计算机性能的提高往往是通过增加硬件的复杂性来获得。随着集成电路技术,特别是 VLSI(超大规模集成电路)技术的迅速发展,为了软件编程方便和提高程序的运行速度,硬件工程师采用的办法是不断增加可实现复杂功能的指令和多种灵活的编址方式。某些指令可支持高级语言语句归类后的复杂操作。致使硬件越来越复杂,造价也相应提高。

这类具备庞大且复杂的指令系统的计算机称为复杂指令集计算机。综上所述可知,CISC 的思想就是采用复杂的指令系统,来达到增强计算机的功能、提高机器速度的目的。

归纳起来,CISC 指令系统的特点如下:
①指令系统复杂庞大,指令数目一般为 200 条以上。
②指令格式多,指令字长不固定,采用多种不同的寻址方式。
③可以访存的指令不受限制。
④各种指令的执行时间和使用频率相差很大。
⑤大多数 CISC 机采用微程序控制器。
⑥难于用优化编译生成高效的目标代码程序。

然而,CISC 的复杂结构并不是人们想象的那样很好地提高了机器的性能。由于指令系统复杂,导致所需的硬件结构复杂,这不仅增加了计算机的研制开发周期和成本,而且也难以保证系统的正确性,而且由于复杂指令需要进行复杂的操作,与功能较简单的指令同时存在于一个机器中,很难实现流水线操作,从而降低了机器的速度。经过对 CISC 的各种指令在典型程序中使用频率的测试分析,发现只有占指令系统 20% 的指令是常用的,并且这

20%的指令大多属于算术、逻辑运算、数据传送、转移、子程序调用等简单指令,而占80%的指令只能有20%左右的使用率,这将造成硬件资源的大量浪费。

在这种情况下,人们开始考虑能否用最常用的20%左右的简单指令来组合实现不常用的80%的指令,由此引发了RISC技术,出现了精简指令集计算机RISC。

2. RISC的发展

1975年,IBM公司开始研究指令的合理性问题,John Cocke提出精简指令系统的想法。后来,伯克利大学的RISC Ⅰ和RISC Ⅱ、斯坦福大学的MIPS机的研究成功,为RISC的诞生与发展起了很大作用。

1983年以后,一些公司开始推出RISC产品,由于它具有较高的性能价格比,市场占有率不断提高。1987年Sun微系统公司用SPARC芯片构成工作站,从而使其工作站的销售量居于世界首位。一些发展较早的大公司转向RISC是很不容易的,因为RISC与CISC指令系统不兼容,因此它们在CISC上开发的大量软件如何转到RISC平台上是首先要考虑的;而且这些公司的操作系统专用性强,又比较复杂,给软件的移植带来了困难。而Sun微系统公司,是以UNIX操作系统为基础,软件移植比较容易,因此其工作站的重点很快从CISC(用68020微处理器)转移到RISC(用SPARC微处理器)。

早期使用的RISC芯片有SPARC和MIPS。

6.6.2 RISC的特点

精简指令系统计算机的着眼点不是简单地放在简化指令系统上,而是通过简化指令使计算机的结构更加简单合理,从而加快运算速度。

计算机执行程序锁需要的时间P可用下式表示:

$$P = I \times \text{CPI} \times T$$

其中,I是程序在机器上运行的指令数,CPI为执行每条指令所需的平均周期数,T是每个机器周期的时间。

由于RISC指令比较简单,原CISC中比较复杂的指令在这里用子程序来代替,因此RISC的I要比CISC多20%~40%。但是RISC的大多数指令只用一个机器周期实现(在20世纪80年代),所以CPI的值要比CISC小得多。同时因为RISC结构简单,所以完成一个操作所经过的数据通路较短,使得T值大为减少。后来,RISCd的硬件结构有很大改进,一个机器周期平均可完成一条以上指令,甚至可达到数条指令。

RISC是在继承CISC的成功技术并克服CISC缺点的基础上产生并发展起来的,大部分RISC具有下述一些特点:

① 选取使用频率高的一些简单指令,复杂指令的功能由简单指令的组合来实现。

② 指令长度固定,指令格式种类少,寻址方式种类少。

③ 只有取数、存数指令(Load/Store)访问存储器,数据在寄存器和存储器之间传送。其余指令的操作都在寄存器之间进行。

④ CPU中通用寄存器数量相当多。算术逻辑运算指令的操作数都在通用寄存器中存取。

⑤ 采用指令流水线技术,大部分指令在一个时钟周期内完成。

⑥ 以硬布线控制为主,不用或少用微程序控制。

⑦特别重视编译优化工作,以减少程序执行时间。

> **注意:**
> 从指令系统兼容性看,CISC 大多能实现软件兼容,即高档机包含了低档机的全部指令,并可加以扩充。但 RISC 简化了指令系统,指令条数少,格式也不同于老机器,因此大多数 RISC 机器不能与老机器兼容。

6.6.3 RISC 和 CISC 的比较

RISC 和 CISC 的对比见表 6-1。

表 6-1 RISC 和 CISC 的对比

对比项目	RISC	CISC
指令系统	简单,精简	复杂,庞大
指令数目	一般小于 100 条	一般大于 200 条
指令字长	定长	不固定
可访存指令	只有 Load/Store 指令	不加限制
各种指令执行时间	绝大多数在一个周期内完成	相差较大
各种指令使用频度	都比较常用	相差较大
通用寄存器数量	多	较少
目标代码	采用优化的编译程序,生成代码较为高效	难以用优化编译生成高效的目标代码程序
控制方式	绝大多数为组合逻辑控制	绝大多数为微程序控制

与 CISC 相比,RISC 的优点主要体现在如下几点:

①RISC 更能充分利用 VLSI 芯片的面积。CISC 的控制器大多采用微程序控制,其控制存储器在 CPU 芯片内所占的面积为 50% 以上,而 RISC 控制器采用组合逻辑控制,其硬布线逻辑只占 CPU 芯片面积的 10% 左右。

②RISC 更能提高运算速度。RISC 的指令数、寻址方式和指令格式种类少,又设有多个通用寄存器,采用流水线技术,所以运算速度更快,大多数指令在一个时钟周期内完成。

③RISC 便于设计,可降低成本,提高可靠性。RISC 指令系统简单,故机器设计周期短;其逻辑简单,故可靠性高。

④RISC 有利于编译程序代码优化。RISC 指令少,寻址方式少,使编译程序容易选择更有效的指令和寻址方式。

习 题

一、选 择 题

1. 指令系统中采用不同的寻址方式的主要目的是_____。
   A. 增加内存的容量
   B. 缩短指令长度,扩大寻址范围
   C. 提高访问内存的速度
   D. 简化指令译码电路

2. 计算机系统中,硬件能够直接识别的指令是_____。
   A. 机器指令　　　　B. 汇编语言指令　　　C. 高级语言指令　　　D. 特权指令
3. 在一地址指令格式中,下面论述正确的是_____。
   A. 只能有一个操作数,它由地址码提供
   B. 一定有两个操作数,另一个是隐含的
   C. 可能有一个操作数,也可能有两个操作数
   D. 如果有两个操作数,另一个操作数一定在堆栈中
4. 在指令的地址字段中直接指出操作数本身的寻址方式,称为_____。
   A. 隐含地址　　　　B. 立即寻址　　　　C. 寄存器寻址　　　D. 直接寻址
5. 在相对寻址方式中,若指令中地址码为 A,则操作数的地址为_____。
   A. A
   B. (PC) + A
   C. A + 段基址
   D. 变址寄存器 + A
6. 支持实现程序浮动的寻址方式称为_____。
   A. 变址寻址
   B. 相对寻址
   C. 间接寻址
   D. 寄存器间接寻址
7. 在变址寄存器寻址方式中,若变址寄存器的内容是 4E3CH,给出的偏移量是 63H,则它对应的有效地址是_____。
   A. 63H　　　　　　B. 4D9FH　　　　　C. 4E3CH　　　　　D. 4E9FH
8. 设寄存器 R 的内容(R)=1000H,内存单元 1000H 的内容为 2000H,内存单元 2000H 的内容为 3000H,PC 的值为 4000H。若采用相对寻址方式,-2000H(PC)访问的操作数是_____。
   A. 1000H　　　　　B. 2000H　　　　　C. 3000H　　　　　D. 4000H
9. 程序控制类指令的功能是_____。
   A. 进行算术运算和逻辑运算
   B. 进行主存与 CPU 之间的数据传送
   C. 进行 CPU 和 I/O 设备之间的数据传送
   D. 改变程序执行的顺序
10. 下列几项中,不符合 RISC 指令系统的特点是_____。
    A. 指令长度固定,指令种类少
    B. 寻址方式种类尽量多,指令功能尽可能强
    C. 增加寄存器的数目,以尽量减少访存次数
    D. 选取使用频率最高的一些简单指令以及很有用但不复杂的指令

二、填空题

1. 一台计算机所具有的所有机器指令的集合称为该计算机的(　　　　)。
2. 在寄存器寻址方式中,指令的地址码部分给出的是(　　　　),操作数存放在(　　　　)。
3. 采用存储器间接寻址方式的指令中,指令的地址码字段中给出的是(　　　　)所在的存储器单元地址,CPU 需要访问内存(　　　　)次才能获得操作数。

4. 操作数直接出现在指令的地址码字段中的寻址方式称为(　　　　)寻址；操作数所在的内存单元地址直接出现在指令的地址码字段中的寻址方式称为(　　　　)寻址。

5. 相对寻址方式中，操作数的地址是由(　　　　)与(　　　　)之和产生的。

三、简答题

1. 什么叫指令？什么叫指令系统？
2. 什么叫寻址方式？有哪些基本的寻址方式？
3. 试比较基址寻址和变址寻址。
4. 试比较 RISC 和 CISC。
5. 举例说明哪几种寻址方式在指令的执行阶段不访问存储器？哪几种寻址方式在指令的执行阶段只需访问一次存储器？完成什么样的指令，包括取指令在内共访问存储器 4 次？

四、计算题

1. 某指令系统字长为 16 位，地址码取 4 位，试提出一种方案，使该指令系统有 8 条三地址指令、16 条二地址指令、128 条一地址指令。

2. 某机主存容量为 $4M \times 16$ 位，且存储字长等于指令字长，若该机指令系统可完成 120 种操作，操作码位数固定，且具有直接、间接、变址、基址、相对、立即等 6 种寻址方式，试回答以下问题。

(1) 画出一地址指令格式并指出各字段的作用。
(2) 该指令直接寻址的最大范围。
(3) 一次间接寻址和多次间接寻址的寻址范围。
(4) 立即数的范围(十进制表示)。
(5) 相对寻址的位移量(十进制表示)。
(6) 上述 6 种寻址方式的指令中哪一种执行时间最短，哪一种最长，为什么？哪一种便于程序浮动，哪一种最适合处理数组问题？
(7) 如何修改指令格式，使指令的寻址范围可扩大到 4M？

五、综合实训

某机字长 16 位，存储器直接寻址空间为 128 字，变址时位移量为 $-64 \sim +63$，16 个通用寄存器均可作为变址寄存器。设计一套指令系统格式，满足下列寻址类型的要求。

- 直接寻址的二地址指令 3 条。
- 变址寻址的一地址指令 6 条。
- 寄存器寻址的二地址指令 8 条。
- 直接寻址的一地址指令 12 条。
- 零地址指令 32 条。

试问还有多少种代码未用？若安排寄存器寻址的一地址指令，还能容纳多少条？

第 7 章 控制单元功能分析与设计

学习目标

知识目标：
- 掌握控制器的结构及功能。
- 理解指令周期的概念。
- 掌握中断系统的原理和过程。
- 理解控制单元的功能。
- 了解控制单元的设计思路。

能力目标：
- 能够绘制 CPU 的基本结构。
- 能够根据 CPU 的结构写出指令的微操作。
- 能够根据中断原理，写出中断服务程序。
- 能够进行简单的分析和设计。

知识结构导图

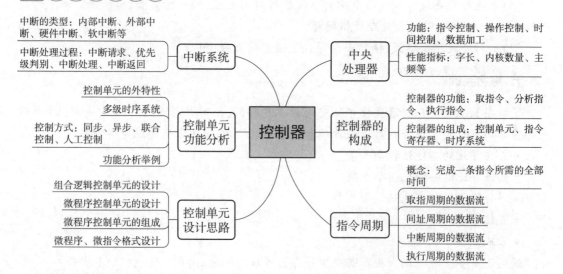

7.1 中央处理器

7.1.1 中央处理器简介

中央处理器(Central Processing Unit,CPU),是一块超大规模的集成电路,与内部存储器和输入/输出设备合称为电子计算机三大核心部件。CPU作为计算机系统的核心部件,是计算机的控制中心和运算中心,由运算器和控制器两个重要部件构成,主要负责解释计算机指令以及处理计算机软件中的数据。CPU将运算器、存储器、输入/输出设备等有机地联系在一起,根据要求,发出控制命令,控制计算机自动、连续地进行工作。其主要功能是取指令、分析指令、执行指令。

控制器是CPU的最重要组成部分,是计算机的神经中枢,协调控制计算机内各部件工作。在其控制下,计算机能够按照设置的步骤自动执行一系列操作从而完成特定任务。

1. 中央处理器的功能

CPU的功能主要体现在控制器作为计算机的指挥系统所表现的执行指令以及协调其他部件的活动,决定计算机在什么时间、根据什么条件、发出哪些微指令、做什么事;运算器在控制器的指挥下完成所选定的处理功能。即程序存入主存后,在控制器的控制下,通过取指令、执行指令,再取指令、再执行指令,循环往复,实现程序的执行过程。为实现上述过程,CPU应具有以下四方面的基本功能:

(1)指令控制

指令控制是指程序执行顺序的控制。CPU的首要任务就是保证计算机按规定的顺序执行。为控制程序的顺序执行,大多数CPU内部都设置一个程序计数器(PC)用来控制程序的执行顺序。

(2)操作控制

完成一条指令的执行往往需要若干个控制信号。CPU产生并管理每条指令所需要的控制信号,并将它们送到相应的部件,从而控制这些部件按指令的功能进行工作,完成相应指令。

(3)时间控制

对计算机内各种操作实施时间上的定时。每条指令的执行过程中,各控制信号作用的先后顺序及作用时间的长短,都有严格的规定。只有这样,计算机才能有条不紊地自动工作。

(4)数据加工

计算机处理数据形成信息,主要是对二进制数码进行算术运算或逻辑运算。数据的加工和处理是CPU的根本任务,原始信息只有经过加工处理后才真正有用。

4项基本功能中前3项都由控制器完成,最后一项由运算器实现。

2. 中央处理器主要性能指标

CPU性能高低决定了一台计算机性能的高低,决定了计算机的运行速度。衡量CPU性能的主要指标有字长、内核数、主频、外频、倍数系数、地址总线宽度、数据总线宽度等。

(1) 字长

CPU 在单位时间内(同一时间)能一次处理或加工的二进制数据的位数。CPU 按照其字长可以分为 8 位 CPU、16 位 CPU、32 位 CPU 以及 64 位 CPU 等。

(2) 内核数

CPU 内核数量。CPU 内核是 CPU 的重要组成部件,由单晶硅以一定的生产工艺制造出来,CPU 所有的计算、接受/存储命令、处理数据都由内核执行。

一般而言,CPU 的物理内核越多,性能越强。常见的 CPU 内核数有双核、四核、六核、八核、十六核等,目前主流的 CPU 产品一般是四核以上。在同架构下,CPU 内核数量越多,CPU 的整体性能越强。

(3) 主频

主频又称为内频,也叫时钟频率,单位是 MHz(或 GHz),用来表示 CPU 的运算、处理数据的速度,是 CPU 的工作频率,是衡量 CPU 工作速度的主要参数。CPU 的主频 = 外频 × 倍频系数。主频反映 CPU 中器件的工作速度,如触发器的翻转速度、门电路的延迟等。主频的倒数则是时钟周期,这是 CPU 中最小的时间单位,操作执行至少是一个时钟周期。

(4) 外频

CPU 的基准频率,单位是 MHz。CPU 的外频决定着整块主板的运行速度。目前,绝大部分计算机系统中外频与主板前端总线不是同步速度的。

(5) 倍频系数

倍频系数是指 CPU 主频与外频之间的相对比例关系。在相同的外频下,倍频越高 CPU 的频率也越高。

(6) 地址总线宽度

CPU 地址引脚线的线数(含可能复用的),它决定 CPU 可以访问的最大的物理地址空间。32 位系统的处理器最大只支持到 2^{32} B = 4 GB 内存,而 64 位系统最大支持的读存为 2^{64} B,目前 Windows 11 物理内存限制见表 7-1。

表 7-1　Windows 11 物理内存限制

版本	x86	x64	ARM64
Windows 11 企业版	4 GB	6 TB	6 TB
Windows 11 教育版	4 GB	2 TB	2 TB
Windows 11 专业工作站版	4 GB	6 TB	6 TB
Windows 11 专业版	4 GB	2 TB	2 TB
Windows 11 家庭版	4 GB	128 GB	128 GB

(7) 数据总线宽度

CPU 数据引脚线的线数(含可能复用的),它决定 CPU 与外部(Cache、主存储器或 I/O 设备)之间进行一次数据交换的二进制数的位数,即是 CPU 的访问单位。

> **注意：**
> 虽然 CPU 决定了计算机的运算速度，CPU 频率越高运算速度越快，同样的操作所需要的时间就越短，但是 CPU 并不是决定计算机运算速度的唯一要素，还有运行内存以及硬盘等都跟计算机的性能有很大关系。另外，一般 CPU 性能越高价格越高，在选择 CPU 时，应根据自己的使用场景、预算等方面综合考虑，而非一味追求高、精、尖，同时需要注意计算机的整机性能符合"水桶效应"，整机的性能不是由性能最强的配件决定，而是由性能最低的配件决定。

7.1.2 中央处理器的基本组成

在早期的计算机系统中，由于器件集成度低，将控制器、运算器以及相关辅助部件分别设计成独立的部分，各占一个或数个插件，甚至将各部件分别独立地封装在不同的机柜中。随着大规模、超大规模集成电路技术的发展，早期放在 CPU 芯片外部的一些功能逻辑部件，如浮点运算器、Cache 等纷纷移入 CPU 内部。CPU 的内部组成越来越复杂，功能越来越多。CPU 的基本逻辑结构框图如图 7-1 所示。

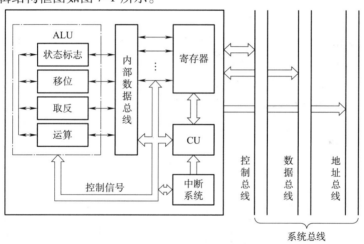

图 7-1 CPU 的基本逻辑结构框图

由图 7-1 可以看出，CPU 主要由控制器、运算器、寄存器、中断系统等部件构成，并通过 CPU 内部的总线将这些部件连接起来以实现它们之间的信息交换。根据 CPU 的功能，CPU 需要有一个寄存器专用于存放当前指令的地址用来取指令；需要有存放当前指令的寄存器和对指令操作码进行译码的部件用来分析指令；需要有一个能发出各种操作命令序列的控制单元（CU）用来执行指令；需要有存放操作数的寄存器和运算器（ALU）来完成算术运算和逻辑运算；需要有中断系统用来处理异常情况和特殊请求。

1. 控制器的作用

CPU 中控制器的任务是根据控制流产生微操作命令序列，控制指令功能所要求的数据传送，在数据传送至运算部件时完成运算处理。从用户角度看，计算机的工作表现为执行指令序列。从内部物理层看，指令的读取和执行表现为信息的传送，相应地形成控制流与数据流两大信息。

2. 运算器的作用

运算器是计算机中执行各种算术和逻辑运算操作的部件。运算器的基本操作包括加、减、乘、除四则运算，与、或、非、异或等逻辑操作，以及移位、比较和传送等操作，亦称算术逻辑部件(ALU)，是 CPU 的执行单元。

绝大部分计算机指令都是由 ALU 执行的。ALU 从寄存器或者存储器中取出数据，数据经过处理将运算结果存入 ALU 输出寄存器中。其他部件负责在寄存器与内存间传送数据。控制器控制着 ALU，通过控制电路来告诉 ALU 该执行什么操作。

ALU 的输入是要进行操作的数据(称为操作数)以及来自控制器的指令代码，用来指示进行哪种运算；输出是运算结果。

大部分 ALU 都可以完成以下运算：
① 整数算术运算(加、减，有时还包括乘和除，不过成本较高)。
② 位逻辑运算(与、或、非、异或)。
③ 移位运算(将一个字向左或向右移位或浮动特定位，而无符号延伸)，移位可被认为是乘以 2 或除以 2。

3. 寄存器的作用

寄存器是 CPU 内部用来存放数据的一些小型存储区域，是有限存储容量的高速存储部件，用来暂时存放指令、数据和地址等二进制代码。寄存器拥有非常高的读/写速度，CPU 内部最上层的寄存器速度最快，容量最小，位价最贵。

寄存器一般具有清除数码、接收数码(在接收脉冲作用下，将外输入数码存入寄存器中)、存储数码和输出数码(在输出脉冲作用下，通过电路输出数码)的功能。一般将仅具有以上功能的寄存器称为数码寄存器(见图 7-2)；有的寄存器还具有移位功能，称为移位寄存器。

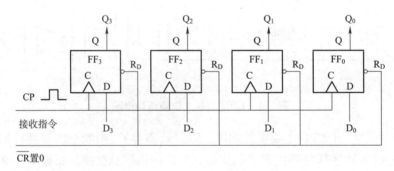

图 7-2　四位数码寄存器

寄存器是一种常用的时序逻辑电路，由具有存储功能的触发器组合起来构成的，一个触发器可以存储 1 位二进制代码，故存放 n 位二进制代码的寄存器，需要用 n 个触发器来构成。图 7-2 中，CP 是时序控制端，用 CP 信号控制接收指令；$\overline{CR}$ 是清零端，起清零数码的作用，当其为 0 时，所有的数据输出为零；D_0、D_1、D_2、D_3 是输入端；Q_0、Q_1、Q_2、Q_3 是输出端。若要存储一串数据，则需要按照规则输入相应的 CP 脉冲，CP 脉冲将 1 或 0 的信息通过 D 输入端输入，从 Q 输出端输出，如 D_3 输入为 0，则 Q_3 输出为 0，D_2 输入为 1，Q_2 输出为 1。数码寄存器的优点是工作速度快，并行输入，并行输出，缺点是存储数据位数增加输入/输出线太多。

CPU 中包含的寄存器数量、使用的名称有所差异，一般会有以下寄存器：

(1) 通用寄存器

通用寄存器是没有特殊规定仅用于暂时存放一种特定信息的寄存器的总称，用户可对其指定许多功能，进行编程优化，用于传送和暂存数据，参与算术逻辑运算，并保存运算结果，也可作为满足某种寻址方式所需的寄存器。基址寻址所需的基址寄存器、变址寻址所需的变址寄存器和堆栈寻址所需的栈指针，都可用通用寄存器代替。寄存器间接寻址时还可用通用寄存器存放有效地址的地址。

(2) 数据寄存器

数据寄存器用于存放操作数，寄存将要写入到计算机主存储器的数据，或由计算机主存储器读取后的数据，其位数应满足多数数据类型的数值范围，有些机器允许使用两个级联的寄存器存放双倍字长的值，还有些机器的数据寄存器只能用于保存数据，不能用于操作数地址的计算。

(3) 程序计数器

程序计数器(program counter, PC)用来存放下一条指令在主存储器中的地址，通常具有计数功能。在程序执行之前，要将程序的首地址(程序第一条指令所在主存单元的地址)送入 PC，PC 的内容是从主存提取的第一条指令的地址。当执行指令时，PC 内容不断自动增加，使其始终保存将要执行的下一条指令的主存地址，为取下一条指令做好准备。当遇到转移指令时，下一条指令的地址将由转移指令的地址码字段来指定，把转移指令的地址码送入 PC，从而实现程序的跳转。PC 的值可被修改。

(4) 指令寄存器

指令寄存器用来存放当前正在执行的指令。当执行一条指令时，首先把该指令从主存读取到数据寄存器中，然后再传送至指令寄存器，且指令执行时内容不允许发生变化，以保证实现指令的全部操作。

(5) 地址寄存器

地址寄存器用来存放当前正在执行的主存单元的地址，须具有满足最大地址范围的长度位数。由于主存和 CPU 之间存在速度上的差异，必须使用地址寄存器来暂时保存主存的地址信息，提升运行速度。

(6) 程序状态字寄存器

程序状态字是用来表征当前运算的状态及程序的工作方式，是控制程序执行的重要依据，程序状态字寄存器用来存放程序状态字。这些标志分为状态标志和控制标志两大类。

状态标志用来反映算术逻辑运算或测试结果的一些状态信息。状态字寄存器中常设的状态标志位有：

① 进位标志位(CF)：存放加(减)运算的最高位向上的进位(借位)。用于多字的算术运算或比较两数大小。加法运算时，当 CF = 1 时表示有进位，当 CF = 0 时表示无进位；减法运算时，当 CF = 1 时表示无借位，当 CF = 0 时表示有借位。

② 溢出标志位(OF)：用于指示算术运算是否有溢出。当 OF = 1 时表示有溢出；当 OF = 0 时表示无溢出。

③零标志位(ZF):用于数的比较或位测试。当 ZF=1 时表示算术运算或逻辑运算结果为零,当 ZF=0 时表示算术运算或逻辑运算结果不为零。

④符号标志位(SF):反映运算结果的最高位。当运算的数据是有符号数时,最高位为符号位。此时,当 SF=1 时表示运算结果为负数;当 SF=0 时表示运算结果为正数。常与 CF、ZF 结合用来判断有符号数的大小。

⑤奇偶标志位(PF):反映运算结果中 1 的个数的奇偶性。当 PF=0 时表示运算结果中有奇数个 1;当 PF=1 时表示运算结果中有偶数个 1。利用 PF 可进行奇偶校验检查,或产生奇偶校验位。在数据传送过程中,为了提供传送的可靠性,如果采用奇偶校验的方法,就可使用该标志位。

4. 中断系统

中断是为了响应和处理 I/O 设备请求或异常事件。在 CPU 内部设置中断系统,可用于处理与中断相关的中断判优、中断转换、中断屏蔽等相关工作,中断的有关内容详见 7.4 节。

5. CPU 内部数据通路

CPU 内部的每个部件是相互独立的,各部件之间需要连接才可实现信息传送,CPU 才能正常实现其功能,因此 CPU 在总体结构设计时必须考虑各部件之间的连接方式来实现信息传送,如采用内部总线方式连接。现代计算机中广泛使用总线方式连接各部件,实现基本信息传递。总线作为一组能为多个部件分时共享的公共信息传送通路,可以分时接收和分配信息。总线输出则连接到多个寄存器的输入端,通过同步脉冲打入寄存器。采用总线方式使数据通路结构简单,易于扩展连接部件,且比较有规律,便于控制。

7.2 控制器的构成

7.2.1 控制器简介

控制器是一个系统中枢,是控制计算机运行、运转的基本单元,每一个运算器都需要一个单独的控制器来控制存储、输入、输出等操作。

冯·诺依曼计算机体系是按指令流程顺序执行的,程序一旦进入存储器后,可由控制器自动控制各部件进行取指令和执行指令的任务,完成程序的执行。控制器的功能主要是控制和协调各部件执行程序的指令序列,其基本功能是取指令、分析指令和执行指令。

1. 取指令

为保证程序中指令的自动执行,控制器必须具备自动从存储器指定位置取指令的功能。根据指令系统的相关内容,要求控制器能自动形成指令的地址,并能发出取指令的命令,将对应此地址的指令取到控制器中。指令的存储位置由程序计数器(PC)的值确定,程序的第一条指令地址在程序被装入主存指定位置后,由系统程序将首条指令地址强制送入 PC 中,即由系统程序将第一条指令的地址送入 PC 中,其后各条指令的地址或由系统自动计算送入 PC 中,或由程序控制类指令将下一条指令地址送入 PC 中。第一条指令的地址可以人为指定,也可由系统设置。

2. 分析指令

在指令被取入 CPU 后,控制器要分析指令的含义,以获得相关信息。主要包括两部分内容:一是分析该指令的功能,指令要完成什么操作,以确定应发出的操作信号,该信息来自指令的操作码;二是分析寻址方式,确定操作数的数量和有效地址的获取方式,该信息来自指令的地址码。

3. 取操作数

根据指令中所指定的寻址方式,将数据由指定位置取出送到运算器,进行操作码所指定的处理。在不同指令中所显式指出的地址个数和寻址方式不同,其取操作数的复杂程度也不相同,甚至在某些零操作数指令中无须取操作数。

4. 执行指令

根据分析指令产生的"操作命令"和"操作数地址"的要求,完成指令操作码所指定的功能。即控制器发出对应的控制信号序号,控制运算器或其他功能部件对取得的操作数进行指定的处理。控制器还必须能控制程序的输入和运算结果的输出以及对总线的管理,甚至能处理机器运行过程中出现的异常情况和特殊请求,即处理中断的能力。

5. 保存操作结果

根据指令要求,在完成运算或处理后,将运算或处理的结果送入结果操作数地址中。在某些指令中由于指令的特殊功能要求,可能不需要保存结果,此时则无须保存操作结果的功能。

一般而言,一条指令的执行过程大致如下:
① 从内存中取出指令到指令寄存器中,并将程序计数器加1。
② 分析刚刚取到的指令的类型和操作数地址的形成方式。
③ 计算操作数的有效地址。
④ 若操作数位于内存中,则对该内存单元进行寻址。
⑤ 执行指令所需的操作。
⑥ 返回第一步,开始执行下一条指令。

综上所述,控制器必须具有控制程序的顺序执行、产生完成每条指令所需的控制命令、对各种操作加以时间上的控制、对数据进行算术运算和逻辑运算以及处理中断等功能。控制器对不同的指令按照确定顺序发出对应的特定操作信号,控制相应的操作部件,自动完成指令所指定的操作,实现相应功能。在完成指令的同时,控制器还要对某些事件或 I/O 设备的状态进行监测。当有某些事件发生或 I/O 设备请求输入/输出数据时,控制器应该能够对相应事件和 I/O 设备的请求进行响应,执行对事件或 I/O 设备的请求进行处理的程序。

7.2.2 控制器的基本组成

不同计算机的控制器结构会有差异,但其包含的基本功能部件大同小异。一般来说,为完成控制器功能,控制器都包含 3 种部件:指令部件、产生时序信号的部件和产生微操作控制信号的部件,其基本组成如图 7-3 所示。

1. 指令部件

指令部件主要完成取指令、分析指令的功能,包括程序计数器、指令译码器和地址形成部件。

(1) 程序计数器

存放将要执行的下一条指令的地址,并传递给主存地址寄存器(MAR);在 CPU 发出的存储器读控制信号的作用下,从内存中取出指令,放入指令寄存器(IR)中。

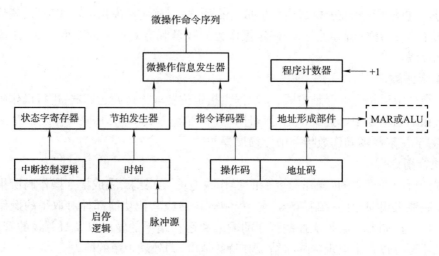

图 7-3 控制器的基本组成

（2）指令译码器

对指令代码中的操作码进行译码分析，将指令中的操作码翻译成控制信号，输出相应的信号提供给微操作信号发生器。

（3）地址形成部件

根据指令中的不同寻址方式，形成操作数的有效地址或转移指令的目标地址。在微、小型计算机中，也有的不设专门的地址形成部件，而利用运算器完成有效地址的计算。

2. 时序系统

时序系统产生一定的时序信号，以保证机器的各功能部件按指令的功能有节奏地进行相应的工作。它包括脉冲源、启停控制逻辑和时序节拍发生器。

（1）脉冲源

脉冲源一般是由石英晶体振荡电路产生的具有一定占空比的周期信号。计算机电源一旦开通，脉冲源就不断地输出脉冲信号。

（2）启停控制逻辑

启停控制逻辑是根据计算机的需要，适时地开放或关闭脉冲，以控制时序信号的发生与停止，实现对整个计算机的正确启动与关闭。

（3）时序节拍发生器

节拍发生器产生时序脉冲节拍信号，使计算机有节奏、有次序地工作。

3. 微操作信号发生器

当机器启动后，在系统时钟信号的作用下，微操作信号发生器根据指令操作码译码输出的信息，按照规定的时序产生相应的微操作控制信号，以建立相应的数据通路，保证指令有序而正确地执行。

控制器中多数还有中断控制逻辑。中断控制逻辑是用来控制系统中断处理的电路。当一条指令执行结束时，是否紧接着执行程序的下一条指令，取决于中断控制逻辑判断的结果。如果系统收到中断请求，且准备响应此请求，将不再执行程序的下一条指令，而进入中断响应的过程。

根据控制器产生操作控制信号实现方式的不同,将控制器分为组合逻辑型、存储逻辑型和二者结合型。

(1) 组合逻辑型

组合逻辑型控制器又称为硬布线控制器,它采用组合逻辑电路实现。其微操作信号发生器是一些门电路组成的复杂树状网络。硬布线控制器以使用最少器件数和取得最高操作速度为设计目标。缺点是控制单元的结构不规整,使得设计、调试、维护困难。特别是控制单元构成后,再增加新的功能时将付出很大代价。但是相对于其他两种方式,其工作速度快。

(2) 存储逻辑型

存储逻辑型控制器也称为微程序控制器,它采用存储逻辑实现。把微操作信号代码化,将每条机器指令转化为一段微指令构成的微程序存入一个专门的存储器(称为控制存储器)中,微操作信号由微指令产生。微程序控制器的设计思想与硬布线控制器截然不同。它具有设计规整,调试维修方便,易更改和易扩充等优点,已成为当前计算机控制器的主流。但是,由于它增加了一级控制存储器,指令的执行速度比组合逻辑控制器慢。

(3) 组合逻辑与存储逻辑结合型

这种控制器对前两种方法进行了一定的折中,采用可编程逻辑阵列(PLA)实现。PLA本质上是组合逻辑器件,但它是通过编程设置 PLA 部件的函数功能,产生所需的微操作控制信号。PLA 控制器是组合逻辑技术和存储逻辑技术的综合,汲取了两者的优点,是应用较多的一种方式。

7.3 指令周期

7.3.1 指令周期的基本概念

指令周期是一条指令被处理需要的全部时间,除了包含取指时间和执行时间(见图 7-4),还包括指令处理结束后对中断请求测试判断的时间,但不包含存在中断请求时对中断请求进行处理的时间。

图 7-4 一般指令周期定义示意图

由图 7-4 可以看出,指令周期包含取指阶段和执行阶段。取指阶段完成取指令和分析指令的操作,又称取指周期;执行阶段完成执行指令的操作,又称执行周期。通常情况下,指令按照"取指→执行→再取指→再执行…"的方式自动顺序运行,完成相应功能。

由于各种指令功能不同,其构成以及操作复杂程度不同,所需执行时间也就不同,即其指令周期不同。如无条件转移指令"JMP X",在执行阶段不需要访问主存,而且操作简单,完全可以在取指阶段的后期将转移地址 X 送至 PC,以达到转移的目的。这样,"JMP X"指令的指令周期就是取指周期。又如,一地址格式的加法指令"ADD X",在执行阶段首先要从 X 所指示的存储单元中取出操作数,然后和 ACC 的内容相加,结果存于 ACC,故这种指令的指令周期在取指和执行阶段各访问一次存储器,其指令周期就包括两个存取周期。再如乘法指令,其执行阶段所要完成的操作比加法指令多得多,故它的执行周期超过了加法指令。不同指令的指令周期如图 7-5 所示。

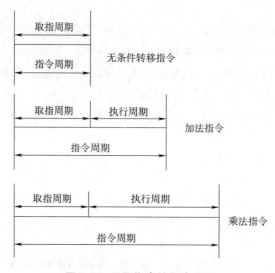

图 7-5 不同指令的指令周期

当遇到间接寻址的指令时,由于指令字中只给出操作数有效地址的地址,因此,为了取出操作数,需先访问一次存储器,取出有效地址,然后再访问存储器,取出操作数。这样,间接寻址的指令周期就包括取指周期、间址周期和执行周期 3 个阶段,其中间址周期用于取操作数的有效地址,因此间址周期介于取指周期和执行周期之间,如图 7-6 所示。

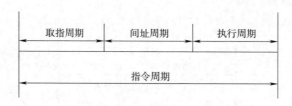

图 7-6 具有间址周期的指令周期

当 CPU 采用中断方式实现主机与 I/O 设备交换信息时,CPU 在每条指令执行阶段结束前,都要发中断查询信号,以检测是否有某个 I/O 设备提出中断请求。如果有请求,CPU 则要进入中断响应阶段,又称中断周期。在此阶段,CPU 必须将程序断点保存到存储器中。这样,一个完整的指令周期应包括取指、间址、执行和中断 4 个子周期。

4 个子周期都有访存操作,只是访存的目的不同。取指周期是为了取指令,间址周期是为了取有效地址,执行周期是为了取操作数(当指令为访存指令时),中断周期是为了保存程序断点。取指周期、间址周期和中断周期的时间主要取决于 CPU 对外部的访问时间,执行周期的时间虽然取决于指令的功能特性,但由于执行周期的状态操作是由 CPU 本身执行的,且 CPU 的操作速度比主存储器快得多,绝大部分指令执行周期的状态操作可在一个存储周期内完成。这 4 个周期又称为工作周期,可设置 4 个标志触发器区别它们,如图 7-7 所示。

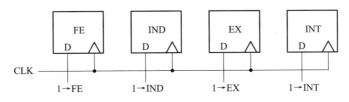

图 7-7 工作周期标志

图 7-7 中,FE、IND、EX 和 INT 分别对应取指、间址、执行和中断 4 个周期,并以"1"状态表示有效,它们分别由 1→FE、1→IND、1→EX 和 1→INT 这 4 个信号控制。设置 CPU 工作周期标志触发器有利于设计控制单元。例如,在取指阶段,只要设置取指周期标志触发器 FE 为 1,由它控制取指阶段的各个操作,便获得对任何一条指令的取指命令序列。又如,在间接寻址时,间址次数可由间址周期标志触发器 IND 确定,当它为"0"状态时,表示间接寻址结束;对于一些执行周期不访存的指令(如转移指令、寄存器类型指令),同样可以用它们的操作码与取指周期标志触发器的状态相"与",作为相应微操作的控制条件。

7.3.2 指令周期的数据流

指令周期的数据流是根据指令要求依次访问数据序列。在指令执行的不同阶段,要求依次访问的数据序列是不同的,对于不同的指令,数据流往往也是不同的。为了便于分析指令周期中的数据流,假设有存储器地址寄存器(MAR)、存储器数据寄存器(MDR)、程序计数器(PC)和指令寄存器(IR)。

1. 取指周期的数据流

取指周期的任务是根据 PC 中的内容从主存中取出指令代码并存放在 IR 中,取指周期的数据流如图 7-8 所示。指令的地址存放在 PC 中,将此地址传送至 MAR 并送至地址总线;控制器(CU)向存储器发读命令,使对应 MAR 所指单元的内容(指令)经数据总线送至 MDR,再送至 IR;取指令的同时,PC 加 1。取指周期的数据流向如下:

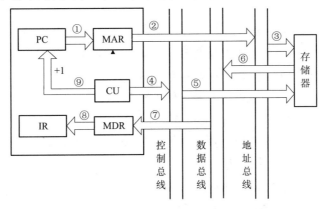

图 7-8 取指周期的数据流

①PC→MAR→地址总线→存储器。

②CU 发出读命令→PC 内容加 1。

③存储器→数据总线→MDR→IR(存放指令)。

2. 间址周期的数据流

间址周期的任务是取操作数有效地址,间址周期的数据流如图 7-9 所示。当取指周期结束时,CU 便检查 IR 中的内容,以确定其是否有间址操作,如果需要间址操作,以一次间址为例,将指令中的地址码送到 MAR 并送至地址总线,CU 向存储器发读命令,以获取有效地址并存至 MDR。间址周期的数据流向如下:

①MDR→MAR→地址总线→存储器。

②CU 发出读命令→控制总线→存储器。

③存储器→数据总线→MDR(存放有效地址)。

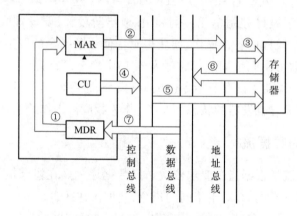

图 7-9　间址周期的数据流

3. 执行周期的数据流

执行周期的任务是根据 IR 中指令字的操作码和操作数通过 ALU 操作产生执行结果,不同指令的执行周期操作不同,执行周期的数据流是多种多样的,可能涉及 CPU 内部寄存器间的数据传送、对存储器(或 I/O)进行读/写操作或对 ALU 的操作,因此,没有统一的数据流图表示。

4. 中断周期的数据流

中断周期的任务是处理中断请求。CPU 进入中断周期要完成一系列操作,PC 当前的内容必须保存起来,以待执行完中断服务程序后可以准确返回到该程序的间断处。中断周期的数据流如图 7-10 所示。假设程序断点存入堆栈中,并用 SP 指示栈顶地址,而且进栈操作时先修改栈顶指针,后存入数据;CU 把 SP 送往 MAR,并送到地址总线上,然后由 CU 向存储器发写命令,并将 PC 的内容(程序断点)送到 MDR,最终使程序断点经数据总线存入存储器。此外,CU 还需要将中断服务程序的入口地址送至 PC,为下一个指令周期的取指周期做好准备。中断周期的数据流如下:

①CU 控制将 SP 减 1,SP→MAR→地址总线→存储器。

②CU 发出写命令→控制总线→存储器。

③PC→MDR→数据总线→存储器(程序断点存入存储器)。

④CU(中断服务程序入口地址)→PC。

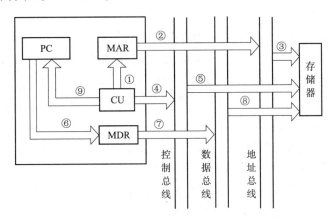

图 7-10　中断周期的数据流

●●●● 7.4　中断系统 ●●●●

7.4.1　中断系统简介

计算机在运行过程中,系统外部、内部以及正在执行的程序会出现某些意外事件,使得 CPU 必须暂停现行程序,转向执行其他事件;待事件处理完毕,再恢复执行原来被暂停的程序,这个过程称为中断,如图 7-11 所示。

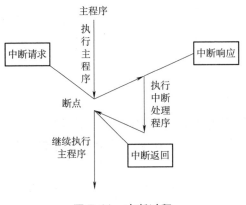

图 7-11　中断过程

产生非预期事件的原因很多,如电源突然掉电、机器硬件突然出现故障、除数为零、运算溢出、堆栈溢出、程序中断点等,在实时处理系统中,必须及时处理某些事件或现象,把有序的程序运行和无序的随机中断事件统一起来,增强系统的处理能力和灵活性。中断技术可以实现 CPU 和外部设备并行,提升并行性;可以人为设置断点来观察程序执行的中间结果,便于调试程序;可以及时处理各种随机出现的软、硬件故障和异常,将危害降到最低,提高系统的可靠性;可以实现实时、多任务、多处理器之间的信息交换和任务切换。

1. 中断的基本类型

(1) 内部异常和外部中断

引起中断的因素很多,类型很多,根据来源不同,可分为内部异常和外部中断。

内部异常是指发生在 CPU 内部的中断,通常是由 CPU 执行指令引起的,如未定义指令、越权指令、段页故障、存储保护异常、数据未对齐、除零异常、运算溢出、程序断点等。这类中断往往具有可预测性或可再现性。根据异常被报告的方式以及导致异常的指令能够被重新执行,异常又可细分为故障、自陷、终止 3 类。

故障(fault)通常是由指令执行引起的异常,如未定义指令、越权指令、段故障、缺页故障、存储保护违例、数据未对齐、除数为零、浮点溢出、整数溢出等。对于可恢复的故障(如数据缺页),可以由操作系统进行页面调度修复故障,再回到发生缺页故障的指令继续执行,此时的断点是当前指令而不是下一条指令。对于不可恢复的故障,如未定义指令、越权指令等,由操作系统终止当前进程的执行。

自陷(trap)是一种事先安排的"异常"事件,通过在程序中显式地调用自陷指令触发自陷异常,用于在用户态下调用操作系统内核程序,如系统调用、条件陷阱指令。

终止(abort)是指随机出现的使得 CPU 无法继续执行的硬件故障,和具体指令无关,如机器校验错、总线错误、异常处理中再次异常的双错等。此时当前程序无法继续执行,只能终止执行,由异常服务处理程序来重启系统。

外部中断(interrupt)是指由外围设备向 CPU 发出的中断请求(如鼠标点击、按键动作等),要求 CPU 暂停当前正在执行的程序,转去执行为某个外围设备事件服务的中断服务程序,处理完毕后再返回断点继续执行。

> **注意:**
> 外围设备中断的时机是一条指令结束后,指令结束时需要查询是否有外部中断请求。外部中断来自 CPU 外部,与具体指令无关,是随机事件。

(2) 硬件中断和软件中断

根据引起中断的部件不同,中断分为硬件中断和软件中断。

硬件中断是由外设等硬件产生的,中断号是由中断控制器提供,外部中断、终止异常属于硬件中断。

软件中断是由程序执行指令引起的,中断号由指令直接指出,无须使用中断控制器,故障、自陷属于软件中断,是不可屏蔽的。

(3) 自愿中断和强迫中断

根据引起中断的主动性和被动性,中断分为自愿中断和强迫中断。自愿中断是人为设置的中断,是在程序中事先安排好的,不是随机事件,如调试程序时程序员设置的断点等。

强迫中断是根据需要产生的,没有事先安排,是随机的,如突然停电等。

(4) 可屏蔽中断和不可屏蔽中断

根据处理中断的实时性,中断分为可屏蔽中断和不可屏蔽中断。为了保证一些事件执行的连续性,设置关中断的操作,对于优先级比较低的中断可推迟到当前程序运行结束后来执行。中断屏蔽技术主要用于多重中断,CPU 要具备多重中断的功能,须在中断服务程序中提前设置开中断指令,且优先级别高的中断源有权中断优先级别低的中断源。

可屏蔽中断是在关中断时,CPU 可根据该中断源是否被屏蔽来确定是否给予响应,若未屏蔽则能响应,若已被屏蔽,则 CPU 不能响应,中断优先级比较低。

不可屏蔽中断是在关中断时 CPU 也必须对其响应,是紧急、重要事件,优先级比较高,如内部异常、突然停电等。

2. 多重中断

如果 CPU 在执行某一中断服务程序过程中,又遇到了新的更高级的中断请求,CPU 暂停原中断的处理,而转去处理新的中断,待处理完毕后,再返回继续处理原来的中断,这种中断称为多重中断,也称中断嵌套,如图 7-12 所示。

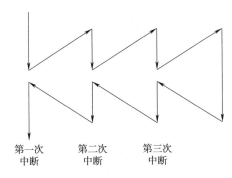

图 7-12 多重中断示意图

新的中断的优先级高于原中断的优先级,CPU 响应新的中断;否则,CPU 不予响应,必须待原中断处理完毕且返回主程序后,再响应新的中断。当出现多重中断时,需要将当前正在运行的代码挂起,从而让其他代码来运行,让调度代码可以调度多任务,一般用栈来存储断点。

3. 中断处理与子函数调用

子函数是一组可以公用的指令序列,只要给出子函数的入口地址就能从主程序转入子函数。子函数在功能上具有相对的独立性,在执行主程序的过程中往往被多次调用,甚至被不同的程序所调用。一般计算机首先执行主程序,碰到调用子函数指令就转去执行子函数,子函数执行完后,返回指令就返回主程序断点,继续执行没有处理完的主程序。

中断系统执行时与子函数调用类似,但也有差异:

① 调用方式不一样。中断服务程序大多是随机调用;子函数在程序中显式调用。

② 保存并修改计算机的方式不同。中断服务程序由中断隐指令通过硬件完成,入口地址由中断识别给出;子函数调用时则由子函数调用指令负责实现,入口地址由指令给出。

③ 现场的内容不同。中断服务程序保存主体中会被改写的寄存器,数量较多;子函数需要保存可能被改写的寄存器。

④ 返回主程序的方式不同。函数调用返回与中断服务程序返回使用的指令不同。

7.4.2 中断处理过程

中断系统需要配置相应的硬件和软件,才能完成中断处理任务。中断系统需要满足以下需求:解决中断源如何向 CPU 提出中断请求;当多个中断源同时提出中断请求时,中断系统如何确定优先响应哪个中断源的请求；CPU 在什么条件、什么时候、以什么方式来响应中断；CPU 响应中断后如何保护现场；CPU 响应中断后，如何停止原程序的执行而转入中断服务程序的入口地址；中断处理结束后，CPU 如何恢复现场，如何返回到原程序的间断处；在中断处理过程中又出现了新的中断请求，CPU 该如何处理等问题。

1. 中断请求标记

为了判断是哪个中断源提出请求，在中断系统中必须设置中断请求标记触发器，简称中断请求触发器，记作 INTR，可集中设在 CPU 内，组成一个中断请求标记寄存器，如图 7-13 所示。

图 7-13　中断请求标记寄存器

图 7-13 中中断请求标记寄存器不同的触发器分别对应掉电、过热、溢出等中断源的中断请求，当其状态为"1"时，表示中断源有请求。中断请求触发器越多，说明计算机处理中断的能力越强。

2. 中断优先级

中断优先级是指 CPU 响应并处理中断请求的先后顺序。任何一个中断系统，在任一时刻，只能响应一个中断源的请求，但某一时刻可能有多个中断源提出中断请求，就存在中断优先级的问题，优先级高的先响应，优先级低的后响应。多重中断中优先级高的中断请求可以中断 CPU 正在执行的低级优先级中断服务程序。

中断优先级通常可以根据中断事件的重要性和迫切性来判定，如电源掉电对计算机工作影响最大，优先等级最高。一般划分规律如下：

①不可屏蔽中断＞内部异常＞可屏蔽中断。

②内部异常中硬件终止属于最高级，其次是指令异常或自陷等程序故障。

③I/O 设备请求中断，可按其速度高低安排优先等级，速度高的设备优先级比速度低的设备高。

3. 中断响应

当中断源提出中断请求且其对应的中断请求未被屏蔽，又没有更高优先级的其他中断请求或 CPU 正在执行中断服务，但符合嵌套条件时，CPU 可以响应此中断。

当发生中断事件时，CPU 接收到中断请求，在指令执行结束时 CPU 要进入中断响应周期进行响应处理。当然也有例外，例如产生故障异常的指令并没有执行完毕，但必须立即进行中断响应。中断响应周期内的主要任务是关中断、保存断点和中断识别。

（1）关中断

临时禁止中断请求，是为了在中断响应周期以及中断服务程序中保护现场操作的完整性，只有这样才能保证中断服务程序执行完成后能返回断点正确执行。开、关中断可以通过指令实现，也可以通过硬件实现。

（2）保存断点

保存将来返回被中断程序的位置,将程序计数器和处理器的状态寄存器的内容压入堆栈或放入特定的单元保存,对于已经执行完毕的指令,其断点是下一条指令的位置(注意有可能不是顺序指令地址)。内部异常和外部中断的断点有差异,内部异常指令并没有执行成功,异常处理后要重新执行,所以其断点是当前指令的地址。而外部中断的断点则是下一条指令的地址,如果指令顺序执行,断点是顺序指令地址,否则将是分支目标地址。

（3）中断识别

根据当前的中断请求识别出中断来源,也就是识别出发生了什么中断,清除当前中断请求,并将对应中断的中断服务程序入口地址送入程序计数器(PC),完成中断识别后即可正式执行中断服务程序。

中断响应周期内的操作都是由硬件实现的,整个响应周期是不可被打断的。中断响应周期结束后 CPU 就开始从当前 PC 中取出中断服务程序的第一条指令开始执行,直至中断返回;这部分任务是由 CPU 通过执行中断服务程序完成的,是由软件实现的,整个中断处理过程是软、硬件协同实现的。

4. 中断服务程序入口地址

在响应中断时,需要将中断服务程序的入口地址赋予 PC,其实现方式分为非向量中断和向量中断两种。

非向量中断主要用软件查询的方式查询是否发生了中断,哪个中断源发生了中断。该程序负责轮询各设备接口是否有中断请求,如当前设备没有中断请求则继续轮询下一个设备,有则跳转至对应设备的中断服务程序。CPU 响应中断请求时,直接指向此中断源的中断服务程序入口地址,机器便能自动进入中断处理。

向量中断中每一个设备的中断源都有一个唯一的中断编号与之对应,此中断编号称为中断号。中断号在中断处理过程中起到很重要的作用,方便中断的识别和处理,CPU 可以通过中断号快速查找中断服务程序的入口地址,实现程序的转移。

获得中断号后,将中断号作为索引到一个查找表中去查找中断程序入口地址,这个查找表就是所谓的中断向量表。中断号由计算机系统统一分配,通常是固定不变的,如 x86 计算机中就包含 0～255 共 256 个中断号,8086 年各中断号的功能见表 7-2。

表 7-2 8086 中断号分配

中断号	中断功能	中断号	中断功能	中断号	中断功能
00	除零异常	08	定时器	10～1F	BIOS 中断调试
01	单步中断	09	键盘	10	视频显示 I/O 调用
02	不可屏蔽中断	0A	保留	11	设备配置检查调用
03	断点中断	0B	串口 1	12	存储器容量检查
04	溢出异常	0C	串口 2	13	磁盘 I/O 调用
05	打印屏幕	0D	硬盘	1B	Ctrl + Break 控制
06～07	保留	0E	软盘	28～3F	DOS 保留
08～0F	可屏蔽外部中断	0F	打印机	60～67	用户软件中断保留

向量中断法将各个中断服务程序的中断向量组织成中断向量表;中断响应时,通过识别中断源获得中断号,然后计算得到对应于该中断的中断向量地址;再根据向量地址访问中断向量表;从中读出中断服务程序的入口地址和程序状态字,并载入程序计数器和条件状态寄存器中,CPU 就可以跳转至中断服务程序。其中,中断向量是中断服务程序的入口地址和程序状态字,部分计算机的中断服务程序需要载入程序状态字才能运行,如果中断向量并不包含程序状态字,那么中断向量就是中断服务程序的入口地址;中断向量表是中断向量的集合,是中断向量的一维数组,可以利用中断号对其进行索引访问,通常存放在主存中,在操作系统引导过程中初始化;向量地址是用于访问中断向量表中一个表项的地址码。

5. 中断处理

当对中断响应后,CPU 就正式开始执行中断服务程序,分为单级中断处理流程和多重中断处理流程。

(1)单级中断处理流程

在没有中断时,CPU 不断地进行取指令和执行指令并进行中断判断,若存在中断请求,则对中断进行响应,并做如下处理:

①保护现场。保护现场是中断服务的预处理部分,主要用于保存中断服务程序主体中会被改写的寄存器,使用内存堆栈压栈的方式进行。

②中断服务。中断服务部分用于进行实际的中断事件处理,如数据传输、唤醒等待进程等操作。整个中断服务都是在关中断状态下进行的,所以中断服务程序执行时间不能太长,否则其他外围设备中断可能因为长时间得不到响应而丢失数据。

③恢复现场。恢复现场的任务和保护现场的正好相反,采用出栈指令实现。注意恢复的顺序和保护的顺序正好相反,为先进后出。

④开中断。恢复现场后即可开中断,将中断使能位设置为"1"。注意这里的开中断是执行指令实现的,开中断后,CPU 又可以接收新的中断请求。

⑤中断返回。中断服务程序的最后一条指令总是中断返回指令,该指令的功能就是将保存的断点恢复到程序计数器或状态寄存器中,恢复被中断服务程序的执行。从恢复现场到中断返回阶段的任务也称为中断服务的后处理部分。

(2)多重中断处理流程

多重中断处理流程与单级中断类似,下面给出具体步骤,为了简化描述这里只给出了与单级中断有差异的部分。

①保护现场。需要增加中断屏蔽字的保护,可以通过总线访问中断控制器的 I/O 接口获取当前中断屏蔽字压栈,同时还需要设置当前中断服务程序的屏蔽字;注意保护现场的过程是在关中断的情况下进行的,这样可以保证现场保护的完整性。

②开中断。利用开中断指令开中断,目的是使当前中断服务程序可以被更高优先级的中断请求中断,这是和单级中断不同的地方。

③中断服务。

④关中断。利用关中断指令关中断,保证恢复现场任务的完整性。

⑤恢复现场。需要增加恢复中断屏蔽字的任务。

⑥发送结束命令。CPU 通过总线访问中断控制器 I/O 接口发送中断结束命令,通知中断控制器当前中断处理完毕,请求中断控制器清除 ISR 寄存器中最高优先级的中断位。

⑦开中断、中断返回。

7.5 控制单元功能分析

7.5.1 控制单元的外特性

控制单元具有发出各种微操作命令(即控制信号)序列的功能,它接收输入信号,根据输入信号输出控制信号来控制各个部件完成功能。其外特性如图 7-14 所示。

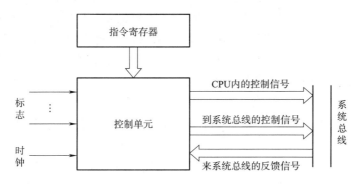

图 7-14 控制单元外特性

1. 输入信号

(1)时钟

上述各种操作有以下两点应特别注意:

①完成每个操作都需要占用一定的时间。

②各个操作是有先后顺序的。例如,存储器读操作要用到 MAR 中的地址,故 PC→MAR 应先于 M(MAR)→MDR。

为了使控制单元按一定的先后顺序、一定的节奏发出各个控制信号,控制单元必须受时钟控制,即每一个时钟脉冲使控制单元发送一个操作命令,或发送一组需要同时执行的操作命令。

(2)指令寄存器

现行指令的操作码决定了不同指令在执行周期所需完成的不同操作,故指令的操作码字段是控制单元的输入信号,它与时钟配合可产生不同的控制信号。

(3)标志

控制单元有时需要依赖 CPU 当前所处的状态(如 ALU 操作的结果)产生控制信号,如 BAN 指令,控制单元要根据上条指令的结果是否为负而产生不同的控制信号。因此,"标志"也是控制单元的输入信号。

(4)来自系统总线(控制总线)的状态反馈信号

例如,中断请求、DMA 请求。

2. 输出信号

(1)CPU 内的控制信号

主要用于 CPU 内寄存器之间的传送和控制 ALU 实现不同的操作。

(2) 送至系统总线(控制总线)的信号

例如,命令主存或 I/O 读/写、中断响应等。

7.5.2 多级时序系统

为了便于控制单元进行时序控制,很多计算机系统引入了多级时序系统。

1. 机器周期

机器周期可看作所有指令执行过程中的一个基准时间,机器周期取决于指令的功能及器件的速度。确定机器周期时,通常要分析机器指令的执行步骤及每一步骤所需的时间。例如,取数、存数指令能反映存储器的速度及其与 CPU 的配合情况,加法指令能反映 ALU 的速度;条件转移指令因为要根据上一条指令的执行结果,经测试后才能决定是否转移,所需的时间较长。总之,通过对机器指令执行步骤的分析,会找到一个基准时间,在这个基准时间内,所有指令的操作都能结束。若以这个基准时间定为机器周期,显然不是最合理的。因为只有以完成复杂指令功能所需的时间(最长时间)作为基准,才能保证所有指令在此时间内完成全部操作,这对简单指令来说,显然是一种浪费。

进一步分析发现,机器内的各种操作大致可归属为对 CPU 内部的操作和对主存的操作两大类,由于 CPU 内部的操作速度较快,处理器访存的操作时间较长,因此通常以访问一次存储器的时间定为基准时间,这个基准时间就是机器周期。又由于不论执行什么指令,都需要访问存储器取出指令,因此在存储字长等于指令字长的前提下,取指周期也可看作机器周期。

2. 时钟周期(节拍、状态)

在一个机器周期里可完成若干个微操作,每个微操作都需要一定的时间,可用时钟信号来控制产生每一个微操作命令。时钟就好比计算机的心脏,只要接通电源,计算机内就会产生时钟信号。时钟信号可由机器主振电路(如晶体振荡器)发出的脉冲信号经整形(或倍频、分频)后产生,时钟信号的频率即为 CPU 主频。用时钟信号控制节拍发生器,就可产生节拍。每个节拍的宽度正好对应一个时钟周期。在每个节拍内机器可完成一个或几个需要同时执行的操作,它是控制计算机操作的最小时间单位。

3. 多级时序系统

图 7-15 反映了指令周期、机器周期、节拍(状态)和时钟周期的关系。可见,一个指令周期包含若干个机器周期,一个机器周期又包含若干个时钟周期(节拍),每个指令周期内的机器周期数可以不等,每个机器周期内的节拍数也可以不等。其中,图 7-15(a)为定长的机器周期,每个机器周期包含 4 个节拍(4 个 T),图 7-15(b)为不定长的机器周期,每个机器周期包含的节拍数可以为 4 个,也可以为 3 个,后者适合于操作比较简单的指令,它可跳过某些时钟周期(如 T),从而缩短指令周期。

机器周期、节拍(状态)组成了多级时序系统。一般来说,CPU 的主频越快,机器的运行速度也越快。在机器周期所含时钟周期数相同的前提下,两机平均指令执行速度之比等于两机主频之比。

实际上机器的速度不仅与主频有关,还与机器周期中所含的时钟周期数以及指令周期中所含的机器周期数有关。同样主频的机器,由于机器周期所含时钟周期数不同,运行速度也不同。机器周期所含时钟周期数少的机器,速度更快。

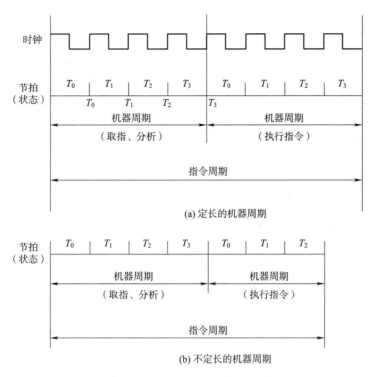

图 7-15 指令周期、机器周期、节拍和时钟周期的关系

此外,机器的运行速度还和其他很多因素有关,如主存的运行速度,机器是否配有缓存,总线的数据传输速率,硬盘的运行速度以及机器是否采用流水技术等。机器速度还可以用 MIPS(百万条指令数每秒)和 CPI(执行一条指令所需的时钟周期数)来衡量。

7.5.3 控制方式

控制单元控制一条指令执行的过程实质上是依次执行一个确定的微操作序列的过程。由于不同指令所对应的微操作数及其复杂程度不同,每条指令和每个微操作所需的执行时间也不同。通常将如何形成控制不同微操作序列所采用的时序控制方式称为 CU 的控制方式。常见的控制方式有同步控制、异步控制、联合控制和人工控制 4 种。

1. 同步控制方式

同步控制方式是指任何一条指令或指令中任何一个微操作的执行都是事先确定的,并且都是受统一基准时标的时序信号所控制的方式。图 7-15(a)就是一种典型的同步控制方式,每个机器周期都包含 4 个节拍。如果机器内的存储器存取周期不统一,那么只有把最长的存取周期作为机器周期,才能采用同步控制,否则取指令和取数时间不同,无法用统一的基准。又如,有些不访存的指令,执行周期的微操作较少,无须 4 个节拍。因此,为了提高 CPU 的效率,在同步控制中又有 3 种方案。

(1) 采用定长的机器周期

这种方案的特点是:不论指令所对应的微操作序列有多长,也不管微操作的简繁,一律以最长的微操作序列和最繁的微操作为标准,采取完全统一的、具有相同时间间隔和相同数目的节拍作为机器周期来运行各种不同的指令。显然,这种方案对于微操作序列较短的指令来说,会造成时间上的浪费。

(2) 采用不定长的机器周期

采用这种方案时,每个机器周期内的节拍数可以不等,如图7-15(b)所示。这种控制方式可解决微操作执行时间不统一的问题。通常把大多数微操作安排在一个较短的机器周期内完成,而对某些复杂的微操作,采用延长机器周期或增加节拍的办法来解决。

(3) 采用中央控制和局部控制相结合的方法

这种方案将机器的大部分指令安排在统一的、较短的机器周期内完成,称为中央控制,而将少数操作复杂的指令中的某些操作(如乘除法和浮点运算等)采用局部控制方式来完成。

在设计局部控制线路时需要注意两点:其一,使局部控制的每一个节拍 T^* 的宽度与中央控制的节拍宽度相同;其二,将局部控制节拍作为中央控制中机器节拍的延续,插入中央控制的执行周期内,使机器以同样的节奏工作,保证局部控制和中央控制的同步。T^* 的多少可根据情况而定,对于乘法,当操作数位数固定后,T^* 的个数也就确定了。而对于浮点运算的对阶操作,由于移位次数不是一个固定值,因此 T^* 的个数不能事先确定。

2. 异步控制方式

异步控制方式不存在基准时标信号,没有固定的周期节拍和严格的时钟同步,执行每条指令和每个操作需要多少时间就占用多少时间。这种方式微操作的时序由专门的应答线路控制,即当 CU 发出执行某一微操作的控制信号后,等待执行部件完成该操作后发回"回答"(或"结束")信号,再开始新的微操作,使 CPU 没有空闲状态,但因需要采用各种应答电路,故其结构比同步控制方式复杂。

3. 联合控制方式

同步控制和异步控制相结合就是联合控制方式。这种方式对各种不同指令的微操作实行大部分统一、小部分区别对待的办法。例如,对每条指令都有的取指令操作,采用同步方式控制;对那些时间难以确定的微操作(如 I/O 操作),则采用异步控制,以执行部件送回的"回答"信号作为本次微操作的结束。

4. 人工控制方式

人工控制是为了调机和软件开发的需要,在机器面板或内部设置一些开关或按键,达到人工控制的目的。

(1) 复位键

复位键也称重置键,当按下时使计算机处于初始状态。当机器出现死锁状态或无法继续运行时,可按此键。若在机器运行时按此键,将会破坏机器内某些状态而引起错误,因此要慎用。有些微型计算机未设此键,当机器死锁时,可采用停电后再加电的办法重新启动计算机。

(2) 连续或单条执行转换开关

由于调机的需要,有时需要观察执行完一条指令后的机器状态,有时又需要观察连续运行程序后的结果,设置连续或单条执行转换开关,能为用户提供这两种选择。

(3) 符合停机开关

有些计算机还配有符合停机开关,这组开关指示存储器的位置,当程序运行到与开关指示的地址相符时,机器便停止运行,称为符合停机。

7.5.4 控制单元功能分析举例

计算机通过连续地执行指令完成工作。指令放在存储器中,所以计算机要取出指令才能执行。一个完整的指令周期包括取指周期和执行周期。在这些周期中计算机要准确无误地完成相应的工作,需要在控制器的控制下才能完成。控制器就如同人的神经中枢,人的各个动作都受神经中枢的控制。下面以一条指令为例说明控制器是如何控制计算机完成一条指令的。

假设一台计算机的结构如图 7-16 所示,现在来分析一下完成一条加法指令控制器的控制信号。设指令 ADD R0,Ad 的作用是从存储单元地址为 Ad 的存储单元取出操作数和 R0 中的数相加,加的结果保存在 R0 中。下面介绍一下控制器是如何控制各个部件来完成这条指令的功能的。

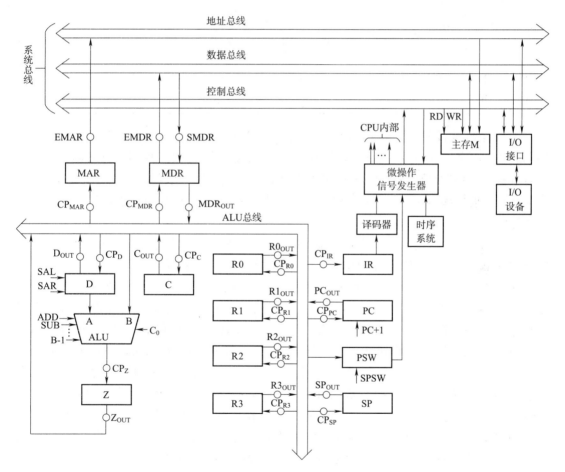

图 7-16 某计算机系统的结构

首先这条指令是存储器中的,先要取出指令才能执行。而取出指令需要知道这条指令的地址,通过前面的学习可知,指令的地址保存在 PC 中。所以,就如同前面的分析一样,要把 PC 的内容赋予 MAR,而观察图 7-16 计算机的结构可知,要完成 PC→MAR,PC 到 ALU 总线的控制开关 PC_{OUT} 要打开。这个开关通常是一个三态门,需要给它一个信号(如高电平),

让它打开 PC 到 ALU 总线的通道。而要实现 ALU 总线到 MAR 寄存器,则 CP_{MAR} 这个门要打开或者给 MAR 这个寄存器一个脉冲,才能使指令地址从 ALU 总线打入 MAR。在这条指令的整个取指和执行过程中,这些门需要依次打开和关闭,才能保证这条指令的完成。对这些控制信号的操作又称为微命令或者微操作。结合前面指令周期的内容以及节拍的分析,可以分析出这条指令在整个过程中所需要的控制信号。

通过对图 7-16 中计算机结构和 ADD R0,Ad 指令功能的分析,可知所有的控制信号见表 7-3。设这些控制信号的初始状态都为 0。在这个结构的计算机中,图中的控制命令一共有 35 个,控制器根据需要在适当的时间给出控制命令,控制各个部件。

表 7-3 某结构计算机的控制信号

EMAR	EMDR	SMDR	CP_{MAR}	CP_{MDR}	MDR_{OUT}	D_{OUT}	CP_D	C_{OUT}	CP_c	$R0_{OUT}$	CP_{R0}
0	0	0	0	0	0	0	0	0	0	0	0
$R1_{OUT}$	CP_{R1}	$R2_{OUT}$	CP_{R2}	$R3_{OUT}$	CP_{R3}	CP_{IR}	PC_{OUT}	CP_{PC}	CP_{SP}	SP_{OUT}	PC+1
0	0	0	0	0	0	0	0	0	0	0	0
SPSW	RD	WR	CP_Z	Z_{OUT}	SAL	SAR	ADD	SUB	B-1	C_0	
0	0	0	0	0	0	0	0	0	0	0	

为了简便,假设各信号都是高电平(1)时有效,初始控制信号全为 0,控制信号的排列顺序和表 7-3 顺序一致。为了完成 PC 的值到 ALU 总线这个微操作,控制器这时给出的控制信号应该是 00000000000000000001000000000000000。其中只有第 20 位,也就是 PC_{OUT} 为 1,其余控制信号都为 0。PC_{OUT} 对应的控制信号为 1 使得 PC_{OUT} 门打开,从而实现 PC 到 ALU 总线操作。

控制器要根据这些微操作的顺序以及时序的要求依次给出控制命令,从而保证计算机能够顺利运行。表 7-4 所示为 ADD R0,Ad 这条指令的完整控制信号。

控制单元按照表 7-4 要求依次给出控制信号,就可以使计算机完成这条指令。由于 PC+1→PC,为连续执行下一条指令提供了条件,下一条指令也可以按照这种方式完成。如果一些微操作可以同时进行,那么可以放在同一个节拍。例如,取指周期的 T_2 节拍,数据总线→MDR 和 PC+1→PC 两个微操作相互独立,互不影响,可以放在同一个节拍。如果某些微操作的时间很短,可以在一个节拍内安排多个微操作,并且允许它们有先后顺序,例如,执行周期中的 T_2 中安排了三个微操作,数据总线→MDR、MDR→ALU 总线和 ALU 总线→D。它们 3 个有先后顺序,不能颠倒。可以让它们依次根据时钟的上升沿、高电平、下降沿、低电平进行动作。在上述例子中,取指周期和执行周期都安排了不同的节拍,属于图 7-15 中所说的不定长周期。如果上述节拍安排不能满足要求,可以增加节拍。

这里,只拿一条指令进行了分析,据此可以分析出一个计算机系统中所有指令的微操作,也可以分析出中断周期和间址周期的微操作和控制命令。控制器只要能按照分析中给出相应的控制命令,就能使得计算机完成指令的功能。从上面的分析也可以看出,控制单元所需要的微操作和计算机的内部结构、组成密切相关,也和指令要完成的功能、寻址方式密切相关。因此,计算机系统的设计需要整体考虑,统筹安排。

表 7-4　ADD R0,Ad 指令完整的控制信号

指令周期	节拍	微操作	控制信号	控制命令
取指周期	T_0	PC→ALU 总线	PC_{OUT}	0000000000000000001000000000000000
		ALU 总线→MAR	CP_{MAR}	0001000000000000000000000000000000
	T_1	MAR→地址总线	EMAR	1000000000000000000000000000000000
		给出读信号	RD	1000000000000000000001000000000000
	T_2	数据总线→MDR PC+1→PC	SMDR PC+1	1010000000000000000000101000000000
		MDR→ALU 总线	MDR_{OUT}	0000010000000000000000000000000000
	T_3	ALU 总线→IR	CP_{IR}	0000000000000000010000000000000000
		译码	…	…
执行周期	T_0	MDR→ALU 总线	MDR_{OUT}	0000010000000000000000000000000000
		ALU 总线→MAR	CP_{MAR}	0001000000000000000000000000000000
	T_1	MAR→地址总线	EMAR	1000000000000000000000000000000000
		给出读信号	RD	1000000000000000000001000000000000
	T_2	数据总线→MDR	SMDR	1010000000000000000000000000000000
		MDR→ALU 总线	MDR_{OUT}	0000010000000000000000000000000000
	T_3	ALU 总线→D	CP_D	0000000100000000000000000000000000
		R0→ALU 总线	$R0_{OUT}$	0000000010000000000000000000000000
		加操作	ADD	0000000010000000000000000000001000
	T_4	ALU→Z	CP_Z	0000000010000000000000000010001000
		Z→ALU 总线	Z_{OUT}	0000000000000000000000000001000000
		ALU 总线→R0	CP_{R0}	0000000000100000000000000000000000

7.6　控制单元设计思路

在 7.5.3 节中,以一条指令为例分析了控制单元的功能。本节讲述如何设计控制单元才能使得控制单元能够按照时序要求发出这样的控制信号。

由控制单元的外特性可知,它是根据一些输入信号输出控制信号的。它的输入信号包括指令的操作码、时钟节拍、状态标志(如 ALU 的状态标志)、各部件的反馈信号等。输出信号则是控制信号,这些控制命令有的是控制 CPU 自身的,有的是控制存储器或 I/O 接口的。

控制单元的设计思路就是如何根据输入信号转换成输出信号。目前有两种实现方法:一种是组合逻辑电路来实现,这种控制单元称为组合逻辑控制单元;另一种采用存储逻辑实现,称为微程序控制单元。

控制单元作为计算机系统最重要、最复杂的部分,它的设计过程不应当独立进行。它的组成与结构受系统的应用目标限制,因此控制单元设计的第一步是确定计算机的应用场合(目标),其所应具有的处理能力(功能)应保证与应用需求一致。一旦确定其用途之后,就要拟定它将运行的程序类型,并确定为完成所要求功能需要的指令,从而确定 CPU 指令集

结构(ISA 结构)。指令集结构包括以下内容：指令类型，如指令的数目、功能；寻址方式，如地址结构确定、各指令的操作数寻址方式；寄存器，如寄存器所占二进制位数、数目、功能、可见性(是否可编程访问)；指令格式，如指令字长、各字段的分配(操作码、寻址方式码、地址码)等。在完成指令集结构设计之后，根据指令集结构所确定的内容来设计 CPU 的各组成部件，以及用于连接各功能部件的数据通路结构。在完成上述内容后，应进行该 CPU 各指令的微操作信号的节拍安排，此时可采用操作流程图的形式来列出各指令在各节拍应完成的功能、各指令的指令周期中应包含的节拍数，以及各节拍之间的相互连接关系。若将每个节拍看成是一个状态，则可将 CPU 看成是一个复杂的有限状态机，通过确定节拍(状态)、转换条件、各节拍的微操作，就可明确 CPU(主要是控制器)为完成取指令、指令译码和执行指令集中的每个指令所必须发出的微操作信号与指令、时间的关系。在形成各指令的操作流程图后，再按照微操作安排原则对各微操作信号进行调整安排。由操作流程图和操作时间表来形成微操作信号的逻辑表达式，该表达式的条件是指令、时间、状态等，而结果是控制信号。依据各控制信号的逻辑表达式，可采用组合逻辑设计法或微程序设计法获得控制器的逻辑电路图或微程序，将控制器和其他组合到一起形成 CPU，至此 CPU 设计完毕。

控制单元的设计是计算机中最复杂、最困难的部分。学习控制单元的设计需要综合前面所学的各种知识，经过缜密的逻辑分析、踏实的工作才能达到目的。

7.6.1 组合逻辑控制单元设计思路

组合逻辑控制单元实质上是一个组合逻辑电路，它的输出信号就是输入信号经过组合逻辑电路实时产生的，具有较快的速度。组合逻辑控制单元的设计遵循组合逻辑电路设计的一般步骤。

① 分析输入/输出关系，列出功能表。在设计控制单元时，要考虑到各种情况，分析出每条指令在每个微操作时的输入信号和输出的控制信号，列出一个对应的功能表。

② 根据功能表写出逻辑表达式。

③ 根据逻辑表达式画出逻辑图，并进行优化。

④ 根据逻辑图选用合适的逻辑器件设计逻辑单元电路。

组合逻辑控制单元设计的思路非常清晰，看起来非常简单，但实际上却复杂得多。前面在分析一条加法指令时，对于一个简易的计算机结构来说，就需要那么多的控制信号，因此对于一个真实的具有数十条甚至数百条指令的 CPU 来说，其控制信号的数量可想而知。而这些信号的对应关系不能有一丝差错。对于复杂的电路设计，通常采用计算机辅助设计软件 EDA 来帮助人们进行设计。即使这样，以控制单元的复杂程度来讲，也不是一件容易的事。

组合逻辑控制单元还有一个弊端，就是修改调试困难。对于这样复杂的电路设计，难免出现错误，而有些错误是可以通过 EDA 强大的仿真和测试功能解决的，但有些错误是发现不了的，只有当整个电路设计完成进行测试时才发现出了问题。这相当于要把原来做的推倒重来，这时修改的难度大、周期长、费时费力。

对于组合逻辑控制单元来说，指令条数越少，寻址方式越简单，指令周期、指令字长、控制方式越规整、单一，整个组合逻辑控制单元越简单。前面的章节中提到，RISC 计算机通常采用组合逻辑控制器,就是由于 RISC 计算机指令条数少、寻址方式简单、指令字长统一,可以大幅度降低组合逻辑控制单元设计的难度,而组合逻辑控制单元由于速度快,在一定程度上可以弥补 RISC 计算机的不足。

由于控制单元的设计超出了应用型本科学生的接受能力,所以这里只介绍了一下设计的简单思路,更深一步的学习请大家参考其他相关的资料。

7.6.2 微程序控制单元设计思路

随着计算机的 CPU 越来越复杂,控制单元组合逻辑的实现方式遇到了越来越大的挑战。在这个过程中产生了一种控制单元新的实现方式,就是微程序控制单元。它采用存储逻辑而不是组合逻辑,实现的思路是将所有的控制信号组合存储起来(存储在一个控制存储器中),当需要控制信号时再从控制存储器读取出来发出去控制各个部件。

要实现一个微程序控制单元,需要解决几个问题:

1. 控制信号存储

一般是微程序控制单元中集成一个 ROM,称为控制存储器。这些控制命令存储在这些控制存储器中。

2. 控制信号和普通的机器指令的区别和对应关系

普通机器指令是程序用来编程实现功能的,而控制信号是控制机器指令能够按照要求顺利进行的,二者本质上是不同的。但鉴于它们都是存储于存储器中,因此又仿照指令的形式把控制信号称为微指令。一条微指令对应机器指令的一个或几个微操作,一条机器指令对应若干条微指令,这些微指令又称为微程序。一段微程序控制对应的机器指令顺利地取指和执行。

3. 微指令寻址

机器指令是通过程序计数器(PC)中指令的地址,然后将指令地址发送给存储器地址寄存器(MAR),从而在存储器中根据这个地址找到指令的。与普通的机器指令类似,在微程序控制单元中也需要设置相应的寄存器,如控制存储器地址寄存器(CMAR)、控制存储器数据寄存器(CMDR)。但有的微程序控制器中没有对应的微程序计数器,它通过微指令中的下地址字段或者机器指令的操作码来找到下一条微指令的地址。微程序控制器中也没有对应的微指令寄存器,因为将微指令从控制存储器取出之后在 CMDR 中就可以把它们发送给各个部件进行控制。

4. 微指令的格式和编码

由于微指令控制单元中没有对应的类似程序计数器的器件,它需要在微指令中设置下一条微指令的地址,从而便于取出下一条微指令。直接编码方式的指令格式如图 7-17 所示,微指令格式设计的详细内容请参看 7.6.4 节。在微指令格式中一部分字段就是控制信号,用来实现对各个部件的操作控制,另一部分用作下地址字段,给出下一条指令的地址。微指令格式中的控制信号部分有不同的编码形式。图 7-17 每个位直接对应一个控制信号,称为直接编码方式。从 7.5.4 节控制单元功能的分析中可以看出,控制命令可以多达几百甚至数千位,而这些位中只有少数的位置为 1,编码效率比较低。控制信号太多需要占用更多的存储空间。因而有时可以采用编码的形式降低控制信号字段的长度。一般可以把控制信号字段分为几部分,每部分信号互斥,对每部分互斥的信号进行编码,减少编码的位数。

假设一个控制单元的控制信号的前4位在不同微操作时分别是1000、0100、0010和0001,那么这4个位就可以编码成2个二进制位。这种编码方式称为字段编码方式,如图7-18所示。其他的编码方式后面将会7.6.4节进行说明。

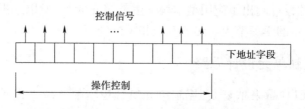

图 7-17　直接编码方式的微指令格式

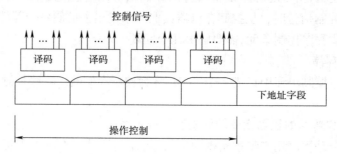

图 7-18　采用字段编码的微指令格式

7.6.3　微程序控制单元的组成

指令的执行是通过执行一组或多组并发的微操作来完成的。每一个微操作是与一组控制信号相联系的,该组控制信号是激活微操作后必然发出的控制信号。当代计算机中包含的指令和控制信号数目往往达到数百个,在此种情况下即使使用最好的EDA工具,组合逻辑控制器的设计和验证也是极其困难的。针对组合逻辑控制器的缺点,借鉴程序存储思想,剑桥大学教授威尔克斯(Wilkes)在1951年提出了微程序控制设计思想,经历了种种演变,在ROM技术成熟后得到广泛应用。作为一种控制单元设计方法,它是将控制信号的选择和前后顺序信息存储在一个称为控制存储器的ROM或RAM中。所有指令的任何被激活的操作信号均由存于控制存储器的微指令决定,微指令的取出过程与从主存中取出指令的过程相似。每一条指令都显式或隐式地指出下一条微指令的地址,以提供必要信息形成微指令序列,微指令的序列形成微程序。通过修改控制存储器内容可实现微程序的更改,进而达到机器指令系统的更改、升级、维护。

与组合逻辑控制器相比,微程序生成的控制信号更加灵活,便于仿真和调试,为开发系列机提供了便利的方法。在微程序控制器中,每一条机器指令的功能都是通过微程序实现的。微程序用作一个实时指令解释器,即每一条机器指令对应一个由若干条微指令组成的微程序,微程序中的每一条微指令与一组微操作对应(控制信号所对应的动作),微指令的序列反映了为完成一条机器指令所应发出控制信号的先后次序。微程序控制单元的组成如图 7-19 所示。

1. 控制存储器

作为微程序控制器的核心部件,控制存储器(control memory)存储着与全部机器指令对

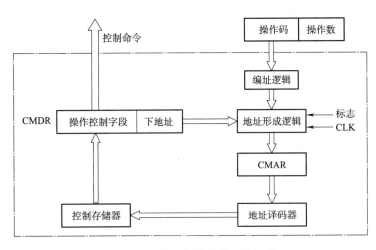

图 7-19 微程序控制单元的组成

应的微程序,它的每个单元中存储一条微指令,单元内容可以用来生成一组控制信号,实现指定的微操作。控制存储器中每个单元可能包含几十位。控制存储器一般采用 ROM,在 CPU 生产过程中,将各指令的微程序按一定顺序写入控制存储器中。采用 ROM 作为控制存储器可保证工作过程中的重要信息(微程序)不丢失。同时为保证微程序的快速读取,应保证控制存储器的存取速度远远高于普通的主存储器部件。

2. 地址形成逻辑

地址形成逻辑保证在程序执行过程中对应的微指令从控制存储器中取出。微指令的执行顺序并非完全是顺序执行,根据微程序执行顺序的需要,应有多种微指令地址的形成方式。微地址控制逻辑的作用是依据时间、条件、指令和下地址信息等来形成微指令地址,从而保证微指令流程的正确。

3. 控制存储器地址寄存器

控制 CROM(控制存储器)根据控制存储器地址寄存器(CMAR)的地址读出微指令。其内容的更改一般在当前微指令读取完毕或当前微指令执行完毕时。它的作用与前面学习的存储器地址寄存器(MAR)相同。

4. 控制存储器数据寄存器

控制存储器数据寄存器(CMDR)用于暂时存放从控制存储器中取出的微指令,其作用和指令寄存器(IR)类似。当把微指令从控制存储器取出来放入 CMDR 时,这些控制信号就可以被发送到各个被控制的部件(如果需要,还需要译码)。根据微指令格式的不同,微指令译码电路的复杂程度差异很大。若采用直接编码方法,则不需要译码电路,CMDR 中直接存储的就是控制信号。若采用字段编码方法,译码也比较简单。若采用字段间接编码方法,则译码电路相对复杂一些。但相比于组合逻辑控制,逻辑电路的复杂程度远远降低了。

7.6.4 微程序、微指令格式设计

微指令采用二进制码的形式,若干条具有逻辑关系的微指令对应一段微程序,一段微程序控制一条机器指令的取指、中断、间址或执行。微程序的集合对应着一个特定的指令集或机器语言。

微程序控制器的设计工作主要集中在以下几方面：

①微指令格式设计。微指令采用二进制码的形式，必须为微指令拟定格式，以表示每一条微指令所对应的微操作。

②微程序编制。为每一条机器指令编写对应的微程序，根据机器指令所包含的微操作，确定每个微程序中的微指令以及次序，进而形成存入微程序控制器的微程序。作为一种设计活动，微程序的设计可与汇编语言程序设计相比较：微程序设计需要对处理器硬件有更多了解，微程序的设计可以采用与汇编语言相似的标记符号进行，可以将此称为微汇编语言，此时一个微汇编程序用来实现将微程序转换为可执行的微指令。控制存储器可以存储微指令的二进制码形式，也可以存储其微汇编形式。若存储其微汇编形式，则可实现计算机仿真。

③控制逻辑电路设计。微程序的执行和解释需要相应的控制逻辑电路，以实现微指令的读取、微指令地址的形成、微指令流程控制和由微指令形成控制信号。

微指令和机器指令具有一定的相似性，所以机器语言指令系统中指令格式的设计方法也可运用于微指令系统设计。与机器语言指令相似，微指令一般也包括操作控制字段和下地址控制字段两部分，见图7-17。其作用分别为：操作控制字段用于指出有哪些控制信号被激活，下地址控制字段用于指出下一条待执行指令在控制存储器中地址的本身或其计算方式。

微指令的长度主要由以下3个因素决定：一条指令中包含的并行微操作数目，受微操作层次并行程度的影响；操作控制信号的编码方式；下条微指令地址的给出方式。

1. 操作控制字段编码方式

操作控制字段一般包括一个或多个操作控制域，每个控制域可控制一个或一组控制信号的生成。根据控制信号是直接生成还是译码生成，操作控制编码可分为以下几种形式：

(1) 直接编码法

在威尔克斯提出的最初的微指令格式中，操作控制字段的每一位都与一个独立控制信号相对应。若当前微指令的某一位 $k=1$，则与之对应的 c 控制信号有效，否则 c 控制信号无效。直接编码法的缺点是信息表示效率很低。对于一般的控制器来讲，它所需要的控制信号的个数可能达到上百个，采用直接编码法使微指令的长度达到上百位，但是其中绝大部分是不可能同时有效的。

(2) 字段编码法

评价微程序控制器性能的标准是每一条单独微指令可以表示的最大微操作数目，这一数目从一个到几百个不等。每一条表示一个微操作的微指令可能与一条传统意义上的机器指令相同，它的长度可能相对较短，但缺乏并行性，因为完成一个指令的操作可能需要许多微操作。微指令格式的设计应充分注意的一个事实是，在微程序级别，许多微操作是可以并行执行的。例如，在取指阶段 T_2 周期，数据总线→MDR，同时完成 PC+1→PC，使指令指针指向下条指令存储位置，完成两项微操作。如果将每一种可以并行完成的微操作的情况都指定一个编码表示，那么在大多数情况下，编码的数量是极其巨大的。虽然微指令操作控制字段的编码允许复杂，但在实际设计过程中为避开上述数量巨大而复杂的编码，一般将微指令的操作控制字段分成 k 个相互独立的控制域，控制域的个数与需要并行发出的微操作数目有关。若需要4个微操作并行发生，则须在微指令中设置4个控制域。每一个控制域存储一组微操作,每一个微操作都可以与其他控制域所存储的任意一个微操作并行执行,但在组内的微操作之间是互斥的,不允许在同一时间段内发生或有效。一般情况下,每个控制域所存储的是对同一个部件的控制信号,即将同类互斥的操作规为一组,例如运算器、寄存器的选择或总线控制等。采用编码的方法可以有效地降低微指令字长,但是由于在微指令被读出后,还需要经过译码电路处理以生成控制信号,所以采用字段编码法可能会使微程序的执行速度有所减慢。

(3) 字段间接编码法

在微指令格式里,如果一个字段的含义不只决定于本字段编码,还兼由其他字段决定,则可采用字段间接编码法。此时一个字段兼有两层或两层以上的含义。

(4) 其他方式

在实际的微指令中,操作控制编码并不是只单独采用上述 3 种编码方式中的一种,而是将上述 3 种混合使用,以保证能综合考虑指令的字长、灵活性和执行微程序的速度等方面的要求。还有一种方式是将操作控制字段根据不同目的分成多个控制域,并在操作控制字段和下地址字段之外设置单独的奇偶校验位。例如,IBM360/50 型的微指令包括 90 位,操作控制字段被分成 21 个独立的字段。第 65~67 位控制着 CPU 的加法器输入,该控制域显示了可能与加法器相连的寄存器。第 68~71 位控制着对加法器的功能选择(十进制加或二进制加),并控制初始进位和产生进位。第 0 位是第 0~30 位的奇偶校验位,第 31 位是第 32~55 位的奇偶校验位,第 56 位是第 57~89 位的奇偶校验位。

在某些机型的微指令格式中,还在操作控制字段中设置常数字段,用于提供常数或计数器初值。

2. 微指令类型

微指令一般分为水平型和垂直型两种类型。水平型微指令指令字长比较长,能表达较高程度的微操作并行性,操作控制信号编码的量比较小。垂直型微指令指令字长比较短,表达微操作并行程度的能力较低,要进行比较多的操作控制信号的编码。IBM360/50 型的微指令格式是水平型微指令。IBM360/145 型的微指令格式是垂直型微指令,其中的操作数字段通常用于存储微操作所使用到的寄存器编号。

垂直型微指令在很大程度上与 RISC 指令类似,都尽量减少并行性,而保证单周期执行。但是,计算机也经常被设计成与水平型微指令相似的形式,具有较长指令字和更高并行性。

3. 下地址产生方式

由微指令一般格式可知,在每条微指令中均包含一个下地址字段,用于指出下条待执行(后继)微指令的地址。一般情况下,后继微指令的地址有以下几种给出方式:

(1) 顺序递增法

在很多情况下微指令的执行是顺序进行的,即执行顺序相邻的微指令的物理地址也相邻,在此种情况下可采用顺序递增法。其实现的方法可以将图 7-19 中地址形成逻辑部件增加自动增 1 的功能,也可以增加一个类似程序计数器(PC)的微程序计数器 uPC。将 uPC 设置成可自动加 1 的功能,每当完成当前指令的执行时,就以 uPC + 1 后的值为地址在控制存储器中取下一条微指令。在顺序递增法中,下地址字段的内容不影响微指令的读取或作为寻址方式说明使用。在顺序递增法中,uPC 体现的功能与 CPU 内部寄存器中

PC 的功能相同。

（2）直接给出法

此种方式中，后继微指令的地址直接取于微指令中的下地址字段。图 7-20 中微指令的下地址字段直接给出了下一条微指令的地址。采用此种方式的特点是在微指令的微地址形成过程中基本没有时间延迟，但是若控制存储器的地址空间范围较大，可能造成微指令的字长极大增加，从而使控制存储器的存储效率下降。在编制微程序控制器的微程序时，也可以将公共的微操作设置成微子程序的形式。图 7-20 中将取指、间址和中断这些公共的微操作设置成单独的微程序段。对于微子程序的入口地址的获取，一般采用在微指令中直接给出的方式。实际上，除了分支转移或微子程序调用的情况外，后继微指令地址的形成均采用顺序递增法。

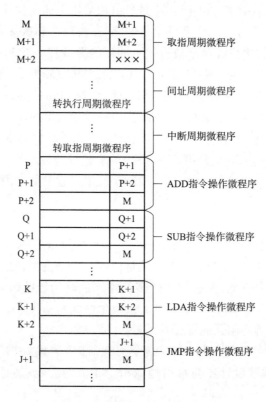

图 7-20　微程序和微指令示意图

（3）分支转移法

微程序的执行过程与机器语言程序的执行过程相似，也存在着条件分支转移。被测试的条件是来自于数据通路中的一个状态信号。在包含分支转移的微指令中，常设置一个条件选择子区域(类似于寻址方式字段)，用于指出哪些判定条件被测试。与此同时，转移地址被存储在下地址字段。当转移条件满足时，将下地址字段的内容读入 uPC 中，取下一条微指令，实现微程序转移；若转移条件不满足，微程序则顺序执行。某些微指令系统中的微指令可能包含两个转移地址，条件满足时转向地址一，否则转向地址二。由于微指令字长的限制，在实际微指令中并非存储完全的转向地址，而是只存储转向地址的低位，转向地址的高位不改变。采用此种方法可使微指令转移范围限制在控制存储器的一个小范围里。分支转移法的微指令格式如下：

在分支转移法中，后继微指令地址也可以通过测试条件控制修改 uPC 的全部或部分内容来获得。例如，假设 OF 是溢出标志位，OF = 0 表示运算结果不溢出，OF = 1 表示运算结果溢出。若要执行溢出转移微指令，可以用 OF 位的值控制 uPC 的自动加 1 电路，使 uPC 实现额外的地址增加，从而实现分支转移。

（4）微程序入口地址的形成

根据微程序与机器指令的对应关系，一条机器指令对应一个由若干条微指令组成的微程序。在当前机器指令所对应的微程序执行完毕之后，要转移到下条机器指令所对应的微程序继续执行。每条机器指令所对应的微程序的入口地址（首地址）一般由指令的操作码决定。当读取到指令寄存器后，将指令操作码输入微地址形成逻辑形成微程序入口地址。微地址形成逻辑实际上是一个编码器，将机器指令操作码作为地址输入，在所指示的单元中存储的就是对应微程序的入口地址。在机器加电后，第一条微指令的地址一般是由专门的逻辑电路生成的，也可以采用由外部直接输入的形式获得。

4. 动态微程序技术

通常计算机指令系统的指令类型和数量是固定，而与其对应的微程序也应当是保持不变的。但是，如果采用 EPROM 作为控制存储器，则设计者可以通过更改控制存储器所存储的微程序来改变机器的指令系统，这种技术称为动态微程序技术。采用动态微程序技术可以根据需要改变微程序，因此可在一台机器上实现不同类型的微指令，从而实现指令系统级的仿真，但此技术对设计者的要求较高，故未得到广泛推广。

习 题

一、选择题

1. 控制单元的功能是_____。
   A. 产生时序信号　　　　　　　　　B. 从主存取出一条指令
   C. 完成指令操作的译码　　　　　　D. 产生有关的操作控制信号

2. 下列选项不是控制单元输入信号的是_____。
   A. 指令的操作码　　　　　　　　　B. 时钟节拍
   C. 标志和状态反馈信号　　　　　　D. 算数逻辑运算信号

3. 在微程序控制器中，一条机器指令一般和一段_____对应。
   A. 微操作　　　B. 微指令　　　C. 指令　　　D. 微程序

4. 下面有关指令周期的叙述中，错误的是_____。
   A. 指令周期等于机器周期
   B. 机器周期等于时钟周期
   C. 一条指令周期包含若干个时钟周期，一个机器周期包含若干个时钟周期
   D. 指令周期等于取指周期

5. 下列选项不是控制单元输出信号的是_____。
   A. CPU 中寄存器打入信号　　　　　B. 读/写信号

C. 标志和状态反馈信号　　　　　　D. 总线允许信号

二、填空题

1. 中断的基本类型包括内部(　　　)和外部中断。
2. 控制单元的控制方式有(　　　)、(　　　)、(　　　)、(　　　)几种。
3. 控制单元一般有组合逻辑控制单元和(　　　)两种,前者采用组合逻辑,后者采用存储逻辑。
4. 微指令的格式一般包括两部分,分别是(　　　)字段和(　　　)字段。
5. 操作控制字段的编码方式有直接编码、(　　　)、字段间接编码和其他编码方式。
6. 微程序控制单元中存储微指令的器件称为(　　　)。

三、简答题

1. 内部异常和外部中断的区别是什么?
2. 软中断和硬件中断的区别是什么?
3. 单重中断和多重中断的区别是什么?
4. 组合逻辑控制单元和微程序控制单元的主要区别是什么?
5. 下一条微指令的地址产生的方式有哪些?

四、综合实训

写出相对寻址跳转指令的数据流,结合本章图7-16的结构写出所有的微操作信号。

第 8 章

基于RISC-V的计算机系统

学习目标

知识目标：
- 了解 RISC-V 产生的背景和发展过程。
- 深入了解 RISC-V 基础指令集运行环境和硬件要求。
- 加深对 RISC-V 非特权指令的理解和掌握。
- 初步了解 RISC-V 的特权体系。
- 熟悉基于 RISC-V 指令集的开源核。
- 掌握图形化 CPU 设计方法。

能力目标：
- 能分析 RISC-V 整数基础指令集格式。
- 能够查阅和分析开源核的相关资料。
- 能够使用 Logisim-evolution 进行图形化电路绘制。
- 能够基于 RISC-V 整数基础指令集，采用图形化方式进行译码器和控制器的设计，进而能够设计一个可以运行部分指令的 CPU 核心。

知识结构导图

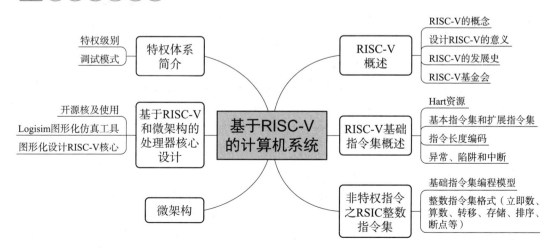

8.1 RISC-V 概述

8.1.1 RISC-V 的概念

RISC-V 是一种基于精简指令集计算机(RISC)原理的开放标准指令集体系结构(ISA)。与大多数其他 ISA 设计不同,RISC-V ISA 是在开源许可下提供的,不需要付费使用。许多公司正在提供或者宣布提供 RISC-V 硬件,支持 RISC-V 的开放源码操作系统。而且 RISC-V 的指令集在一些流行的软件工具链中得到广泛支持。

RISC-V 指令集的显著特点包括负载存储体系结构、简化 CPU 中多路复用器的位模式、IEEE 754 浮点,以及将最重要的立即数位放在一个固定位置以加速符号扩展。基本指令集具有固定长度的 32 位自然对齐指令,支持可变长度扩展,其中每条指令可以是任意数量的 16 位长度的包。扩展子集支持小型嵌入式系统、个人计算机、带有矢量处理器的超级计算机和集群机架式并行计算机。

指令集规范定义了 32 位和 64 位地址空间变化。该规范还包括对 128 位地址空间的描述(作为 32 位和 64 位的扩展),但 128 位指令集不允许使用和修改,处于封存状态,因为对如此大的内存系统几乎还没有任何实际经验。

RISC-V 开源运动最早于 2010 年在加州大学伯克利分校开始,许多贡献者是该大学以外的志愿者和行业工作者。其他学术上的指令集设计通常只是为了简化说明而进行优化,RISC-V 则不同,设计者希望 RISC-V 指令集可用于实际计算机。

RISC-V 的指令集分为用户指令集和特权指令集。截至 2021 年 6 月,基金会批准了用户空间指令集的 2.2 版和特权指令集的 1.12 版,允许用其进行软件和硬件开发。用户空间指令集,现在更名为非特权指令集(unprivileged ISA)。作为一款实际应用的,用来设计和流片的指令集,能够允许用户进行调试是至关重要的,RSIC-V 的较新版本为 0~14。

8.1.2 设计 RISC-V 的意义

CPU 设计需要专业的设计知识:数字电子技术、编译器和操作系统。为了支付这样一个团队的费用,计算机设计的商业供应商,如 Arm 公司和 MIPS 科技,会就其设计、专利和版权的使用收取版税。他们还经常要求在发布描述其设计优势的文件之前,签订保密协议。在许多情况下,他们从不描述选择设计的原因。许多设计优点为完全专有,从来不会披露给客户。这种保密制度阻碍了公共教育用途和安全审核,以及开发公共、低成本的自由及开放源代码的软件编译器和操作系统。

RISC-V 指令集是从一系列的学术计算机设计项目直接发展而来的。它一开始的目的,有一部分是为了帮助这些项目。RISC-V 最初的目标是制作一种实用的指令集,该指令集是开源的,可在学术上使用,并可在任何硬件或软件设计中部署而无须版税。此外,至少从广义上解释了指令集每个设计决策的合理性。RISC-V 作者是在计算机设计方面拥有丰富经验的学者,而 RISC-V 指令集是一系列学术计算机设计项目的直接发展。

与大多数指令集相比,RISC-V 指令集可以自由地用于任何目的,允许任何人设计、制造和销售 RISC-V 芯片和软件而不必支付给任何公司专利费。虽然这不是第一个开源指令集，但它具有重要的意义，因为指令集在设计之初，就考虑使其适用于现代计算设备（如服务器、个人计算机、手机和实时嵌入式系统）。设计者考虑到了这些用途中的性能与能耗效率。该指令集还具有众多支持的软件，解决了新指令集通常的弱点。

为了建立一个庞大的、持续的用户社区，从而积累设计和软件生态，RISC-V 指令集设计者有意支持各种各样的实际用例：紧凑、高性能或者低功耗芯片的实现。没有针对特定微架构进行刻意的规定，许多开源贡献者提出了多种情景的应用场合，这是 RISC-V 设计为多用途的部分原因。

RSIC-V 的设计者认为指令集是计算机中的关键接口，因为它位于硬件和软件之间的衔接处。如果一个好的指令集是开放的，并且可供所有人使用，那么它可以通过实现更多的复用来显著降低软件成本。它还应该引发硬件供应商之间激烈的竞争，然后将更多的资源用于设计更好的处理器。

开源支持者发现，创新性在指令集设计中变得越来越少，因为过去四十年中最成功的设计变得越来越相似。在那些失败的案例中，大多数失败是因为财务上的失败，而不是因为指令集技术上的问题。因此，基于完美的原则，精心设计的开放指令集应该会吸引许多供应商的长期支持。

RISC-V 还鼓励学术用途。其中的整数指令子集非常简单，有利于正在学习中的学生进行基础练习。该子集足够简单，能够完全让初学者控制自己设计的 CPU。可变长度的指令集为学生练习和研究提供了扩展性。分离的特权指令集则允许在不重新设计编译器的情况下，研究操作系统支持。更为重要的是，RISC-V 的开放知识产权模式，允许发布、重用和修改衍生设计。

8.1.3 RISC-V 的发展历史

RISC 的历史可追溯到 1980 年左右。在此之前，人们觉得指令集简单的计算机可能会有用，但是没有很多人去阐述其设计原则。学术界的学者为了出版第一版的《计算机体系结构：定量方法》（Computer Architecture: A Quantitative Approach），于 1990 年制定了 RISC 指令集 DLX。大卫·帕特森教授是其中一位作者，后来协助开发 RISC-V。但是，DLX 只用于教育用途，学术界和业余爱好者使用 FPGA（现场可编程门阵列）来实现该指令集，并没有进行商业化。ARM 体系结构的 CPU，主要是版本 2 及更早版本具有公开的指令集，并且有 GCC 的支持。而 GCC 是一个受欢迎且免费的软件编译器。该 ISA 有 3 个开源内核，但都没有实际的应用并制造芯片。

加州伯克利分校的克斯特·阿萨诺维奇教授，发现开放源代码的计算机系统有很多用途。2010 年，他决定用 3 个月的时间来开发并发布一个开放源代码的计算机系统。这个项目是用来帮助包括学术界以及工业界的用户。伯克利分校的大卫·帕特森教授也参加了这个项目。帕特森是原来伯克利分校 RISC 的设计者，RISC-V 只是他众多 RISC CPU 研究项目中的一个。在这个阶段，团队进行了最初的软件、电路模拟仿真和 CPU 芯片设计。RISC-V 作者及其机构最初发布了指令集文档和在 BSD 许可下的几种 CPU 指令集的设计。这些设计允许衍生作品（如 RISC-V 芯片设计）要么开放且免费，要么封闭且专有。规范本身（即指令集的编码）于 2011 年作为开源指令集发布，保留所有权利。实际的技术报告，也在后来被置于知识共享许可之下，以允许外部贡献者通过 RISC-V 基金会和后来的 RISC-V 国际进行改进。克斯特·阿萨诺维奇教授在研究的基础上成立了 Si-Five 半导体公司,是第一个商业化的基于 RISC-V 指令集的芯片制造商。图 8-1 所示为 Si-Five 公司的 RISC-V 产品。

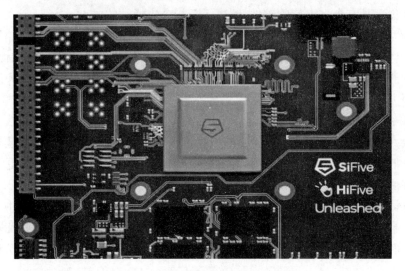

图 8-1　SiFive 公司的 RISC-V 产品

8.1.4　RISC-V 基金会和 RISC-V 国际

　　商业用户需要指令集稳定,然后才可能持续多年地在产品中使用它。为了解决这个问题,RISC-V 基金会成立。基金会拥有维护和发布与 RISC-V 定义相关的知识产权的最终权限。RISC-V 的原作者和所有者已将其权利交给基金会。2019 年,该基金会由首席执行官 Calista Redmond 担任,他曾担任 IBM 的开放基础设施项目的负责人。

　　2019 年 11 月,RISC-V 基金会宣布迁往瑞士,理由是对美国贸易法规的担忧。2020 年 3 月,该组织被命名为 RISC-V 国际,这是一家瑞士非营利性商业协会。

　　RISC-V 国际在 2019 年以前免费发布定义的 RISC-V 文档,允许无限制地使用该指令集进行软件和硬件设计。但是,只有 RISC-V 国际的成员才能投票批准更改,并且只有成员组织才能使用注册商标的兼容性标志。

　　参与支持 RISC-V 基金会的公司以及机构包括超微半导体、晶心科技、英国航太系统、加州大学伯克利分校、BLuespec、Cortus、Google、GreenWaves Technology、慧与科技、华为、IBM、Imperas Software、中国科学院、清华大学、印度理工学院、莱迪思半导体、迈伦科技、美高森美、美光科技、英伟达、恩智浦半导体、甲骨文公司、高通、Rambus Cryptography Research、西部数据、SiFive、阿里巴巴集团、红帽公司、成为资本等。

8.2　RISC-V 基础指令集概述

　　设计 RISC-V 的目的,最初是为了支持计算机体系结构研究和教育。现在,支持者希望它也将成为一种标准的自由和开放的工业实现体系结构。定义 RISC-V 的设计者的目标包括:

　　① 一个完全开放的 ISA,学术界和工业界都可以免费使用。

②一个真正的 ISA,适合直接本地硬件实现,而不仅仅是模拟或二进制转换。

③一种 ISA,它可以避免针对特定微架构风格(如微编码、有序、解耦、无序)或实现技术(如全定制、ASIC、FPGA)的"过度架构",但允许在其中任何一种中有效实现。

④一个可被分离成小的整数指令集的 ISA,它本身可以作为定制加速器或教育用途的基础,以及可选的标准扩展,以支持通用软件开发。

⑤支持修订的 2008 年 IEEE-754 浮点标准。

⑥支持广泛 ISA 扩展和专用的 ISA。

⑦32 位和 64 位地址空间,适用于应用程序、操作系统内核和硬件实现。

⑧支持高并行或多核实现的 ISA,包括异构多处理器。

⑨可选的可变长度指令,既可扩展可用的指令编码空间,又可支持可选的密集指令编码,以提高性能、静态代码大小和功耗效率。

⑩一个完全可虚拟化的 ISA,以简化管理程序的开发。

⑪简化新特权架构设计实验的 ISA。

RISC-V 指令集在定义时,尽可能避免实现细节。RISC-V 指令集应该解读为多样性的软件可视化接口,而不是一种特定的硬件构件的设计。RISC-V 手册分为两卷:第一卷涵盖了基础非特权指令的设计,包括可选的非特权 ISA 扩展。无特权指令通常在所有特权体系结构中的所有特权模式中可用,尽管具体行为可能因特权模式和特权体系结构而不同。第二卷提供了第一个("经典")的特权体系结构的设计。手册遵守 IEC 800000-13:2008 约定。

8.2.1 硬件平台术语

一个 RISC-V 硬件平台可以包含一个或多个 RISC-V 兼容的处理核以及其他非 RISC-V 兼容的核、固定功能加速器、各种物理内存结构、I/O 设备和允许组件通信的互联结构。

如果一个组件包含一个独立的指令获取单元,它就称为核心。一个 RISC-V 兼容的核心可能通过多线程支持多个 RISC-V 兼容的硬件线程。

一个 RISC-V 核心可能有额外的专用指令集扩展或附加的协处理器。使用术语协处理器来指附加在 RISC-V 核心上的一个单元,它主要由一个 RISC-V 指令流进行排序,但它包含额外的架构状态和指令集扩展,可能还有一些相对于主 RISC-V 指令流的有限自主权。

使用术语加速器来指一个不可编程的固定功能单元,或者一个可以自主操作但专门用于特定任务的核心。在 RISC-V 系统中,加速器最好也是基于 RISC-V 指令集的,或者是在证书指令集基础上扩展了专用指令的协处理器,或者干脆是定制指令集的协处理器。I/O 加速器是一类重要的 RISC-V 加速器,它将 I/O 处理任务从主应用程序内核中解脱出来。

RISC-V 硬件平台的系统级组织可以从单核微控制器到由共享内存多核服务器节点组成的数千节点集群。即使是小的片上系统也可能被构造成多计算机或多处理器的层次结构,以模块化开发工作或提供子系统之间的安全隔离。

8.2.2 RISC-V 软件执行环境和 Hart 资源

Hart 是一种术语,表示抽象的硬件执行资源,与软件线程编程资源相对应。RISC-V 程序的行为取决于它所运行的执行环境。一个 RISC-V 执行环境接口(EEI),定义了程序的初始状态、环境中 Hart 的数量和类型，包括 Hart 支持的特权模式、内存和 I/O 区域的可访问性和属性、在每个 Hart 上执行的所有合法指令的行为(即，ISA 是 EEI 的一个组件)，以及在执行期间引发的任何中断或异常的处理(包括环境调用)。

RISC-V 执行环境的实现可以是纯硬件、纯软件或硬件和软件的组合。例如，操作码陷阱和软件仿真可以用来实现硬件中没有提供的功能。执行环境实现的例子包括：

① 在硬件平台上，Hart 直接由物理处理器线程和指令实现，可以完全访问物理地址空间。硬件平台定义了一个在上电复位时开始的执行环境。

② RISC-V 操作系统，通过在可用的物理处理器线程上多路复用用户级 Hart，并通过虚拟内存控制对内存的访问，从而提供多个用户级执行环境。

③ RISC-V 管理程序，为客户操作系统提供多个管理程序级别的执行环境。

④ RISC-V 仿真器，如 Spike、QEMU 或 rv8，一般是在底层 x86 系统上模拟 RISC-V Hart，并可以提供用户级或管理器级的执行环境。

从在给定执行环境中运行的软件的角度来看，Hart 是在该执行环境中自主获取并执行 RISC-V 指令的资源。在这方面，Hart 的行为类似于硬件线程资源。Hart 可能是独立的硬件实体，也可能是执行环境通过时分复用技术在一套真实硬件上虚拟出来的。一些 EEI 支持创建和销毁额外的 Hart，例如，通过环境调用来建立新的 Hart。

执行环境负责确保每个 Hart 的最终进度。对于给定的 Hart，当 Hart 执行显式等待事件时，该进度就被挂起，例如在 RISC-V 规范第二卷中定义的等待中断指令。如果 Hart 被终止，进度也就结束了。下列事件是前向进度：指令的终止、陷阱。

8.2.3 RISC-V 指令集的范围

RISC-V 的基本整数指令集，必须出现在任何硬件实现中，当然可以加上对基本 ISA 的可选扩展。基本整数指令集与早期的 RISC 处理器非常相似，没有分支延迟槽和支持可选的可变长度指令编码。基础指令集被严格地限制为最少的指令集，足以为编译器、汇编器、连接器和操作系统(具有额外的特权操作)提供合理的目标。除了这个最小的 ISA，基金会还提供了用于基础指令集的软件工具链"骨架"，可以围绕基础指令集构建更多定制的处理器。

虽然 RISC-V 指令集(ISA)比较方便，但 RISC-V 实际上是一系列相关的指令集，目前有 4 个基础 ISA。每个基本整数指令集的特征主要由整数寄存器的宽度，相应的地址空间大小以及整数寄存器的数量来区分。

有两种主要的整数指令集变体 RV32I 和 RV64I，分别提供 32 位或 64 位地址空间。术语 XLEN 用来表示整数寄存器的宽度，单位为位(32 或 64)。RV32E 是 RV32I 基本指令集的子集变体，该指令集支持小型微控制器，有一半的整数寄存器。未来 RV128I 变体支持 128 位扁平地址空间(XLEN=128)的基本整数指令集。基本整数指令集对有符号整数值使用补码表示。

尽管 64 位地址空间是大型系统的需求，但 RISC-V 的设计者相信，在未来几十年，32 位地址空间对于许多嵌入式和客户端设备来说仍然足够，并将成为降低内存流量和能耗的理想选择。最终可能需要更大的 128 位地址空间，因此 RISC-V 的设计者确保可以在 RISC-V 指令集框架中容纳。

RISC-V 中的 4 个基础 ISA 被视为不同的指令集。一个常见的问题是为什么没有一个指令集，特别是为什么 RV32I 不是 RV64I 的严格子集。例如，一些早期的 ISA 设计（SPARC、MIPS）在增加地址空间大小以支持在新的 64 位硬件上运行现有的 32 位二进制文件时采用了严格的超集策略。

使各个基础 ISA 有严格界限的主要优势是，每个基础 ISA 可以根据其需求进行优化，而无须支持其他基础 ISA 所需的所有操作。例如，RV64I 可以省略那些需要处理 RV32I 中较窄寄存器的指令和 csr（控制和状态寄存器）。又如，RV32I 可以只使用很少一部分 32 位的编码空间，其他的空间保留给可访问更大的地址空间的扩展指令集使用。

不设计成单个 ISA 的主要缺点是，它使在一个基础 ISA 上模拟另一个基础 ISA 所需的硬件复杂化（例如，在 RV64I 上模拟 RV32I）。然而，寻址和非法指令陷阱的差异通常意味着在任何情况下，即使有完整的超集指令编码，也需要在硬件中进行一些模式切换，而且不同的 RISC-V 基础 ISA 足够相似，支持多个版本的成本相对较低。

尽管有些人提出严格的超集设计将允许遗留的 32 位库与 64 位代码链接，但由于软件调用约定和系统调用接口的差异，即使使用兼容的编码，这在实践中也是不切实际的。

RISC-V 特权体系结构在 MISA（机器指令寄存器）中提供字段，以控制每个级别上的非特权 ISA，以支持在相同硬件上模拟不同的基础 ISA。更新后的 SPARC 和 MIPS ISA 版本已经不支持在 64 位系统上运行未更改的 32 位代码。

RISC-V 旨在支持广泛的定制和专业化。每个基本整数 ISA 可以用一个或多个可选的指令集进行扩展，设计者将每个 RISC-V 指令集编码空间以及相关的寄存器地址编码空间（如 csr 寄存器）划分为 3 个互不关联的类别：标准、保留和自定义。

标准编码是由基金会定义的，不应与相应基础 ISA 的其他标准扩展冲突。保留编码目前没有定义，但会为将来的标准扩展保存。使用术语"非标准"来描述没有由基金会定义的扩展。自定义编码永远不会用于标准扩展，但可用于供应商特定的非标准扩展。使用术语"不相容"来描述使用标准或保留编码的非标准扩展（例如，自定义扩展是不相容的）。指令集扩展通常是共享的，但根据基本 ISA 的不同，可能提供略有不同的功能。

为了支持更通用的软件开发，定义了一组标准扩展，以提供整数乘/除、原子操作以及单精度和双精度浮点运算。基本整数 ISA 命名为"I"（前缀为 RV32 或 RV64，这取决于整数寄存器的宽度），包含整数计算指令、整数加载、整数存储和控制流指令。标准的整数乘法和除法扩展命名为"M"，并添加指令对保存在整数寄存器中的值进行乘法和除法。标准原子指令扩展（用"A"表示）添加了用于处理器间同步的原子读、修改和写内存的指令。标准的单精度浮点扩展（用"F"表示）添加了浮点寄存器、单精度计算指令以及单精度加载和存储。标准的双精度浮点扩展（用"D"表示）扩展了浮点寄存器，并添加了双精度计算指令、加载和存储。标准的压缩指令扩展（用"C"表示）提供更短的 16 位通用指令形式。

除了基本整数 ISA 和标准 GC 扩展之外，RISC-V 的设计者认为一条新指令很少能给所有应用程序带来显著好处，尽管它可能对某个领域非常有益。低功耗的处理器提出了更高的专业要求，导致简化 ISA 规范也变得很重要。其他架构通常将 ISA 视为一个单独的实体，随着时间的推移，指令的添加会改变为一个新版本。RISC-V 将努力保持基础和每个标准扩展不变，而不是将新的指令作为进一步的可选扩展。例如，基本整数 ISA 将继续作为完全支持的独立 ISA，而不管以后如何扩展。

8.2.4 内　　存

RISC-V 的一个 Hart 具有一个 2^{XLEN}（其中 XLEN 指整数寄存器的位数）字节的单字节寻址地址空间，用于所有内存访问。一个字的存储空间被定义为 32 位(4 字节)。相应的，半字是 16 位(2 字节)，双字是 64 位(8 字节)，四字是 128 位(16 字节)。内存地址空间是圆形的，因此地址 $2^{XLEN}-1$ 的字节与地址 0 的字节相邻。因此，由硬件完成的内存地址计算忽略溢出，而代之以模 2^{XLEN}。

执行环境决定硬件资源到 Hart 地址空间的映射。Hart 地址空间的不同地址范围可能：
①是空的。
②包含主存储器。
③包含一个或多个 I/O 设备。

I/O 设备的读/写可能会有明显的副作用，但对主内存的访问则不会。尽管执行环境可能将 Hart 地址空间中的所有内容都称为 I/O 设备，但通常期望将某些部分指定为主内存。

当一个 RISC-V 平台有多个 Hart 时，任意两个 Hart 的地址空间可能完全相同，也可能完全不同，也可能部分不同但共享一些资源子集，映射到相同或不同的地址范围。

对于纯粹的"裸金属"环境，所有 Hart 可能看到完全由物理地址访问的相同地址空间。然而，当执行环境包含使用地址转换的操作系统时，通常给每个 Hart 分配一个很大或完全属于它自己的虚拟地址空间。

执行每条 RISC-V 机器指令需要一次或多次内存访问，再细分为隐式访问和显式访问。对于执行的每一条指令，都会执行一个隐式内存读取(指令获取)，以获取要执行的编码指令。许多 RISC-V 指令在获取指令之后不再执行内存访问。特定的加载和存储指令在指令确定的地址上执行显式的内存的读或写操作。执行环境表明指令运行也会执行其他隐式内存访问(例如实现地址转换)，超出为非特权 ISA 记录的访问。

执行环境决定每种内存访问都可以访问非空地址空间的哪些部分。例如，可以隐式读取用于指令获取的位置集可能与可以显式读取的位置集有重叠，也可能没有重叠；可被存储指令显式写入的位置集可能只是可读位置的子集。通常，如果一条指令试图访问不可访问地址的内存，则会为该指令引发异常。地址空间中的空闲位置永远无法访问。

除非另行指定，否则不会引发异常且没有副作用的隐式读取可能会提前发生，甚至早于 CPU 需要读取之前。例如，一个有效的读取可以尝试在最早的时间读取所有的主存，缓存尽可能多地获取可执行字节，即尽可能多地预取指令，并避免再次为指令获取而读取主存。为了确保某些隐式读是在写入相同的内存位置之后才进行的，软件必须执行为此目的定义的特定 FENCE 或缓存控制指令(如 FENCE.I 指令)。

内存访问(隐式的或显式的)可能会以不同的顺序出现，因为另一个 Hart 或任何其他代理可以访问相同的内存。然而，这种感知到的内存访问的重新排序总是受到内存一致性模型的限制。RISC-V 的默认内存一致性模型是 RISC-V 弱内存排序(RVWMO)。也可以采用更强的全存储排序模型。执行环境还可以添加约束，进一步限制内存访问的重新排序。由于 RVWMO 模型是任何 RISC-V 实现所允许的最弱的模型，因此为该模型编写的软件与所有 RISC-V 实现的实际内存一致性规则兼容。与隐式读取一样，软件必须执行 FENCE 或缓存控制指令,以避免特定的内存访问顺序超出假定的内存一致性模型和执行环境的要求。

8.2.5 基本指令长度编码

基础 RISC-V ISA 固定长度的 32 位指令,必须在 32 位边界上自然对齐。标准 RISC-V 编码方案则可支持具有可变长度指令的 ISA 扩展,其中每条指令的长度可以是任意数量的 16 位指令包,并且这些包在 16 位边界上自然对齐。标准压缩 ISA 扩展指令集通过提供压缩的 16 位指令来减少代码大小,并放松对齐约束,允许所有指令(16 位和 32 位)在任何 16 位边界上对齐,以提高代码密度。

使用术语 IALIGN(以位为单位)来表示某个具体 CPU 实现时的指令地址对齐约束。在基础指令集中 IALIGN 是 32 位的,但是一些 ISA 扩展指令集,包括压缩 ISA 扩展指令集,将 IALIGN 放宽到 16 位。IALIGN 只能取 16 或 32。

使用术语 ILEN(以位为单位)来表示某个具体 CPU 实现支持的最大指令长度,它总是 IALIGN 的倍数。对于只支持基本指令集的 CPU 实现,ILEN 是 32 位。支持较长指令的 CPU 实现具有较大的 ILEN 值。

图 8-2 所示为标准 RISC-V 指令长度编码约定。在本书写作时只有 16 位和 32 位长度编码是被冻结状态。基础指令集中所有的 32 位指令的最低的两位设置为 11。压缩 16 位指令集扩展指令的最低两位设置为 00、01 或 10。

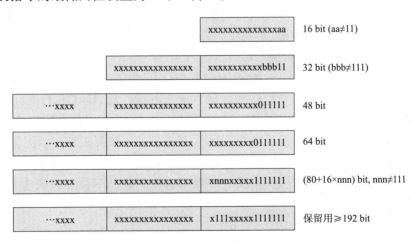

图 8-2 RISC-V 指令集长度编码

8.2.6 扩展指令长度编码

32 位指令编码空间的一部分已尝试性地分配给大于 32 位的指令。此时整个空间都被保留,指令长度超过 32 位的建议编码是未冻结的。

编码超过 32 位的标准指令集扩展指令将多个低位设置为 1,参图 8-2 中 48 位和 64 位长度的约定。在 80~176 位之间的指令使用一个 3 位字段进行编码[14∶12],给出了除前 5×16 bit 字之外的 16 位字的数量。将位[14∶12]设置为 111 的编码为将来更长的指令编码保留。

所有位［15∶0］为零的编码定义为非法指令。如果使用的指令集中存在任何16位扩展指令，则指令的最小长度被认为是16位，否则为32位。所有位的编码［ILEN-1∶0］被设置为1也是非法的。

基础 RISC-V 的指令集支持小端或大端存储系统，其特权体系结构进一步定义了双端操作。指令以16位小端序列的形式存储在内存中，而不管内存系统的字节顺序如何。组成一条指令的序列被存储在递增的半字地址中，最低地址的位置对应 RISC-V 规范中列出的各条指令低位。

8.2.7 异常、陷阱和中断

异常指当前 RISC-V Hart 中的一条指令在运行时发生的异常情况。中断用来指一个外部的异步事件，它可能导致 RISC-V Hart 经历一个意外的控制转移。陷阱指由异常或中断引起的控制转移到陷阱处理程序。

大多数 RISC-V EEI 的一般行为是，当指令发出异常信号时，会发生针对某个处理器的陷阱（浮点异常除外，在标准浮点扩展中，浮点异常不会引发陷阱）。至于中断如何生成，如何路由到 Hart，并由 Hart 使能的方式，依赖于具体的执行环境接口（EEI）。

陷阱如何处理，以及如何使 Hart 上运行的软件可见，取决于外围的执行环境。从在执行环境中运行的软件的角度来看，Hart 在运行时遇到的陷阱有4种不同的效果：

①包含陷阱：该陷阱对在执行环境中运行的软件可见，并由软件处理。例如，在 Hart 上同时提供监督者和用户模式的 EEI 中，用户模式 Hart 的 ECALL 通常会导致将控制转移到运行在同一 Hart 上的监督者模式处理程序。类似地，在相同的环境中，当 Hart 被中断时，中断处理程序将在 Hart 上以监督者模式运行。

②请求陷阱：该陷阱是一个同步异常，它是对执行环境的显式调用，请求执行环境中代表软件的操作。在这种情况下，在执行环境执行请求的操作后，Hart 上的执行可能会也可能不会恢复。例如，一个系统调用可以删除 Hart 或导致整个执行环境有序终止。

③不可见陷阱：该陷阱由执行环境透明处理，处理后执行恢复正常。示例包括模拟丢失的指令、在请求分页的虚拟内存系统中处理非驻留页错误，或者在多程序计算机中为不同的作业处理设备中断。在这些情况下，在执行环境中运行的软件不会意识到这个陷阱（忽略时间影响）。

④致命陷阱：表示致命的失败，导致执行环境终止执行。例如，虚拟内存页面保护检查失败或允许看门狗计时器过期。每个 EEI 都应该定义如何终止执行并向外部环境报告。

陷阱的特点见表 8-1。

表 8-1 陷阱的特点

—	包含陷阱	请求陷阱	不可见陷阱	致命陷阱
异常是否终止	N	N[1]	N	Y
软件是否不观测	N	N	Y	Y[2]
运行环境是否处理	N	Y	y	Y

注：1—可能会被要求终止；2—不精确的致命陷阱可能被软件观察到。

EEI 定义每个陷阱是否被精确处理，建议尽可能保持准确性。执行环境中的软件可以观察到不精确的包含和请求陷阱。根据定义，在执行环境中运行的软件无法观察隐形陷阱是精确的还是不精确的。如果已知的错误指令没有导致立即终止，在执行环境中运行的软件可以观察到不精确的致命陷阱。

非特权指令的手册中很少提到陷阱。在特权架构手册中定义了处理包含陷阱的架构方法，以及支持更丰富的 EEI 的其他特性。引起请求陷阱的一般为非特权指令。不可见陷阱，就其本质而言，属于特权指令。本书力求对非特权指令集中的基础整数指令进行完整的介绍，特权指令集部分将在 8.4 节中简单介绍。

8.2.8 未在指令集中明确的部分

指令集完整地描述了实现一个 CPU 的指令集必须做什么以及它们可能做什么的所有约束。在指令集有意不约束实现的情况下，显式地使用术语未指定。术语未指定是有意不受约束的行为或值，这些行为或值的定义对扩展、平台标准或 CPU 具体实现是开放的。扩展、平台标准或 CPU 具体实现文档可能提供规范内容，以进一步约束基础指令集定义为未指定的情况。

8.3 非特权指令之 RSIC 整数指令集

8.3.1 RV32I 基础整数指令集

RV32I 的设计足以形成编译器目标并支持现代操作系统环境。ISA 的设计旨在以最小的实现减少所需的硬件。RV32I 包含 40 条唯一的指令，如果用一条系统硬件构成的陷阱指令覆盖 ECALL/EBREAK 指令，并且将 FENCE 指令作为 NOP 实现，指令条数可以进一步降低为 38 条。

RV32I 几乎可以模拟任何其他 ISA 扩展（A 扩展除外，它需要额外的硬件支持以实现原子性）。在实践中，实现一个带有机器模式的特权体系结构的硬件实现还需要 6 条 CSR 指令。基础的整数指令集忽略了对非对齐内存指令的支持，也不能将系统指令处理为单个陷阱指令。因而，实现一个仅包含整数指令集的处理器意义并不大，它更适合教学目的。

8.3.2 整数基础指令集编程模型

图 8-3 所示为基本整数指令集寄存器的非特权状态。对于 RV32I，32 个通用寄存器的宽度均为 32 位，即 XLEN = 32。寄存器 x0 是硬连线的，所有位初值均等于 0。通用寄存器 x1~x31 保存各种指令。另外，还有一个非特权寄存器：程序计数器（PC）保存当前指令的地址。

基础整数指令集中没有专用的堆栈指针或子程序返回地址链接寄存器；指令在编码时允许任意 x 寄存器被当作堆栈指针寄存器或子程序返回地址链接寄存器。习惯上，使用寄存器 x1 作为程序返回寄存器，如果 x1 被占用可用 x5 代替。约定使用 x2 作为堆栈指针。

硬件上会加速使用 x1 或 x5 的函数调用，具体参见 8.3.6 节的 JAL 和 JALR 指令。压缩 16 位指令在设计时默认 x1 作为地址寄存器，x2 作为堆栈指针。如果在软件中使用其他的寄存器不会出错，但可能会导致目标代码变大。

可用寄存器数量对代码的大小、性能和能耗都有很大的影响。尽管对于整数指令集来说，用 16 个寄存器生成编译代码已经够用，但是使用 3 地址指令格式编码完整的整数指令集仍然是不可能的。使用 2 地址指令可能能够实现，但是会增加指令条数和降低效率。RISC-V 避免中等长度的指令（如 Xtensa 的 24 位指令）以简化基本硬件实现，一旦采用了 32 位指令大小，就可以直接支持 32 个整数寄存器。大量的整数寄存器还有助于高性能代码的性能，在这些代码中可以广泛使用循环展开、软件管道和缓存机制。基于这些目的，基本整数指令集选择了 32 个整数寄存器。动态使用时，倾向于由几个频繁访问的寄存器主导，以优化寄存器堆的硬件实现，减少频繁访问寄存器的能耗。可选的压缩 16 位指令格式大多只访问 8 个寄存器，因此可以提供密集的指令编码，而附加的扩展指令集可以支持更大的寄存器空间。对于资源受限的嵌入式应用程序，RISC-V 定义了 RV32E 子集，只有 16 个寄存器。

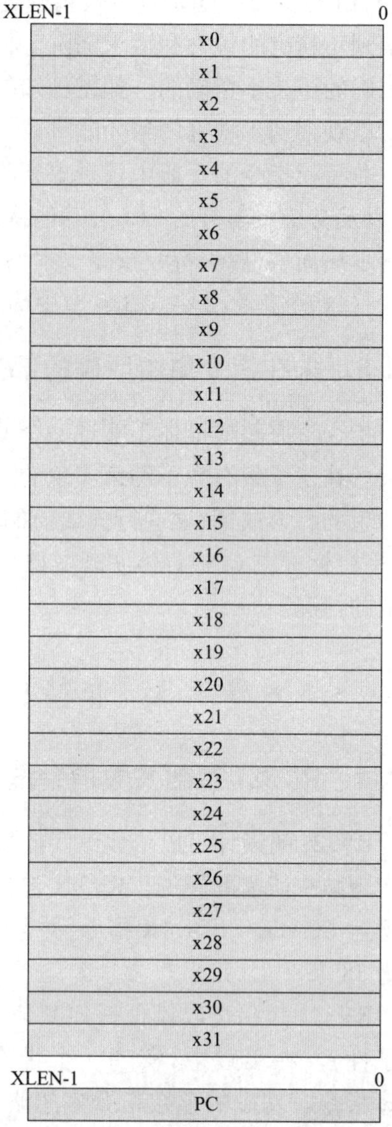

8.3.3 整数指令集格式

在基本 RV32I 指令集中，有 4 种核心指令格式（R/I/S/U），如图 8-4 所示。所有字符的长度都是固定的 32 位，必须在内存边界上四字节对齐。如果目标地址不是四字节对齐的，则在执行的分支或无条件跳转上生成指令地址未对齐异常。此异常在分支或跳转指令时产生，而不是在目标指令运行时产生。对于未执行的条件分支，不会生成指令地址未对齐异常。

图 8-3 基本整数指令集寄存器的非特权状态

当添加 16 位长度的指令扩展或其他 16 位长度的奇数倍时（即 IALIGN = 16），基本 ISA 指令的对齐约束将放松为双字节边界。分支和跳转指令导致不对齐时，会产生指令地址不对称异常以辅助调试，并简化具有 IALIGN = 32 的系统的硬件设计，在 IALIGN = 32 的系统中，只有在这些地方才可能发生不对齐。

解码保留指令时的行为并未做特殊要求。这是因为一些平台要求保留操作码产生一个非法指令异常；而另一些平台则允许操作码空间可以用作非相容的异常。

RISC-V 中所有指令的格式将源（rs1 和 rs2）和目标（rd）寄存器保持在同一位置，以简化解码。除了 CSR 指令中使用的 5 位立即数外,立即数始终是符号扩展的,通常压缩到指令中最左边的可用位,并提前分配以降低硬件的复杂性。特别的,所有指令的符号位始终位于指令的第 31 位,用于加速符号扩展电路。

在硬件实现中,译码寄存器说明符通常是非常关键的一步。因此设计指令格式时,会在所有格式中保持寄存器说明符在同一位置,这是以指令格式中立即数的位置是可移动的为代价的。

在实践中,大多数立即数要么小于,要么需要所有 XLEN 位。RISC-V 选择了一个非对称的立即数分割形式,(常规指令的 12 位加上一个特殊的 20 位 load-upper 立即数指令)来增加常规指令可用的操作码空间。立即数是符号扩展的,因为并未发现使用零扩展的优点(如在 MIPS 指令集),并希望保持指令集尽可能简单。

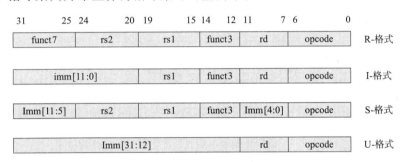

图 8-4 RSIC-V 基础指令格式

注:每个立即数用生成的立即数中的位置表示,并未使用通常的在整条指令
中立即数所占据的位数表示;opcode 字段表示操作码编码

8.3.4 立即数编码扩展

立即数指令的编码如图 8-5 所示,根据对立即数的不同处理,还有两种其他的扩展指令格式,即 B 和 J 类型。

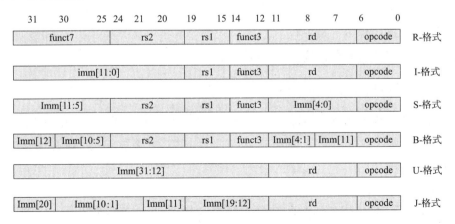

图 8-5 RSIC-V 立即数指令的编码

S 格式和 B 格式之间的唯一区别是,在 B 格式中,12 位立即数字段用于编码 2 的倍数的分支偏移量。与传统的将指令编码中的所有位在硬件中立即左移一位不同,中间位(imm

[10∶1])和符号位保持在固定的位置,而 S 格式的最低位(指令位的第 7 位 inst[7])在 B 格式中编码成一个高阶位。

类似地,U 格式和 J 格式之间的唯一区别是 20 位的立即数是被左移 12 位形成 U 立即数,还是左移 1 位形成 J 立即数。U 和 J 格式中指令立即数的位置,最大限度地与其他格式以及彼此重叠。

图 8-6 所示为符号扩展后,每一种基础指令格式中立即数的数值分布情况,立即数使用指令位(Inst[y]表示指令的第 y 位)的形式表示立即数值的每一位。

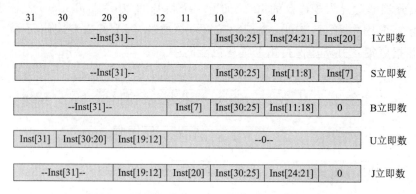

图 8-6　RISC-V 指令中的立即数的数值分布情况

注:立即数的位置均使用指令位表示;符号位总是使用 Inst[31];
--X--表示使用 X 位进行扩展。

符号扩展是对立即数指令(尤其是 XLEN>32)最关键的操作之一,在 RISC-V 中,所有立即数指令的符号位总是保持在指令的 31 位,以允许符号扩展与指令解码并行进行。尽管更复杂的硬件实现可能对分支和跳转计算有单独的加法器,因此在不同类型的指令中保持立即数各位的位置不变不会有太多益处。但使用 RISC-V 的目的是降低硬件实现的成本:通过变换 B 和 J 的指令编码中的位,而不使用动态硬件多路选择器将立即数乘以 2,RISC-V 将指令信号展开和立即数多路选择的成本减少了大约 2 倍。乱序立即数编码将为静态或提前编译增加可忽略的时间。对于指令的动态生成,会有一些额外的开销,但却能使最常见的短距离前向分支指令能够有直接的立即数编码。

8.3.5　整数运算类指令

大多数整数计算指令对整数寄存器中所保存数据的所有 XLEN 位进行操作。整数计算指令要么被编码为 I 型格式类型,即寄存器-立即数类型,要么被编码为使用 R 型格式的寄存器-寄存器类型。

1. 寄存器-立即数类型指令

对于寄存器-立即数指令和寄存器-寄存器类型指令,目的操作数都是 rd。整数计算指令不会导致算术异常。

RISC-V 没有在基本指令集中包含对整数算术运算的溢出检查的特殊指令集支持,因为许多溢出检查可以使用 RISC-V 分支更低成本地实现。无符号加法的溢出检查只需要在加法之后添加一个额外的分支指令:

Add t0,t1,t2;
Bltu t0,t1,overflow.

对于有符号加法,如果一个操作数的符号已知,则溢出检查只需要在加法后进行一个分支:

Add t0,t1, +imm;
Blt t0,t1,overflow.

这适用于带有立即操作数加法一般情况。

对于一般的有符号加法,在加法之后需要 3 个额外的指令,当且仅当另一个操作数为负时,总和应该小于其中一个操作数:

Add t0,t1 ,t2
Slti t3,t2,0
Slt t4,t0,t1
Bne t3,t4,overflow

在 RV64I 中,通过比较 ADD 和 ADDW 操作数的结果,可以进一步优化 32 位带符号加法的检查。

如图 8-7 所示,寄存器-立即数算术逻辑指令包括 ADD、SLTI(U)、ADDI、ORI 或者 XORI。ADDI 把符号扩展的 12 位立即与寄存器 rs1 中的值相加。算术溢出被忽略,结果存放在低 XLEN 位。ADDI rd,rs1,0 用于实现 MV rd,rs1 汇编伪指令。

31	20	19	15	14	12	11	7	6	0
Imm[11:0]		rs1		funct3		rd		opcode	
12		5		3		5		7	
I立即数[11:0]		源		ADD/SLTI[U]		目的		OP-IMM	
I立即数[11:0]		源		ANDI/ORI/XORI		目的		OP-IMM	

图 8-7 整数寄存器-立即数算术逻辑指令

当两个数都是有符号数时,如果 rs1 小于符号扩展的立即数,SLTI(设置小于立即数)为寄存器 rd 赋值 1,否则 rd 都被设置为 0。SLTIU 与之相似,只是与无符号数进行比较(即,立即数先符号扩展为 XLEN 位,然后按照无符号数对待)。

> **注意:**
> SLTIU rd,rs1,1 如果 rs1 等于 0 则把 rd 置为 1,否则就把 rd 置为 0(汇编伪指令 SEQZ rd,rs)。

ANDI、ORI、XORI 对 rs1 和符号扩展 12 位立即数执行按位与、或和异或逻辑操作,并把结果存放在 rd。

> **注意:**
> XORI rd,rs, -1 对 rs1 按位执行逻辑取反(汇编伪指令 NOT rd,rs)。

如图 8-8 所示,寄存器-立即数移位指令包括 SLLI、SRLI、SRAI。常数的移位操作被编码为 I 格式指令的一个特例。操作数在 rs1 中移位,移位的位数在立即数的低 5 位存放。右移类型用第 30 位表示。SLLI 是逻辑左移(低位补 0);SRLI 是逻辑右移(高位补 0);SRAI 是算术右移(初始符号位补足腾出的位)。

31 25	24 20	19 15	14 12	11 7	6 0
Imm[11:0]	Imm[4:0]	rs1	funct3	rd	opcode
7	5	5	3	5	7
0000000	被移位部分[4:0]	源	SLLI	目的	OP-IMM
0000000	被移位部分[4:0]	源	SRLI	目的	OP-IMM
0100000	被移位部分[4:0]	源	SRAI	目的	OP-IMM

图 8-8　整数寄存器-立即数移位指令

如图 8-9 所示,寄存器-立即数加载类指令包括 LUI 和 AUIPC 指令。LUI(加载高位立即数)使用 U 格式指令生成 32 位常数。该指令把 U 立即数放在目的寄存器 rd 的高 20 位,在低 12 位补 0。

31 12	11 7	6 0
Imm[31:12]	rd	opcode
20	5	7
U-立即数	目的寄存器	LUI
U-立即数	目的寄存器	AUIPC

图 8-9　寄存器-立即数加载类指令

AUIPC(加载高位立即数到 PC)使用 U 格式指令生成了一个基于 PC 值相对寻址地址。该指令用 U 格式指令中的 20 位立即数形成了一个 32 位的偏移量,在低 12 位补 0,然后把这个偏移量与 AUIPC 指令的地址相加,把结果放在 rd 中。

AUIPC 指令支持两条指令序列来访问 PC 的任意偏移量,用于控制流传输和数据访问。在 JALR 指令中,AUIPC 和 12 位立即数的组合可以控制转移到任何 32 位 PC 相对地址,而 AUIPC 加上常规加载或存储指令中的 12 位立即数偏移量可以访问任何 32 位 PC 相对的数据地址。

可以通过将 U-立即数设置为 0 来获取当前 PC 中的值。虽然 JAL +4 指令也可以用于获取当前 PC 的值（JAL 指令后面的指令地址）,但它可能导致较简单微体系结构中的管道中断,或污染较复杂微体系结构中的 BTB 结构。

2. 整数寄存器-寄存器指令

如图 8-10 所示,RV32I 定义了几个算术 R 类型运算。所有操作都是读取 rs1 和 rs2 寄存器作为源操作数,并将结果写入寄存器 rd。funct7 和 funct3 字段用于指定操作类型。

31 25	24 20	19 15	14 12	11 7	6 0
funct7	rs2	rs1	funct3	rd	opcode
7	5	5	3	5	7
0000000	源2	源1	ADD/SLT/SLTU	目的	OP
0000000	源2	源1	AND/OR/XOR	目的	OP
0000000	源2	源1	SLL/SRL	目的	OP
0100000	源2	源1	SUB/SRA	目的	OP

图 8-10　R 型的算术类型指令编码

ADD 执行 rs1 与 rs2 的加法，SUB 执行 rs2 减去 rs1。忽略溢出，结果的低 XLEN 位写入目的寄存器 rd。SLT 和 SLTU 执行有符号的和无符号的比较操作，如果 rs1 < rs2，把 1 写入 rd，否则把 0 写入 rd。

> **注意：**
> 如果 rs2 不等于 0，SLTU rd,x0,rs2 把 rd 置为 1，否则置为 0（汇编伪指令 SNEZ rd, rs）。AND、OR 和 XOR 执行按位逻辑操作。

SLL、SRL 和 SRA 执行逻辑左移、逻辑右移和算术右移运算，也就是将 rs1 中的值移位，移位数量由 rs2 中保存值的低 5 位确定。

3. NOP 指令

NOP 指令除了提升 PC 寄存器和增加任何适用的性能计数器，不会改变任何架构上可见的状态。如图 8-11 所示，NOP 编码为 ADDI x0,x0,0。

31	20 19	15 14	12 11	7 6	0
Imm[11:0]		rs1	funct3	rd	opcode
12		5	3	5	7
0		0	ADDI	0	OP-IMM

图 8-11 整数指令中的 NOP 指令

NOP 可用于将代码段与微体系结构上重要的地址边界对齐，或者为内联代码修改留下空间。尽管有许多可能的方法来编码 NOP，但 RISC-V 的制定者还是定义了规范的 NOP 编码以允许微架构优化以及更可读的反汇编输出。其他 NOP 编码可用于隐指令。

选择 ADDI 作为 NOP 编码，是因为这可以使用最少的资源来执行（如果在解码中没有优化掉 NOP 指令），特别是该指令只读取一个寄存器。此外，ADDI 功能单元更有可能在超标量设计中使用，因为加法是最常见的操作。而且，地址生成功能单元可以使用与基址 + 偏移地址所需的相同硬件执行 ADDI，而寄存器-寄存器 ADD 或逻辑/移位操作需要额外的硬件。

8.3.6 控制转移指令

RV32I 提供了两种类型的控制转移指令：无条件跳转和条件转移。RV32I 中的控制传输指令在架构上没有可见的延迟槽。

1. 无条件跳转

跳转和链接（JAL）指令使用 J 类型格式，其中 J 立即数以 2 字节的倍数编码为有符号偏移量。将偏移量进行符号扩展并与跳转指令的地址相加，以形成跳转目标地址，因此跳转可以覆盖 ±1MB 的地址范围。JAL 将紧跟跳转指令后的地址（也就是 PC + 4）存储到寄存器 rd 中。标准的软件调用约定使用 x1 作为返回地址寄存器，x5 作为备用链接寄存器。

备用链接寄存器支持调用毫微指令子程序（例如，那些在压缩代码中保存和恢复寄存器的子程序），同时保留常规的返回地址寄存器。选择寄存器 x5 作为备用链接寄存器，因为它映射到标准调用约定中的临时寄存器，并且其编码与常规链接寄存器仅相差一位。

如图 8-12 所示，普通无条件跳转（汇编伪指令 J）被编码为 rd = x0 的 JAL 指令。

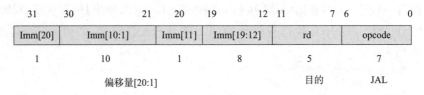

图 8-12 无条件跳转指令编码为 JAL 指令

如图 8-13 所示，间接跳转指令 JALR（跳转和链接寄存器）使用 I 类型编码。目标地址是通过将符号扩展的 12 位 I 立即数加到寄存器 rs1 上，然后将结果的最低有效位设为 0 来获得的。跳转指令后的地址（PC+4）被写入寄存器 rd。如果不需要结果，寄存器 x0 可以用作目的地。

31　　　　　　　　　20	19　　15	14　　12	11　　7	6　　0
Imm[11:0]	rs1	funct3	rd	opcode
12	5	3	5	7
偏移量[11:0]	基地址寄存器	0	目的	JALR

图 8-13 跳转和链接指令（JALR）

无条件跳转指令都使用 PC 相对寻址来帮助支持位置无关代码。JALR 指令定义为允许两条指令序列在 32 位绝对地址范围内跳转。LUI 指令可以将目标地址的高 20 位加载到 rs1，然后 JALR 可以将低位加上。类似地，先执行 AUIPC，然后再执行 JALR，可以跳转到 32 位 PC 相对寻址范围内的任何地方。

> **注意：**
> JALR 指令不像条件分支指令那样，将 12 位的立即数处理为 2 字节的倍数。这可以在硬件上少实现一种立即数。在实践中，大多数使用 JALR 指令时，要么使立即数为零，要么是与 LUI 或 AUIPC 配合使用，因此略微缩小的范围并不重要。

在计算 JALR 目标地址时清除最低有效位，既略微简化了硬件，又允许使用函数指针的低位来存储辅助信息。虽然在这种情况下可能会有轻微的错误检查损失，但在实践中跳到错误的指令地址通常会迅速引发异常。

当使用基地址 rs1 = x0 时，JALR 可以用来实现从地址空间的任何地方对最低 2kb 或最高 2KB 地址区域的单个指令子例程进行调用，这可以用来实现对小型实时运行库的快速调用。或者，ABI 可以用一个通用寄存器来指向地址空间中其他地方的库。

如果目标地址没有对齐到四字节边界，JAL 和 JALR 指令将生成一个指令地址未对齐异常。在支持带有 16 位对齐指令的扩展的机器上，例如压缩指令集扩展 C，不可能出现指令地址对齐错误。

返回地址预测栈是高性能指令取指单元的一个常见特性，但需要准确检测用于过程调用和返回的指令。对于 RISC-V，指令使用的提示是通过使用的寄存器号隐式编码的。只有当 rd = x1/x5 时，JAL 指令才应该将返回地址压入返回地址堆栈（RAS）。JALR 指令则应该能够实现压入/弹出 RAS，见表 8-2。

表 8-2 指令中使用的寄存器说明符中编码返回地址堆栈预测提示

rd	rs1	rs1 = rd	RAS action
! link	! link	—	none
! link	link	—	pop
link	! link	—	push
link	link	0	pop, then push
link	link	1	push

其他一些指令集在它们的间接跳转指令中添加了显式提示位,以指导返回地址堆栈操作。RISC-V 使用绑定寄存器号码的隐式提示和调用约定来减少这些提示使用的编码空间。

在上面的例子中,当寄存器是 x1 或 x5 时 link 为真。当两个不同的链接寄存器(x1 和 x5)被指定为 rs1 和 rd 时,RAS 都被弹出并压入以支持协同程序。如果 rs1 和 rd 是相同的链接寄存器(x1 或 x5),RAS 只被压入以使能如下操作序列的宏操作融合:

lui ra,imm20;

Jalr ra,im12(ra)

和

auipc ra,im20;

jalr ra,imm12(ra)

2. 条件分支

如图 8-14 所示,有条件分支指令包括 BNE、BEQ、BLT(U)、BGE(U)。所有分支指令均采用 B 型指令格式。12 位 B 立即数以 2 字节的倍数编码有符号偏移量。偏移量进行符号扩展,并添加到分支指令的地址中,以给出目标地址。条件转移范围为 ±4kb。

31	30　　　　25	24　　　20	19　　　15	14　　　12	11　　　8	7	6　　　0
Imm[12]	Imm[10:5]	rs2	rs1	funct3	Imm[4:1]	Imm[11]	opcode
1	6	5	5	3	4	1	7
偏移量[12|10:5]		源2	源1	BNE/BEQ	偏移量[11|4:1]		BRANCH
偏移量[12|10:5]		源2	源1	BLT[U]	偏移量[11|4:1]		BRANCH
偏移量[12|10:5]		源2	源1	BGE[U]	偏移量[11|4:1]		BRANCH

图 8-14 有条件分支指令编码

转移指令比较两个寄存器。如果寄存器 rs1 和 rs2 分别相等或不相等,则 BEQ 和 BNE 分别跳转。BLT 和 BLTU 在 rs1 小于 rs2 时进行跳转,分别使用有符号和无符号比较。如果 rs1 大于或等于 rs2,BGE 和 BGEU 将跳转,分别使用有符号和无符号比较。

> **注意**:
> BGT、BGTU、BLE 和 BLEU 可以通过将操作数反转,转化为 BLT、BLTU、BGE 和 BGEU。有符号数组的边界可以用一个 BLTU 指令来检查,可能会导致负索引都比非负索引大。

应该对软件进行优化,使顺序的代码路径成为最常见的路径,而不经常使用的代码路径则被放在一行之外。软件还应该假设,至少在第一次遇到后向分支时,将预测它们被采用,而前向分支则不被采用。动态预测器应该能够快速了解任何可预测的分支行为。

与其他一些体系结构不同,RISC-V 跳转(带有 rd = x0 的 JAL)指令应该总是用于无条件分支,而不是条件总是为真的条件分支指令。RISC-V 跳转也是相对于 PC 的,支持比分支更宽的偏移范围,并且不会污染条件分支预测表。

条件分支的设计应包括两个寄存器之间的算术比较操作(如 PA-RISC、Xtensa 和 MIPS R6),而不是使用条件代码(x86、ARM、SPARC、PowerPC),或只比较寄存器与零(Alpha、MIPS),或只比较两个寄存器是否相等(MIPS)。这种设计的动机是观察到,一个合并的比较和分支指令适合于常规的管道,避免了附加的条件代码状态或使用临时寄存器,并减少了静态代码大小和动态指令获取次数。另一点是,与零的比较需要非常重要的电路延迟(特别是在转变为静态逻辑之后),因此几乎与算术比较一样复杂。融合比较-分支指令的另一个优点是,在前端指令流中可以更早地观察分支,因此可以更早地预测分支。在可以基于相同的条件代码进行多个分支的情况下,使用条件代码的设计可能具有优势,但这种情况相对较少。

RISC-V 考虑了但没有在指令编码中包含静态分支提示。这可以减少动态预测器的压力,但需要更多的指令编码空间和软件分析才能获得最佳结果。如果生产运行与分析运行不匹配,则可能导致性能低下。

RISC-V 还考虑了没有设计条件移动或预测指令的情况,它们可以有效地替代不可预测的短距离前向分支。条件移动是两种操作中比较简单的一种,但是很难与异常(内存访问和浮点操作)产生的条件代码配合使用。预测指令则会要求向系统添加额外的标志状态、用于设置和清除这些标志的额外指令,从而会额外占用指令编码空间。

条件移动指令和预测指令都增加了无序微体系结构的复杂性,因为如果预测为假,需要将目标体系结构寄存器的原始值复制到重命名的目标物理寄存器中,因此添加了隐式的第三源操作数。另外,使用预测而不是分支的静态编译时间决策可能导致编译器训练集中未包含的输入的性能较低,特别是考虑到不可预测的分支很少,并且随着分支预测技术的改进而变得更少。

当然,存在各种各样的微体系结构技术,可以动态地将不可预知的短距离前向分支转换为内部预测代码,以避免在错误预测的分支上刷新管道的成本,并已在商业处理器中实现。最简单的技术只是通过只冲刷分支阴影中的指令而不是整个取指管道,或者通过使用宽指令提取槽或空闲指令提取槽从两边提取指令,减少从错误预测的短距离前向分支中恢复的代价。对于无序核心,更复杂的技术是在分支阴影中的指令上添加内部谓词。内部谓词值由分支指令编写,从而允许对其他代码无序地执行分支和后续指令。

8.3.7 加载和存储指令

RV32I 是一个负载存储架构,其中只有加载和存储指令访问内存,算术指令只在 CPU 寄存器上操作。RV32I 提供了一个字节寻址的 32 位地址空间。EEI 将定义地址空间的哪些部分是合法的,可以使用哪些指令访问(例如,一些地址可能是只读的,或只支持字访问)。目的地址为 x0 的加载仍然会引发异常并导致可能的其他副作用,即使不将加载值送入 x0 寄存器。

EEI 将定义内存系统是小端还是大端。在 RISC-V 中,字节地址不随大端还是小端存储而变化。

在一个以字节地址为单位的存储系统中,以下属性保持不变:如果一个字节以某种顺序存储到内存中,那么从该地址以任何顺序进行字节大小的加载将返回存储的值。

在小端配置中,多字节存储将最不重要的寄存器字节写在内存的最低字节地址中,然后是其他寄存器字节,按照其重要性的升序排列。类似地,加载指令将内存中较小字节地址的内容传输到重要性较小的寄存器字节。

在大端配置中,多字节存储将寄存器中最重要的字节写在内存中最低的字节地址上,然后按照其重要性降序排列其他寄存器字节。类似地,加载指令将内存中较大字节地址的内容转移到重要性较小的寄存器字节。

如图 8-15 所示,加载和存储指令在寄存器和内存之间传输值。加载指令以 I 型格式编码,存储指令为 S 型。有效地址通过将寄存器 rs1 与符号扩展 12 位立即数偏移量相加来获得。加载指令将值从内存复制到寄存器 rd。存储指令将寄存器 rs2 中的值复制到内存。

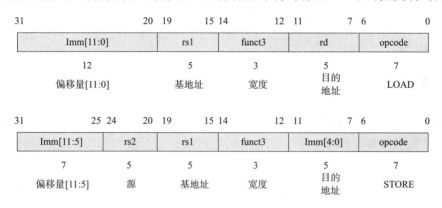

图 8-15 内存加载和存储指令编码格式

LW 指令将 32 位值从内存加载到 rd。LH 从内存加载 16 位值,然后符号扩展到 32 位,再存储到 rd。LHU 从内存加载 16 位值,然后零扩展到 32 位,再存储到 rd。类似地,LB 和 LBU 则加载 8 位值。SW、SH 和 SB 指令将寄存器 rs2 低位的 32 位、16 位和 8 位值存储到内存中。

无论 EEI 如何,有效地址自然对齐的加载和存储指令都不会引发地址未对齐异常。有效地址与引用数据类型不自然对齐的加载和存储指令(即对于 32 位访问,在四字节边界上,对于 16 位访问,在两字节边界上)的行为取决于 EEI。

EEI 可以保证完全支持未对齐的加载和存储指令,因此在执行环境中运行的软件永远不会遇到严重的地址未对齐陷阱。如果出现陷阱,可以在硬件中处理未对齐的加载和存储指令,处理的方式要么通过执行环境中的不可见陷阱,要么通过硬件和不可见陷阱的组合(取决于地址)。

EEI 对未对齐的负载和存储指令进行可见的处理。在这种情况下,未自然对齐的加载和存储指令可能会完成执行或引发异常。引发的异常可能是地址未对齐异常或访问错误异常。对于除了未对齐以外的内存访问,如果不能模拟出未对齐访问(例如,若对内存区域的访问有副作用),则可以引发访问异常而不是地址未对齐异常。当 EEI 不能保证不可见地处理未对齐的加载和存储指令时,EEI 必须定义由地址未对齐引起的异常是否会导致包含陷阱(允许在执行环境中运行的软件处理该陷阱)或致命陷阱(终止执行)。

即使未对齐的加载和存储指令成功完成，这些访问也可能运行得非常慢，具体取决于 CPU 实现（例如，通过不可见陷阱实现时）。此外，虽然自然对齐的加载和存储指令保证以原子方式执行，但未对齐的加载和存储指令可能不会，因此需要额外的同步以确保原子性。

8.3.8 内存排序指令

FENCE 指令用于对输入/输出设备访问和内存访问的排序，如其他的 RISCV Hart 和外围设备或协处理器所观察到的。该指令的编码如图 8-16 所示，可以针对设备输入（I）、设备输出（O）、存储器读取（R）和存储器写入（W）的任何组合对其进行排序。非正式地，任何其他 RISC-V Hart 或外围设备都不能在 FENCE 指令前的一组操作观察 FENCE 指令后续的任何操作。

31 28	27	26	25	24	23	22	21	20	19　15	14　12	11　7	6　0
fm	PI	PO	PR	PW	SI	SO	SR	SW	rs1	funct3	Imm[4:0]	opcode
4	1	1	1	1	1	1	1	1	5	3	5	7
FM	predecessor				successor				0	FENCE	0	MISC-MEM

图 8-16　FENCE 指令的编码

EEI 将定义哪些 I/O 操作是可能的，特别是当加载和存储指令访问时，哪些内存地址将分别作为设备输入和设备输出操作处理和排序，而不是内存读取和写入。例如，内存映射的 I/O 设备通常使用未缓存的加载和存储进行访问，这些加载和存储使用 I 和 O 位而不是 R 和 W 位进行排序。指令集扩展还可能描述新的 I/O 指令，这些指令也将使用围栏中的 I 和 O 位进行排序。

EEI 将定义哪些 I/O 操作是可能的，特别是加载和存储指令访问的内存地址将分别作为设备输入和设备输出操作处理和排序，而不是内存读取和写入。例如，内存映射的 I/O 设备通常使用未缓存的加载和存储指令进行访问，这些加载和存储指令使用 I 和 O 位而不是 R 和 W 位进行排序。扩展指令集还可能描述新的 I/O 指令，这些指令也将使用 FENCE 指令中的 I 和 O 位进行排序。

FENCE 的 FM 区域定义了 FENCE 指令的具体含义。fm = 0000 的 FENCE 将其前置字段（predecessor）中的所有内存操作排在后置字段（successor）中的所有内存操作之前。

可选的 FENCE.TSO 指令被编码为 fm = 1000、predecessor = RW、successor = RW 的 FENCE 指令。FENCE.TSO 将前置字段中的所有加载指令操作置于后置字段中的所有内存操作之前，并将前置字段中的所有存储操作置于后置字段中的所有存储操作之前。这使得非 AMO 存储操作处于 FENCE.TSO 的前置字段中，非 AMO 加载操作处于后置字段中。

FENCE.TSO 编码作为原始基本 FENCE 指令编码的可选扩展。基本定义要求实现忽略任何设置位，并将 FENCE 视为全局的，因此这是一个向后兼容的扩展。

FENCE 指令中未使用的字段 rs1 和 rd，保留用于将来扩展中的细粒度 FENCE 指令。对于向前兼容性，实现 CPU 时应忽略这些字段，软件应将这些字段归零。同样，表 8-3 中的 fm 和前置字段/后置字段也可以保留供将来使用。基本指令实现时应将所有此类保留配置视为 fm = 0000 的正常 FENCE，标准软件应仅使用非保留配置。

表 8-3 FENCE 模式编码

FM 区域	助记符	作用
0000	无	常规 FENCE 指令
1000	TSO	与 FENCE RW,RW 一起使用,排除写入到读出的排序;否则保留为以后扩展使用
其他		保留为以后扩展使用

RISC-V 选择了一个宽松的内存模型,以允许从简单的机器实现和将来可能的协处理器或加速器扩展中获得高性能。设计者将 I/O 排序与内存 R/W 排序分开,以避免在设备驱动程序 Hart 中进行不必要的序列化,并支持其他非内存路径来控制添加的协处理器或 I/O 设备。简单地实现可能会另外忽略 predecessor 字段和 successor 字段,并始终对所有操作执行保守的隔离。

8.3.9 调用和断点指令

系统指令用于访问可能需要特权访问的系统功能,例如图 8-17 所示的 ECALL 和 EBREAK 指令,它们使用 I 型指令格式进行编码。这些指令可分为两大类:以原子方式读取、修改、写入控制和状态寄存器(CSR)的指令,以及所有其他潜在的特权指令。这两条指令会引发执行环境中精确的请求陷阱。

31	20 19	15 14	12 11	7 6	0
funct[12]		rs1	funct3	rd	opcode
12		5	3	5	7
ECALL		0	PRIV	0	SYSTEM
EBREAK		0	PRIV	0	SYSTEM

图 8-17 两种典型的系统指令编码

系统指令的定义允许更简单的 CPU 实现始终转入单个软件陷阱处理程序。更复杂的 CPU 实现可能会用硬件中实现更多的系统指令。

ECALL 指令用于向执行环境发出服务请求。EEI 将定义如何传递服务请求的参数,但这些参数通常位于整数寄存器文件中定义的位置。EBREAK 指令用于将控制返回到调试环境。ECALL 和 EBREAK 之前被命名为 SCALL 和 SBREAK。这些指令具有相同的功能和编码,但被重命名以反映它们可以比调用主管级操作系统或调试器更普遍地使用。设计 EBREAK 主要用于调试器,能够产生异常,从而使执行停止并返回调试器。EBREAK 还被标准 gcc 编译器用于标记不应执行的代码路径。

EBREAK 的另一个用途是支持"半托管",其中执行环境包括一个调试器,可以通过围绕 EBREAK 指令构建的备用系统调用接口提供服务。因为 RISC-V 基础整数指令集不提供多条 EBREAK 指令,所以 RISC-V 半托管模式使用特殊的指令序列来区分半托管时 EBREAK 和调试器插入的 EBREAK。例如:

slli x0,x0,0x1f   ,进入 NOP 操作
ebreak   ,断点调用,返回调试器
srai x0,x0,7   ,NOP 编码的半托管 7 号调用

> **注意:**
> 这三条指令必须是 32 位宽的指令。移位的 NOP 指令也看作是可用的提示。半托管是服务调用的一种形式,使用现有的 ABI(应用=进制接口)将更自然地编码为 ECALL,但这需要调试器能够拦截 ECALL,这是调试标准的一个较新的补充。RISC-V 设计者打算将 ECall 与标准 ABI 结合使用,在这种情况下,半托管可以与现有标准共享服务 ABI。在较新的设计中,ARM 处理器也开始使用 SVC 而不是 BKPT 来进行半托管调用。

8.3.10 提示指令

RV32I 为提示指令保留了较大的编码空间,通常用于将性能提示传达给微体系结构。提示指令被编码为 rd = x0 的整数计算指令。因此,与 NOP 指令一样,提示指令不会改变任何体系结构可见的状态,除非提升 PC 和任何适用的性能计数器。在具体的 CPU 实现时,可以允许忽略编码提示指令。

这种提示编码是为了让 CPU 能够完全忽略提示,而且可以将提示指令作为常规计算指令执行,不会改变体系结构状态。例如,如果目标寄存器为 x0,则 ADD 就是一条提示指令;5 位长度的 rs1 和 rs2 字段对提示的参数进行编码。然而,一个简单的 CPU 实现时,可以只将提示作为 rs1 和 rs2 的一个加法来执行,结果写入 x0,这在对体系结构上没有可见的影响。

表 8-4 列出了所有 RV32I 提示代码点。91% 的提示空间是为标准提示指令保留的,但目前没有定义任何提示指令,提示空间的其余部分保留给自定义提示指令,在这个子空间中永远不会定义标准提示指令。

表 8-4 RV32I 提示指令

指令	约束	编码数	目的
LUI	rd = x0	2^{20}	
AUIPC	rd = x0	2^{20}	
ADDI	rd = x0, and either rs1 ≠ 0 or imm ≠ 0	$2^{17}-1$	
ORI	rd = x0	2^{17}	
XORI	rd = x0	2^{17}	
ADD	rd = x0	2^{17}	
SUB	rd = x0	2^{10}	保留为标准提示指令
AND	rd = x0	2^{10}	
OR	rd = x0	2^{10}	
XOR	rd = x0	2^{10}	
SLL	rd = x0	2^{10}	
SRL	rd = x0	2^{10}	
SRA	rd = x0	2^{10}	
FENCE	pred = 0 or succ = 0	2^5-1	

续表

指 令	约 束	编码数	目 的
SLTI	rd = x0	2^{17}	
SLTIU	rd = x0	2^{17}	
SLLI	rd = x0	2^{10}	
SRLI	rd = x0	2^{10}	保留为用户自定义提示指令
SRAI	rd = x0	2^{10}	
SLT	rd = x0	2^{10}	
SLTU	rd = x0	2^{10}	

8.4 特权体系简介

RISC-V 特权体系结构覆盖了所有非特权指令以外各个方面，包括特权指令、运行操作系统和连接外围设备所需要的额外功能。

8.4.1 RISC-V 特权软件栈

图 8-18 所示为 RISC-V 体系结构可能支持的一些软件堆栈。左侧显示了一个简单的系统，它只支持在应用程序执行环境(AEE)上运行的单个应用程序。应用程序被编码为使用特定的应用程序二进制接口(ABI)运行。ABI 包括受支持的用户级 ISA 和一组与 AEE 交互的 ABI 调用。ABI 对应用程序隐藏 AEE 的详细信息，以便在实现 AEE 时具有更大的灵活性。同一 ABI 可以在多个不同的主机操作系统上本机实现，也可以由在具有不同本机 ISA 的机器上运行的用户模式仿真环境支持。

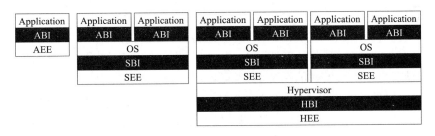

图 8-18 支持不同特权执行形式的实现技术

中间的配置显示了可以支持多个应用程序的多程序执行的传统操作系统(OS)。每个应用程序都通过 ABI 与提供 AEE 的操作系统进行通信。正如应用程序通过 ABI 与 AEE 连接一样，RISC-V 操作系统通过一个监控程序二进制接口(SBI)与一个监控程序执行环境(SEE)连接。SBI 包括用户级和主管级 ISA 以及一组 SBI 函数调用。用一个 SBI 连通所有 SEE 应用，就可以允许单个 OS 二进制映像在所有 SEE 上运行。SEE 可以是低端硬件平台中的简单引导加载程序和 BIOS 风格的 IO 系统，也可以是高端服务器中由虚拟机监控程序提供的虚拟机，或者是架构模拟环境中主机操作系统上的精简转换层。

大多数主管级 ISA 定义没有将 SBI 与执行环境或硬件平台分开，这使虚拟化和新硬件平台的建立变得复杂。

最右边的配置显示了一个虚拟机监视器配置,其中一个虚拟机监控程序支持多个多道程序操作系统。每个操作系统都通过 SBI 与虚拟机监控程序通信,虚拟机监控程序提供 SEE。虚拟机监控程序使用虚拟机监控程序二进制接口(HBI)与虚拟机监控程序执行环境(HEE)通信,以将虚拟机监控程序与硬件平台的细节隔离开。

RISC-V 指令集的硬件实现通常需要特权指令集之外的附加功能,以支持各种执行环境(AEE、SEE 或 HEE)。

8.4.2 特权级别

在任何时候,以某种特权级别运行的 RISC-V 硬件线程(Hart)都会在一个或多个 CSR(控制和状态寄存器)中,被编码为某种模式。目前定义了 3 个 RISC-V 特权级别,见表 8-5。

特权级别用于在软件栈的不同组件之间提供保护,尝试执行当前特权模式不允许的操作将引发异常。这些异常通常会导致陷阱进入底层执行环境。

表 8-5 RISC-V 特权级别

级 别	编 码	名 称	缩 写
0	00	用户/应用	U
1	01	主管	S
2	10	保留	—
3	11	机器	M

机器级别具有最高权限,是 RISC-V 硬件平台的唯一强制性权限级别。在机器模式(M 模式)下运行的代码通常是内在可信的,因为它对机器硬件具有底层访问权限。M 模式可用于管理 RISC-V 上的安全执行环境。用户模式(U 模式)和监控模式(S 模式)分别用于常规应用和操作系统使用。

请在阅读时将编写代码的特权级别与运行代码的特权模式分开,尽管这两者通常是并列的。例如,在具有 3 种权限模式的系统上,主管级别的操作系统可以在主管模式下运行,但在具有两种或更多权限模式的系统上,也可以在经典虚拟机的用户模式下运行。在这两种情况下,都可以使用相同的主管级操作系统二进制代码,将其编码为主管级 SBI,因此期望能够使用主管级特权指令和 CSR。在用户模式下运行来宾操作系统时,所有主管级别的操作都将被捕获,并由在更高权限级别下运行的 SEE 模拟。

每个特权级别都有一组核心的特权 ISA 扩展,支持可选的扩展。例如,机器模式支持用于内存保护的可选标准扩展。具体的 CPU 实现可能会提供 1~3 种特权模式,以减少隔离度来降低实现成本,见表 8-6。

表 8-6 支持的特权模式的组合

序 号	特权模式组合	预期应用
1	M	简单的嵌入式平台
2	M、U	安全的嵌入式平台
3	M、S、U	运行类似 UNIX 操作系统的平台

所有硬件实现都必须提供 M 模式,因为这是唯一可以不受限制地访问整个机器的模式。最简单的 RISC-V 机器可能只提供 M 模式,但这不会提供针对不正确或恶意应用程序代码的保护。

许多 RISC-V 机器还将至少支持用户模式(U 模式),以保护系统的其余部分不受应用程序代码的影响。可以添加监管模式(S 模式),以在监管级操作系统和 SEE 之间提供隔离。Hart 通常以 U 模式运行应用程序代码,直到某个陷阱(例如,主管调用或计时器中断)强制切换到陷阱处理程序,该处理程序通常以更具特权的模式运行。然后,Hart 将执行陷阱处理程序,该处理程序最终将在 U 模式下的原始陷阱指令处或之后恢复执行。提高权限级别的陷阱称为垂直陷阱,而保持相同权限级别的陷阱称为水平陷阱。RISC-V 特权体系结构提供了陷阱到不同特权层的灵活路由。

8.4.3 调试模式

在具体实现 CPU 时还可以包括调试模式,以支持片外调试或制造测试。调试模式(D 模式)可以被视为一种额外的特权模式,比 M 模式具有更多的访问权限。单独的调试规范描述了处于调试模式 RISC-V 的 Hart。调试模式保留了一些只能在 D 模式下访问的 CSR 地址和部分物理地址空间。

8.5 基于 RISC-V 和微架构的处理器核的设计

8.5.1 开源 RISC-V 核

在熟悉了 RISC-V 的指令集和架构以后,就可以着手进行处理器核的设计和开发。下面介绍几种典型的开源的基于 RISC-V 的优秀作品,这些作品都可以通过开源网站下载使用。

1. Rocket chip

片上系统(SoC)利用集成和定制来提供更高的效率。Rocket Chip 是加州大学伯克利分校开发的一款开源 SoC 生成器,适用于研究和工业用途。Rocket Chip 不是一个 SoC 设计的单一实例,而是一个设计生成器,能够从一个高级硬件语言生成多个设计实例。它能生成由可综合的 RTL(Register Transfer Level,寄存器转换级)电路组成的设计实例,其中很多已经有了流片原型。参数化使它变得灵活,能够轻松地定制特定的芯片应用。通过改变配置,用户可以生成大小不等的 SoC,包括嵌入式微控制器和多核服务器芯片。Rocket Chip 是开源的,使用 BSD 许可。为了增加模块化,Rocket Chip 的许多组件库都可以作为独立的库使用。Rocket Chip 已经足够稳定,可以生产可用的 CPU 原型,它的设计还在更新,以容纳新的功能。

Rocket Chip 本身是用 Chisel3 实现的,这是一种嵌入在 Scala 中的开源硬件构建语言。Chisel 直接描述可综合电路,因此更类似于 Verilog 等传统硬件描述语言,而不是综合系统。它使用完整的 Scala 编程语言可用于电路生成,实现了功能和面向对象的电路描述。Chisel 还具有 Verilog 中没有的其他特性,例如支持结构化数据、线宽推断、状态机的高级描述和批量连接操作的丰富的类型。Chisel 生成可综合的 Verilog 代码,兼容 FPGA 和 ASIC 设计工具。Chisel 还可以生成一个用 C++ 实现的快速、周期精确的 RTL 模拟器,它的功能相当于 Verilog

模拟器,但比商业 Verilog 模拟器快,可以用来模拟整个 Rocket Chip 实例。

Rocket Chip 实际是一套芯片生成器,用它可以构建一个基于 RISC-V 的平台。生成器由一组参数化芯片构建库组成,可以使用这些库来生成不同的 SoC 变体。通过对连接不同库的生成器的接口进行标准化,创建一个即插即用的环境。在这个环境中,只需更改文件就可以更换大量的设计组件,而不改变硬件源代码。

图 8-19 所示为 Rocket 芯片生成器的一个示例,其特点是两个 Tile 连接到一个 4-bank L2 缓存,它本身通过 AXI 总线连接到外部 I/O 和存储系统。在 Tile1 中,有一个乱序的 BOOM 核心,它有一个浮点运算器(FPU)、L1 指令缓存和数据缓存,以及一个实现 RoCC 接口的加速器。Tile2 是类似的,但它使用了一个不同的核心 Rocket,使用 L1 数据缓存。

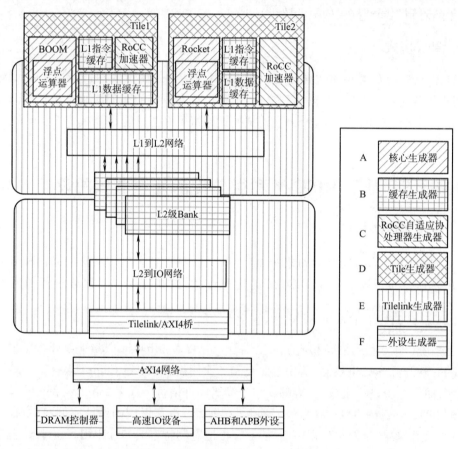

图 8-19 Rocket 芯片生成器及其组件

在本书中,大部分情况下 Rocket Chip 指的是一个生成器库,可以参数化,用于生成多种 SoC。以下是生成器和接口的作用:

① l 核心:Rocket 标量核心生成器和 BOOM 无序超标量核心生成器,两者都可以包括一个可选的 FPU、可配置的流水线单元和可定制的分支预测器。

② 缓存:一系列缓存和 TLB 生成器,具有可配置的大小、关联性和替换策略。

③ RoCC:Rocket 自定义协处理器接口,一个用于特定应用程序的协处理器的模板,可公开其自身的参数。

④Tile：用于生成缓存一致性的 Tile 生成器模板。内核和加速器的数量和类型是可配置的，私有缓存的组织也是如此。

⑤Tilelink：缓存相关代理和相关缓存控制器网络的生成器。配置选项包括 Tile 数量、一致性策略、共享备份存储的存在与否以及底层物理网络的实现。

⑥外围设备：用于 AMBA 兼容总线（AXI、AHB Lite 和 APB）的生成以及各种生成器和控制器，包括 Z-scale 处理器。

为了支持不同的工作负载并提高能源效率，Rocket Chip 支持异构性。SoC 不仅可以由不同的块组成，而且还支持添加自定义加速器。Rocket Chip 支持 3 种集成加速器的机制，这取决于加速器与核心的紧密耦合程度。最简单和最紧密耦合的选择是通过扩展 RISC-V 并将加速器直接连接到核心的流水线。为了实现更多的解耦，加速器可以充当协处理器，并通过 RoCC 接口从处理器接收命令和数据。完全解耦的加速器可以在自己的 Tile 中实例化，并使用 TileLink 总线连接到内存系统。此外，这些技术可以结合使用，如 Hwacha 向量线程加速器，它通过 RoCC 接收命令，但直接连接到 TileLink 总线以绕过处理器的一级数据缓存以获得更大的内存带宽。

2. Rocket 核

Rocket 是实现了 RV32G 和 RV64G 指令集的 5 级有序标量核心生成器，如图 8-20 所示。它有一个支持基于页面的虚拟内存的 MMU、一个非阻塞数据缓存和一个带有分支预测的前端。分支预测是可配置的，由分支目标缓冲区（BTB）、分支历史表（BHT）和返回地址堆栈（RAS）提供。对于浮点运算，Rocket 使用 Berkeley 的 chisel 实现的浮点单元。Rocket 还支持 RISC-V 机器、主管和用户权限级别。许多参数都是开放的，包括一些指令集扩展（M、A、F、D）的可选支持、浮点流水线的级数以及缓存和 TLB（Translation Lookaside Buffer，旁路转换缓冲）大小。

图 8-20 Rocket 核心流水线

Rocket 也可以看作一个处理器组件库。最初为 Rocket 设计的几个模块被其他设计重复使用，包括功能单元、缓存、TLB、页表遍历器和特权体系结构实现（即控制和状态寄存器文件）。

Rocket 自定义协处理器接口（RoCC）促进了 Rocket 核心和连接的协处理器之间的解耦通信。Rocket 已经实现了许多这样的协处理器，包括加密单元（例如 SHA36）和向量处理单元（例如 Hwacha 向量提取单元）。RoCC 接口接收由 Rocket 核心生成的协处理器命令。这些命令最多包括两个整数寄存器中的指令字和值，并且命令可以写入一个整数寄存器作为响应。RoCC 接口还允许连接的协处理器共享 Rocket 核心的数据缓存和页表遍历器，并为协处理器提供中断核心的功能。这些机制足以构造基于页的虚拟内存系统的协处理器。最后，RoCC 加速器可以通过 TileLink 总线直接连接到外部内存系统，提供高带宽但一致的内存接口。Hwacha 向量取指单元利用了所有这些特性，推动了 RoCC 向复杂协处理器接口的发展。

3. BOOM 核

BOOM 是一个乱序、超标量 RV64G 核心。BOOM 的目标是作为教育、研究和工业的标杆式的实现,并对无序微体系结构进行深入探索。它提供的独立规范阐明了 BOOM 的设计和原理。

BOOM 支持使用 BTB、RAS 和可参数化的回溯预测器的全分支预测。可以实例化的一些回溯预测器包括 gshare 预测器和 TAGE 的预测器。BOOM 使用积极的加载/存储指令,允许加载无序执行指令。如图 8-21 所示,BOOM 的核心与 Rocket 的核心的 I/O 完全兼容,并且可无缝地插入 Rocket 芯片内存层次结构。图中"＊"表示可以配置。

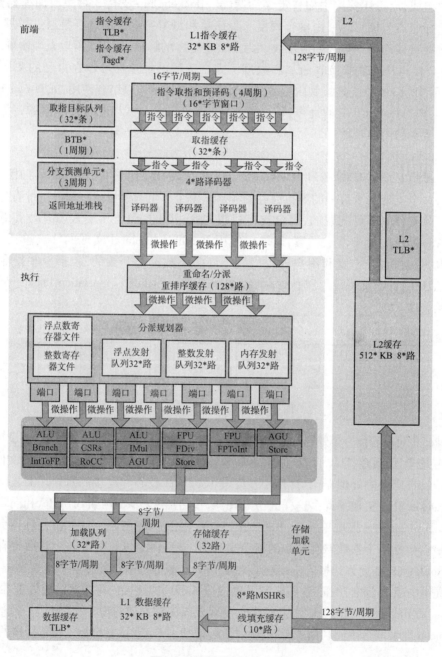

图 8-21　BOOM 的流水线

BOOM 用 1 万行 ChiSel 代码书写。BOOM 能够通过实例化来自 Rocket 芯片组件库的许多部件来降低代码难度;前端、功能单元、页表遍历器、缓存和浮点单元都是从 Rocket 和硬件浮点组件库实例化的。ChiSel 还极大地促进了 BOOM 成为真正的核心生成器——功能单元组合是可定制的,BOOM 的获取、解码、发射和执行字长都是可参数化的。

从概念上讲,BOOM 分为 10 个阶段:取指、译码、寄存器重命名、分发、发射、寄存器读取、执行、访存、写回和提交。然而,在具体实现时,这些阶段中的许多被组合在一起,产生了 7 个阶段:取指、译码、分发、寄存器读取、执行、访存和写回(提交是异步发生的,因此它不算作流水线的一部分)。图 8-21 所示为一个简化的 BOOM 流水线,其中列出了所有流水线级数。

4. Hammingbird E203

蜂鸟处理器是国内知名的芯来科技开发的 RISC-V MCU 系列。E203 是其开源的一款具有单特权级别,具有两级流水的 MCU,主打小面积、低功耗,使用 Verilog 开发。更为难得的是,开源的不仅仅是核心,还有特别重要的一点,也是最终在 FPGA 上实现时必要的部分,即开源了为蜂鸟 E203 配套的 SoC,如图 8-22 所示。而且,蜂鸟处理器已经有商业上的实现,在开源的部分,也有相应的 FPGA 平台和软件实例,特别是实现了完整的调试方案,具备完整的 GDB(GNU Symbolic Debugger,GDB 调试器)交互调试功能。因而,蜂鸟 E200 是从硬件到软件,从模块到 SoC,从运行到调试的完整的解决方案。

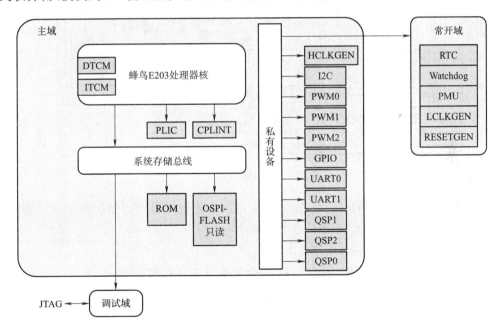

图 8-22 蜂鸟处理器系统示意图

蜂鸟 E200 系列处理器核的功耗与面积以及性能参数非常有竞争力:

①蜂鸟 E203 核的功耗面积和性能不逊色于 ARM 的 Cortex-M0 + 处理器核(M0 + 是 ARM 最小面积的处理器核)。

②蜂鸟 E205 核的功耗面积和性能不逊色于 Cortex-M3 处理器核。

③E205fd 提供了目前仅在 Cortex-M7 中才具备的双精度浮点特性(Cortex-M7 是面积较大的处理器核,相比蜂鸟 E205fd 而言,功耗会更大)。

5. Ibex

Ibex 是一种可媲美商业用途的开源 32 位 RISC-V CPU 内核,用 System Verilog 编写,其示意图如图 8-23 所示。CPU 核心高度参数化,非常适合嵌入式控制应用。Ibex 正在进行广泛的验证,已经有多个产品进行流片。

bex 是符合标准的 32 位 RISC-V 处理器。它遵循以下规范:

①RISC-V 指令集手册,第一卷:用户级 ISA,文件版本 20190608 基本批准(2019 年 6 月 8 日)。

②RISC-V 指令集手册,第二卷:特权体系结构,文件版本 20190608 基本批准(2019 年 6 月 8 日)。Ibex 实现了机器指令集版本 1.11。

③RISC-V 外部调试支持,版本 0.13.2。

④RISC-V 支持位操作扩展,版本 0.92(2019 年 11 月 8 日起起草)。

⑤针对机器模式 0.9.3 版的内存访问和执行预防的 PMP 增强功能。

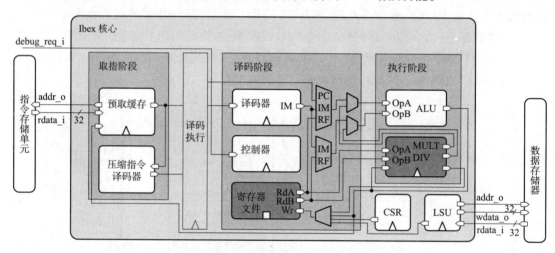

图 8-23　典型的 Ibex 核

RISC-V 规范中的许多功能是可选的,Ibex 可以参数化以启用或禁用其中的一些功能。Ibex 可以通过参数配置以支持以下两个指令集之一:

①RV32I 基本整数指令集,版本 2.1。

②RV32E 基本整数指令集,版本 1.9(2019 年 6 月 8 日起起草)。

另外,表 8-7 中的扩展指令集也是可以支持的。

表 8-7　Ibex 扩展指令集

扩展指令集名称	版　本	可配置性
C:标准压缩扩展指令集	2.0	总是可用
M:标准整数乘除法扩展指令集	2.0	可选
B:起草的位操作扩展指令集	0.92	可选
Zicsr:控制状态寄存器指令	2.0	总是可用
Zifencei:取指屏蔽	2.0	总是可用

RISC-V 特权规范的大部分内容是可选的。根据 RISC-V 特权规范 1.11 版，Ibex 目前支持以下特权功能：

①M 模式和 U 模式。

②所有的标志位都在控制和状态寄存器中列出。

③性能计数器。

④矢量化陷阱处理

Ibex 支持两种综合方式：AISC 综合和 FPGA 综合。在 ASIC 综合时，整个设计是完全同步的，使用正向边缘触发器，寄存器除外。寄存器可以用锁存器或触发器实现。当使用基于锁存器的寄存器，实现整个 RV32IMC 指令集时，内核占用的面积约为 24kGE（其中，kGE 表示 Kilogate Equivalent，即千等效逻辑门），当实现 RV32EC 指令集时，内核占用的面积约为 16kGE。当进行 FPGA 综合时，会优化寄存器实现。基于触发器的寄存器也与 FPGA 综合兼容，而且可能产生更高的资源利用率。由于 FPGA 不支持锁存器，因此不应使用基于锁存器的寄存器实现。

6. SweRV EH1

SweRV EH1 是一个仅支持机器模式（M 模式）的 32 位 CPU 内核，支持 RISC-V 的整数（I）、压缩指令（C）、乘法和除法（M）、取指屏蔽和 CSR 指令（Z）扩展。核心是一个 9 级流水、双发射、超标量、主体是有序的流水线，具有一些无序的执行能力。

SweRV EH1 内核集成和功能单元如图 8-24 所示。综合特征包括：

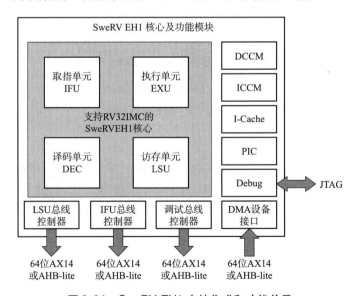

图 8-24　SweRV EH1 内核集成和功能单元

①带有分支预测器的 RV32IMC 兼容 RISC-V 核。

②带 ECC 保护的可选指令和数据紧密耦合存储器。

③具有奇偶校验或 ECC 保护的可选 4 路组相联指令缓存。

④可选可编程中断控制器，支持多达 255 个外部中断。

⑤4 个系统总线接口，用于指令提取、数据访问、调试访问和对紧耦合内存的外部 DMA 访问（可配置为 64 位 AXI4 或 AHB）。

⑥符合 RISC-V 调试规范的核心调试单元。
⑦1 GHz 频率(28 nm 技术)。

图 8-25 描述了超标量、双发射的 9 级流水线,支持两条流水线 I0 和 I1,标记为 EX1 和 EX4 的 4 个算术逻辑单元(ALU)、一条加载/存储流水线、一条 3 周期延迟乘法流水线和一条乱序 34 周期延迟除法流水线。流水线中有 4 个暂停点:"取指 1"、"对齐"、"译码"和"提交"。在"对齐"阶段,指令从 3 个取指缓冲区生成。在"译码"阶段,来自 4 个指令缓冲区的多达 2 条指令被译码。在"提交"阶段,每个周期最多提交 2 条指令。最后,在"写回"阶段,更新寄存器。

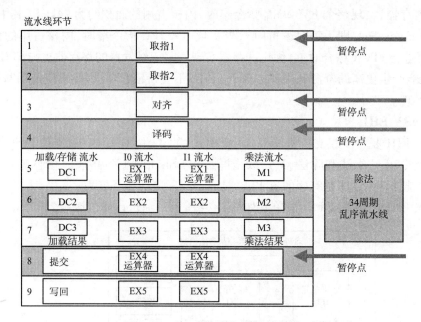

图 8-25 SweRV EH1 流水线结构

7. Wujian100

Wujian100 是国内著名科技企业平头哥半导体的开源作品,极大地提升了国内开发人员对开源的热情。Wujian100 搭载基于 RISC-V 架构的玄铁 902 处理器,兼容 RV32EMC/RV32EC/RV32IMC 指令集,采用两级极简流水线,适用于对功耗和成本极其敏感的 IoT 应用。

Wujian100_openSDK 为 wujian100_open 软件开发工具包,软件遵循 CSI 接口规范。通过 SDK,用户可以快速对 wujian100_open 进行测试和评估。同时,用户可以参考 SDK 集成各种常用组件和示例程序进行应用程序开发,快速形成产品解决方案,无剑 CPU 的主要特性如图 8-26 所示。

8.5.2 开源 RISC-V 核 Ibex 的使用

1. 系统和工具要求

Ibex 处理器内核是用 SystemVerilog 编写的,原因是设计者试图在所使用的语言特性和合理广泛的工具支持之间实现平衡。

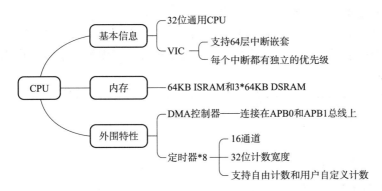

图 8-26 无剑 CPU 的主要特性

已知以下工具可用于 Ibex 的 RTL 代码：

①Synopsys Design Compiler。

②Xilinx Vivado，版本 2020.2 及以上。

③Verilator，版本 4.028 以上。

④Synopsys VCS，最低 2020.03-SP2 版本。

⑤Cadence Incisive/Xcelium。

⑥Mentor Questa。

⑦Aldec Riviera Pro。

要运行 UVM 测试平台，需要支持 SystemVerilog 和 UVM 1.2 的 RTL 模拟器。RISC-V 的文档包含支持的模拟器列表。

要编译在 Ibex 上运行的代码，还需要一个 RISC-V 工具链。这本身不是设计 CPU 核心的一部分，但对于验证是必要的。

2. 初次使用 Ibex 步骤

接下来讨论在设计中开始使用 Ibex 的初始步骤和要求。

(1) 寄存器堆

Ibex 附带了 3 种不同的寄存器堆，可以使用 rtl/Ibex_pkg.sv 中定义的枚举参数 RegFile 来选择。根据目标技术的不同，可选择基于触发器的（ibex_pkg::RegFileFF，默认）、基于锁存器的（ibex_pkg::RegFileLatch）或面向 FPGA 的（ibex_pkg::RegFileFPGA）实现。有关 3 种寄存器文件实现及其权衡的更多信息，可参考有关寄存器堆的代码。

(2) 标志寄存器（CSR）

RISC-V 特权体系结构指定了几个只读 CSR，用于标识 CPU 的供应商和微体系结构，分别是 mvendorid、marchid 和 mimpid。这些 CSR 的固定只读值在 rtl/ibex_pkg.sv 中定义，用户应该仔细考虑这些寄存器的适当值。Ibex 作为一个开源的 CPU 体系结构，其分配的体系结构 ID（marchid）为 22（在 RISC-V 指令集手册开源库的 marchid.md 中指定）。如果对微体系结构进行了重大更改，则应使用不同的体系结构 ID。默认情况下，供应商 ID 和实现 ID（mvendorid 和 MIMID）都读取为 0，表示未实现，用户可能希望在这里使用其他值。可参阅 RISC-V 特权体系结构规范，了解有关这些 ID 代表什么以及如何选择它们的更多详细信息。

(3) CPU 核心集成

主模块名为 ibex_top,可在 ibex_top.sv 中找到。注意,CPU 核心文件从寄存器堆和 ibex_top 下的 ram 中分离出来,这是为了方便双核同步实现。下面给出了实例化模板,并描述了参数和接口。

```
ibex_top #(
    .PMPEnable (0),
    .PMPGranularity (0),
    .PMPNumRegions (4),
    .MHPMCounterNum (0),
    .MHPMCounterWidth (40),
    .RV32E (0),
    .RV32M (ibex_pkg::RV32MFast),
    .RV32B (ibex_pkg::RV32BNone),
    .RegFile (ibex_pkg::RegFileFF),
    .ICache (0),
    .ICacheECC (0),
    .BranchPrediction (0),
    .SecureIbex (0),
    .RndCnstLfsrSeed (ibex_pkg::RndCnstLfsrSeedDefault),
    .RndCnstLfsrPerm (ibex_pkg::RndCnstLfsrPermDefault),
    .DbgTriggerEn (0),
    .DmHaltAddr (32'h1A110800),
    .DmExceptionAddr (32'h1A110808)
) u_top (
    //时钟和复位
    .clk_i (),
    .rst_ni (),
    .test_en_i (),
    .scan_rst_ni (),
    .ram_cfg_i (),
    //配置
    .hart_id_i (),
    .boot_addr_i (),
    //指令存储器接口
    .instr_req_o (),
    .instr_gnt_i (),
    .instr_rvalid_i (),
    .instr_addr_o (),
    .instr_rdata_i (),
    .instr_rdata_intg_i (),
    .instr_err_i (),
    //数据存储器接口
    .data_req_o (),
    .data_gnt_i (),
    .data_rvalid_i (),
    .data_we_o (),
    .data_be_o (),
    .data_addr_o (),
    .data_wdata_o (),
    .data_wdata_intg_o (),
```

```
          . data_rdata_i ( ),
          . data_rdata_intg_i ( ),
          . data_err_i ( ),
          //中断输入
          . irq_software_i ( ),
          . irq_timer_i ( ),
          . irq_external_i ( ),
          . irq_fast_i ( ),
          . irq_nm_i ( ),
          //调试接口
          . debug_req_i ( ),
          . crash_dump_o ( ),
          //特殊控制信号
          . fetch_enable_i ( ),
          . alert_minor_o ( ),
          . alert_major_o ( ),
          . core_sleep_o ( )
        );
```

启用时,标记为 EXPERIMENTAL 的任何参数均未按照与 Ibex 核心其余部分相同的标准进行验证。

> **注意:**
> Ibex 使用 SystemVerilog 枚举参数,用于 RV32M 和 RV32B。大多数工具都很好地支持这一点,但在顶层重写这些参数时需要谨慎:
> ①Synopsys VCS 不支持通过命令行在顶层重写枚举和字符串参数。作为一种解决方法,SystemVerilog 定义用于使用 VCS 模拟的 Ibex 顶层文件中,可以通过命令行设置这些定义。
> ②Yosys 不支持通过设置枚举名称在顶层重写枚举参数。

(4) FPGA 实现

Ibex 提供了 Arty A7 FPGA 开发板的一个简单示例。在该例子中,Ibex 直接链接到 SRAM。板上的 4 个 LED 连接到数据总线,每次写入一个字时都会变化。内存分为指令和数据部分。指令存储器在综合时通过读取软件的输出进行初始化。软件每秒向数据部分写入一个字的互补低位,使 LED 闪烁。在 examples/fpga/artya7/README.md 中可以找到如何构建和编程 Arty 板的说明。

8.5.3 图形化仿真工具 Logisim

上面提到的 Ibex 核心实现需要比较全面的知识储备,如计算机组成、FPGA 和 SystemVerilog 等。这些需要慢慢积累,才能应用自如,对于急于使用计算机组成的知识进行 CPU 设计的各位读者来说,却显得有些复杂。当然,完全相信经过一段时间的学习和训练,读者能够自行掌握这些开源的 RISC-V 核心的使用。对于急于应用自己能力的读者,这里介绍另外一种更加简单的仿真式的方法。

1. 仿真软件 Logisim-evolution

Logisim 是一种用于设计和模拟数字逻辑电路的教育工具。它最初由 Carl Burch 博士创建并积极开发,直到 2011 年。此后,作者专注于其他项目,开发已正式停止。

与此同时,来自瑞士高等教育机构(日内瓦景观、工程与建筑大学和沃州工程与管理大学等)的人员开始开发适合他们的 Logisim 版本。在原有 Logisim 版本的基础上集成几个新工具,如计时码表、直接在电子板上测试原理图的组件、TCL/TK 控制台等。

开发者决定以 Logisim-evolution 的名称发布这个新的 Logisim 版本,以突出所做的大量更改。

设计者不能保证 Logisim-evolution 与旧版 Logisim 创建的文件的向后兼容性。不过,新版本提供了一个解析器,它可以更改组件的名称以满足 VHDL 对变量名称的要求,但组件的形状自最初的 Logisim 以来已经发生了演变。使用 Logisim-evolution 打开以前版本的电路时,可能需要稍微修改电路,并以新格式存储。

启动 Logisim-evolution 时,将看到类似于图 8-27 所示内容的窗口。一些细节可能因为版本的原因略有不同。所有 Logisim-evolution 分为三部分,分别称为资源管理器面板、属性面板和画布。这些部分上方是菜单栏和工具栏。画布是绘制电路的地方,工具栏和菜单栏包含完成此操作的工具和相应的选项。

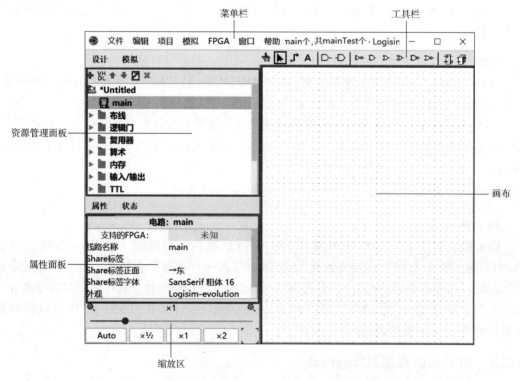

图 8-27　Logisim-evolution 的主界面

2. 使用 Logisim 设计电路示例

下面以一个简单的电路说明 Logisim-evolution 的易用性。建议先插入电路元件作为主体,然后再用导线连接它们构建电路。

(1)放置元件

要做的第一件事是添加两个与门。单击工具栏中的与门工具（列出的倒数第七个工具），然后单击第一个与门进入的编辑区域。确保在左侧留出足够的空间。再次单击与门工具并将第二个与门放置在第一个与门下方。

> **注意：**
> 与门左侧的 5 个点，这些是可以连接导线的地方。本次连接只将其中两点用于演示电路；但对于其他电路，可能会发现将两条以上的线连接到与门是很有用的。输入的数量可以在属性"输入数量"中修改。

现在添加其他门电路。首先单击或门工具（▷），然后单击想要放置的位置。使用"非门"工具（▷），将两个非门放入画布中。

现在要将两个输入端 x 和 y 添加到图中。选择输入工具（▷），然后将引脚向下放置。使用输出工具（▷）在或门的输出旁边放置一个输出引脚。

如果不喜欢放置某个器件的位置，则可以使用编辑工具（▷），选择它并将其拖动到所需位置。或者选择"编辑"→"删除"命令将其完全删除，或按【Delete】键或【Ctrl + X】组合键。

当放置电路的每个组件时，可能会注意到，一旦放置了组件，Logisim-evolution 就会恢复到编辑工具（▷），以便可以移动最近放置的组件或通过创建导线将组件连接到其他组件。如果要添加最近放置的组件的副本，可按【Ctrl + D】组合键复制选择。有些计算机使用其他键作为菜单，例如 Macintoshes 上的【Command】键，可以将该键与【D】键一起按下。

（2）连接导线

放置完毕所有元件的图如图 8-28 所示。接下来，可以为所有元件连接上导线。选择编辑工具（▷），当光标在接收导线的点上方时，将在其周围绘制一个绿色小圆圈，按下鼠标左键并拖动到想要连接导线去的地方。Logisim-evolution 在添加电线时相当智能：只要一根电线在另一根电线上结束，就会自动连接它们。还可以通过使用编辑工具（▷）拖动其中一个端点来"延长"或"缩短"导线。Logisim-evolution 的导线必须是水平的或垂直的。为了将上部输入连接到非门和与门，添加了三根不同的线。

Logisim-evolution 自动将导线连接到门电路并相互连接，包括上面的 T 形交叉点处自动绘制实心圆，表示电线已连接。当画线时，可能会看到一些蓝色或灰色的线。Logisim-evolution 中的蓝色表示该点的值是"未知的"，灰色表示导线未连接到任何元件。这没什么关系，因正在构建电路中的导线。但是，当所有导线都连接完成时，所有导线都不应该是蓝色或灰色的（或门的未连接引脚仍然是蓝色的，这是正常的）。

如果所有元件都连接之后，确实有蓝色或灰色线，则电路设计出了问题。将导线连接到正确的位置很重要。Logisim-evolution 在组件上绘制小点以指示导线应连接的位置。连接上时，会看到点从蓝色变为浅绿色或深绿色。连接好所有导线后，插入的所有导线本身将是浅绿色或深绿色的，如图 8-29 所示。

（3）添加提示

无须向电路添加文本即可使其工作，但是，如果想向别人展示电路，一些标签有助于传达电路不同部分的目的，如图 8-30 所示。

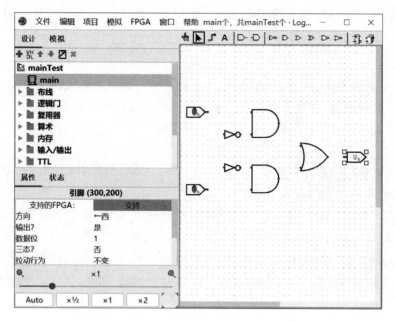

图 8-28　元件放置完毕

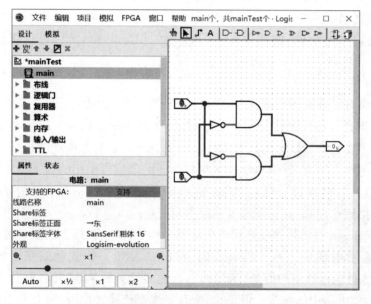

图 8-29　导线连接完毕

选择文本工具（A），可以单击输入引脚，输入一个标签（最好直接单击输入引脚而不是单击文本想放置的位置，因为这样标签将随引脚移动）。对输出引脚执行相同操作，或者单击任何其他位置放置标签。许多组件接受标签，例如，如果单击其中一个门电路，可以为其分配标签。

可以通过以下几种方式修改标签：

①使用编辑工具（▶）双击组件。

②使用文本工具（A）。

③单击标签,通过编辑属性表中的属性"标签"。

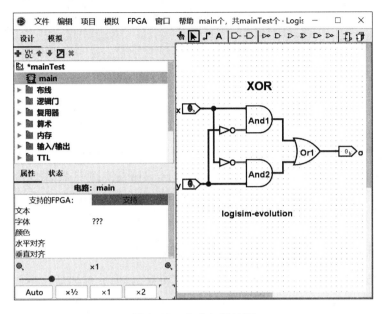

图 8-30　文字标签放置

(4) 测试电路

输入引脚都包含 0;输出引脚也是如此。当两个输入都为 0 时,电路已经计算出 0。现在尝试另一种输入组合。选择戳工具( ),并通过单击引脚开始输入。每次戳引脚进行输入时,引脚的值都会切换。例如,可以首先尝试戳底部输入(y)。

当更改输入值时,Logisim-evolution 通过将导线绘制成浅绿色以指示 1 值;深绿色(几乎黑色)以指示 0 值,显示哪些值沿着导线传输。如图 8-31 所示,可以看到输出值已更改为 1。

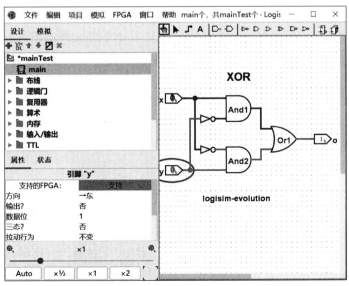

图 8-31　输出为 1

到目前为止,已经测试了真值表 8-8 的前两行,输出(0 和 1)与期望的输出匹配。

表 8-8 测试电路真值表

x	y	o(输出)
0	0	0
0	1	1
1	0	1
1	1	0

通过不同的组合进行测试,可以验证其他两行。如果它们都匹配,就完成了一个完整的电路。此时可发现,实际上这个电路完成的是异或功能。要存档已完成的工作,需要保存或打印电路。可以通过文件菜单完成这些功能并退出 Logisim-evolution。

8.5.4 基于 Logisim 的图形化 RISC-V 的核心实现

根据已经学习过的内容,逐步构建一个基于 RISC-V 指令集的简易核心。核心将实现若干条指令,能够运行汇编程序。由于篇幅所限,这里核心并未实现中断系统,实现的指令集也主要以整数基础指令集为主。这些指令包括:

> add, addi, sub, xor, and, slt, sltu, sll, srl, sra, lw, jalr, slli, srli, srai, slti, sltiu, sw, auipc, lui, li, beq, bne, blt, bge, bltu, bgeu

使用 Logisim-evolution 设计的基于 RISC-V 图形化核心的整体结构如图 8-32 所示。接下来,将主要介绍结构图中各单元的主要功能,每个功能单元的具体实现请参照本书提供的资料(riscv.circ 文件)。需要注意的是,为了简便,并未使用总线,读者可以自行修改为总线模式。

1. 指令地址形成

一般情况下,程序是顺序执行的,指令地址正常情况下由程序计数器产生。如图 8-33 所示,PCin 的值加 4 即可以得到下一条指令的地址。由于还实现了跳转指令,因而程序的地址还有可能由跳转指令中的立即数给出。其中,无条件跳转指令包括 JALR 和 JAL,具体参见整数指令集的介绍。条件跳转指令主要为 BNE 等。条件跳转指令,除了需要考虑指令的操作码部分,还应考虑算术逻辑单元的运算结果,其中 JumpC 来自操作码的译码信号,JumpA 来自算术数逻辑单元的计算结果。两者相与的结果作为多路选择器的选择控制信号,用于选择目标地址来自 PC 还是指令中的立即数。

2. 指令存储器

如图 8-34 所示,指令存储器使用一片 16M×32 位的 ROM 构成,可以直接载入由汇编工具编译好的十六进制文件。针对 RISC-V 的指令集,由完整的工具链可以很容易得到汇编工具。ROM 的地址端,即 A 端,来自 MAR 寄存器。寄存器暂存值又可以作为下一次计算 PC+4 的输入,从而可以保证程序的顺序执行。在 MAR 寄存器的清 0 端,设置了一个按钮,可以使 PC 的地址从 0 开始,从而达到程序重启的目的。

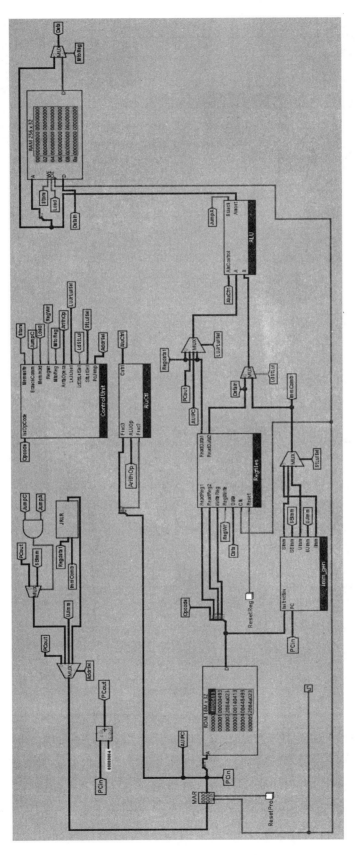

图 8-32　基于 RISC-V 图形化核心的整体结构

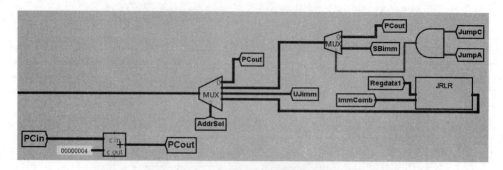

图 8-33 指令地址产生逻辑

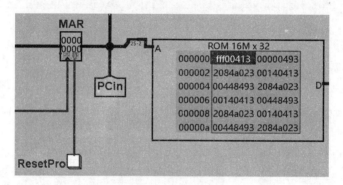

图 8-34 指令存储器结构

3. 立即数产生部件

将立即数生成部件单独拿出来作为独立部件，主要考虑了两点原因：一是基础指令集中的立即数是允许分割放置的，即立即数的各个位置并不一定连在一起，因而需要使用立即数生成部件将立即数各个位合并在一起；二是指令集要求立即数要扩展为 32 位有符号数。生成部件产生的立即数一部分要直接参与程序中的地址跳转，另一部分要与寄存器中的数据经过算术逻辑单元运算后再行使用。图 8-35 所示为立即数的生成部件。

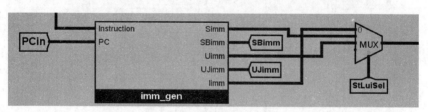

图 8-35 立即数生成部件

4. 寄存器文件

寄存器文件也称为寄存器堆，是基础指令集中要求的 32 个 32 位的寄存器。在实现时使用 32 个 Logisim 的寄存器实现。寄存器文件作为整个指令集非常重要的部分，将提供 CPU 与主存储器交换数据的暂存地点。如图 8-36 所示，为了方便调试，增加了一个复位按键，可以将所有寄存器清零。寄存器文件有两个输出端口，分别进入算术逻辑单元的 A 端口和 B 端口。

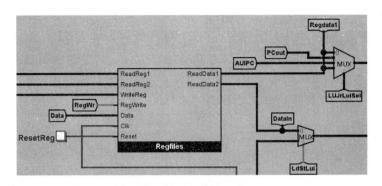

图 8-36　寄存器文件

5. 算术逻辑单元

如图 8-37 所示，算术逻辑单元的输入主要有 A 端口和 B 端口，除了能接收来自寄存器文件的数据，还能够接收来自 PC 和内存的数据。运算的种类主要由 AluControl 信号决定，这个信号来自控制器。输出信号 Branch，用来说明条件的分支的计算结果，用隧道标签 JumpA 连接至地址生成逻辑。输出信号 Aluout，如果是地址则用来对主存储器寻址；如果是运算结果，则送入寄存器。

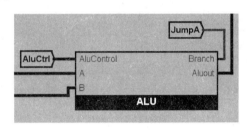

图 8-37　算数逻辑单元

6. 主存储器单元

如图 8-38 所示，主存储器选择由一片 256×32 位的 RAM 构成。当然，也可以使用更大的存储单元，甚至根据存储器扩展知识，自己扩展期望容量的存储器。存储器的主要作用实际是存储数据，并未存储指令。CPU 对主存的操作主要是存储和加载操作。数据的来源，也就是左侧的 D 端，来自寄存器。A 端来自算术逻辑单元计算的地址。如果不是地址，则通过一个二选一的多路选择器输出到寄存器。多路选择器的另一个数据来源则是来自主存储器的输出，也就是右侧的 D 端。

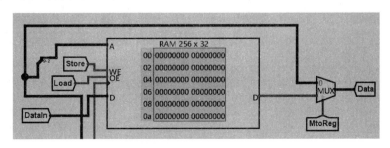

图 8-38　主存储器单元

7. 控制器

如图 8-39 所示,控制器分为两部分:一部分是产生各种控制信号,包括数据加载和存储、寄存器文件写控制、转移控制信号,以及其他控制信号。其中的 ArithOp 信号,与指令中的 Func3、Func7 字段一起产生算术逻辑单元的控制信号。控制器是整个 CPU 的"大脑",控制其他部件的正确执行,在设计时需要花费较多时间。

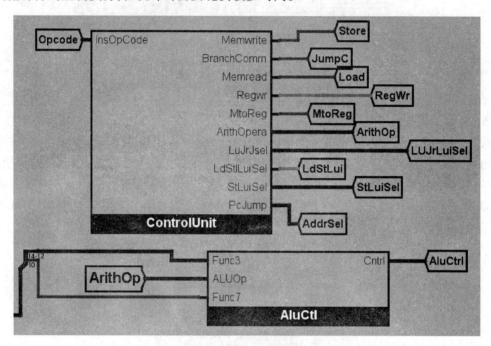

图 8-39 控制器

8. 程序测试

整个 CPU 设计完成以后,就可以进行测试。使用 RISC-V 的指令编写汇编程序,然后使用编译器进行编译解释之后,就可以生成十六进制的测试文件。右击 ROM,选择"加载镜像"命令,可以将十六进制文件加载到 ROM 中。在 Logisim-evolution 中选择"模拟"命令,将时钟频率选择为 4 kHz。按【Ctrl+K】组合键,即可以启动仿真。仿真过程中,右击 RAM,选择"编辑内容"命令,可以查看程序运行结果。在此,选择使用华中科技大学开发的冒泡排序程序测试设计的 CPU,运行结果如图 8-40 所示,在内存单元 00H-07H 的位置,生成了 ffffffff ~ 00000006 的升序排列结果(有符号 ffffffff 表示-1)。

文件	编辑	项目	模拟	FPGA	窗口	帮助		HEX编辑		—	□	×
00	ffffffff	00000000	00000001	00000002	00000003	00000004	00000005	00000006				
08	00000000	00000000	00000000	00000000	00000000	00000000	00000000	00000000				
10	00000000	00000000	00000000	00000000	00000000	00000000	00000000	00000000				
18	00000000	00000000	00000000	00000000	00000000	00000000	00000000	00000000				
20	00000000	00000000	00000000	00000000	00000000	00000000	00000000	00000000				
28	00000000	00000000	00000000	00000000	00000000	00000000	00000000	00000000				
30	00000000	00000000	00000000	00000000	00000000	00000000	00000000	00000000				

图 8-40 冒泡排序程序结果

8.6 微架构简介

微架构也称为微体系结构(计算机组成),是微处理器如何设计的逻辑表示,使各组件(控制单元、算术逻辑单元、寄存器等)之间的互连,并且优化的方式进行交互。这包括如何布置总线(组件之间的数据通路)以指示最短通路和正确连接。在现代微处理器中,通常有几层电路来处理这种复杂的数据通路。

当前,在微体系结构中经常使用的一种技术是流水线数据通路。它是一种通过允许多个指令在数据处理中重叠执行,来允许应用一种并行性形式的技术。此外,还可以通过拥有多个并行或接近并行运行的流水线部件来完成。

执行单元也是微架构的一个重要方面,它执行处理器的操作或计算。执行单元数量、延迟和吞吐量的选择是微架构设计的核心考虑因素。系统内存储器的大小、延迟、吞吐量和连接性也是微架构决策中需要考虑的问题。

微架构的另一部分是系统级设计,包括有关性能的决策,如输入的级别和连接性,以及输出和 I/O 设备。

微架构设计更关注限制而不是能力,直接影响哪些能够出现在计算机组成中。它关注以下问题:性能、芯片面积/成本、逻辑复杂度、易于调试、可测试性、易于连接、能量消耗、可制造性。

一个好的微架构需要满足所有这些标准。

请注意区分微架构与体系结构、指令集架构。体系结构用来描述程序员所看到的系统属性,即概念结构和功能行为,与数据流和控制的组织、逻辑设计和物理实现不同。使用术语指令集架构来描述计算机接口的语法和语义,包括操作数的类型和大小、程序员可见的寄存器状态、内存模型、如何处理中断和异常、可用指令,以及每条指令的含义。指令集架构是软件和硬件的分界线,是程序员和硬件设计者之间共同的约定。

在本书中,因是仿真实现,并未考虑上面如此多的因素。设计实现的基于 RISC-V 整数指令集的图形化的核心,使用的微架构如图 8-41 所示。

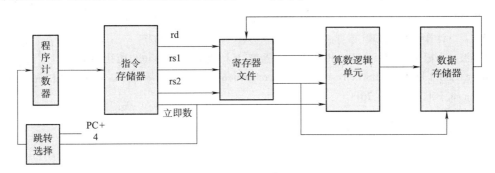

图 8-41 基于 RISC-V 的图形化内核的微架构

例如,Intel 研发了 x86 指令集,尽管是基于 CISC 的指令集,但不可否认,x86 指令集是比较成功的。Intel 根据指令集设计了一系列的处理器,如酷睿 i7 和 i5 等。因为各种原因,Intel 又把指令集授权给了 AMD 公司。AMD 公司则根据指令集,设计了锐龙 7 和锐龙 5 等优秀的处理器。因而酷睿 i7 和锐龙 7 使用的就是相同的指令集架构,但采用了不同的芯片设计方案,也就是微架构实现不同。

●●●● 习 题 ●●●●

一、选择题

1. Logisim-evolution 中表示编辑的图标是_____。
   A. ▣   B. ▣   C. ▣
2. Logisim-evolution 用于表示非门的图标是_____。
   A. ▣   B. ▣   C. ▣

二、填空题

1. RISC-V 指令集规范定义了(　　)位和(　　)位地址空间变化。该规范还包括对(　　)位地址空间的描述。
2. RISC-V 指令集将所有格式将源(rs1 和 rs2)和目标(rd)寄存器保持在(　　),以简化解码。

三、问答题

1. 请说明微架构、体系结构、指令集架构的含义和区别。
2. 请叙述断点指令 EBREAK 的作用。

参 考 文 献

[1] 唐朔飞. 计算机组成原理[M]. 3版. 北京:高等教育出版社,2020.
[2] 王诚,宋佳兴. 计算机组成与体系结构[M]. 3版. 北京:清华大学出版社,2017.
[3] 谭志虎. 计算机组成原理(微课版)[M]. 北京:人民邮电出版社,2021.
[4] 胡振波. 手把手教你设计 CPU:RISC-V 处理器篇[M]. 北京:人民邮电出版社,2018.
[5] HENNESSY J L,PATTERSON D A. Computer architecture: a quantitative approach[M]. California:Morgan Kaufmann Publishers Inc,2011.